Joachim Alexander

Das Zusammenwirken radiometrischer, anemometrischer und topologischer Faktoren im Geländeklima des Weinbaugebietes an der Mittelmosel

FORSCHUNGEN ZUR DEUTSCHEN LANDESKUNDE

Herausgegeben von den Mitgliedern des Zentralausschusses
für deutsche Landeskunde e. V. durch Gerold Richter

FORSCHUNGEN ZUR DEUTSCHEN LANDESKUNDE

Band 230

Joachim Alexander

Das Zusammenwirken radiometrischer, anemometrischer und topologischer Faktoren im Geländeklima des Weinbaugebietes an der Mittelmosel

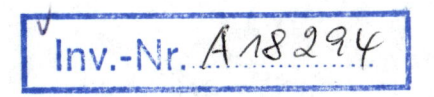

1988

Zentralausschuß für deutsche Landeskunde, Selbstverlag, 5500 Trier

Zuschriften, die die Forschungen zur deutschen Landeskunde betreffen, sind zu richten an:

Prof. Dr. G. Richter, Zentralausschuß für deutsche Landeskunde, Universität Trier, Postfach 3825, D-5500 Trier

Schriftleitung: Dr. Reinhard-Günter Schmidt

ISBN: 3—88143—041—5

Alle Rechte vorbehalten

Fotosatz: Satz & Text, Inh.: Hedwig M. Kapp, Trier, Telefon (0651) 36605
Reproduktion und Druck: Paulinus-Druckerei GmbH, Fleischstraße, Trier

VORWORT

Die Anregung zu der vorliegenden Untersuchung gab Herr Prof. Dr. W. Weischet. Ihm möchte ich für die stete Diskussionsbereitschaft und die zahlreichen Ratschläge sehr herzlich danken. Besonders bedanken möchte ich mich auch bei Herrn Prof. Dr. G. Richter für sein Verständnis und die hilfsbereite Förderung.
Ich danke Herrn H. Klos, dem Leiter des Elektroniklabors der Universität Trier, der mir beim technischen Teil der Arbeit behilflich war, und der Universität Trier für ihre Unterstützung. Dem Leiter des Dezernats Klima am Wetteramt Trier, Herrn ORR W. Gestrich, danke ich für die bereitwillige Unterstützung und dem Wetteramt Trier für die Überlassung umfangreichen Datenmaterials.
Mein besonderer Dank gilt meiner Frau, die den kartographischen Teil der Arbeit übernommen hat und die mich mit viel Engagement bei der Geländearbeit unterstützte.
Dem Zentralausschuß für deutsche Landeskunde danke ich für die Aufnahme der Arbeit in diese Reihe.

Trier, im Januar 1988

                                                    Joachim Alexander

INHALTSVERZEICHNIS

	Vorwort	5
1.	Problemstellung und Untersuchungsgebiet	13
1.1	Regionalklimatische Verhältnisse im Anbaugebiet Mosel-Saar-Ruwer	19
1.2	Strahlungsklimatische Verhältnisse am Geisberg und am Petrisberg in Trier	22
1.3	Räumliche Gliederung des Untersuchungsgebietes	24
1.3.1	Topographisch-morphologische Verhältnisse	24
1.3.2	Methode zur Raumgliederung für geländeklimatologische Messungen	24
1.3.3	Geotope des Untersuchungsgebietes	28
2.	Geländeklima und Qualitätsweinbau	34
2.1	Die thermischen Bedingungen im Rebbestand während der Einstrahlungszeit	34
2.2	Der Einfluß des Windes auf die Biomasseproduktion	38
2.3	Kaltluftgefährdung	39
2.4	Zusammenfassung	40
3.	Untersuchungsmethoden	42
3.1	Wahl des Untersuchungsgebietes	42
3.2	Stationäre Messungen	46
3.2.1	Meßmethode und Meßapparatur	46
3.2.2	Datenauswertung und Datendarstellung	49
3.2.3	Wettertypenklassifikation	49
3.2.4	Abänderung der Wettertypenklassifikation von WILMERS	50
3.2.4.1	Wettertyp S	53
3.2.4.2	Wettertyp BS	54
3.2.4.3	Wettertypen Z und ZB	55
3.2.4.4	Wettertyp N	55
3.2.4.5	Häufigkeit der Wettertypen	55
3.2.4.6	Tagesgänge der Windgeschwindigkeit und der Windrichtung bei den Wettertypen	57
3.3	Meßfahrten — Apparatur und Methode	64
3.3.1	Datenerfassung, -speicherung und -verarbeitung	64
3.3.2	Das Problem der Meßhöhe und der Anzahl der notwendigen Meßfahrten	72
3.3.3	Anlage und Beschreibung der Meßstrecken	78
3.3.4	Meßtermine	80
3.3.5	Datenauswertung und -darstellung	84

4.	Ergebnisse der Meßfahrten	89
4.1	Morgenmeßfahrten bei Wettertyp S	89
4.1.1	Profil Veldenz — Gornhausen	89
4.1.2	Profil Mülheim — Elisenberg	93
4.1.3	Profil Veldenz — Burgen	96
4.1.4	Profil Geisberg (Osthang)	100
4.1.5	Profil Geisberg — Veldenz	104
4.1.6	Profil Veldenzer Bach-Tal	107
4.1.7	Profil Burgen — Waldhaus	109
4.1.8	Profil Geisberg (Westhang)	112
4.1.9	Profil Frohnbachtal	115
4.1.10	Profil Liesertal	118
4.1.11	Profil Brauneberg (Südhang)	121
4.1.12	Profil Brauneberg (Nordhang)	125
4.2	Morgenmeßfahrten bei Wettertyp T	125
4.2.1	Profil Geisberg (Osthang)	126
4.2.2	Profil Geisberg (Westhang)	126
4.3	Mittagmeßfahrten bei Wettertyp S	129
4.4	Mittagmeßfahrten bei den Wettertypen BS und Z	134
4.5	Zusammenfassung	134
5.	Ergebnisse der stationären Messungen	137
5.1	Windverhältnisse	137
5.2	Messungen bei Wettertyp S (10. 9. 82)	141
5.3	Messungen bei Wettertyp BS (8. 9. 82)	157
5.4	Messungen bei Wettertyp BS (10. 6. 83)	160
5.5	Messungen bei Wettertyp Z (25. 9. 82)	162
5.6	Messungen bei Wettertyp ZB (18. 6. 83)	163
5.7	Zusammenfassung und Schlußfolgerungen	164
6.	Zusammenfassung	166
	Literaturverzeichnis	170

VERZEICHNIS DER FIGUREN

Fig. 1.	Trier-Petrisberg (49° 45' N, 6° 40' E) 265 m NN Tages- und Jahresgang der Windgeschwindigkeiten (1975—83)	21
Fig. 2	Die Lage der Osann-Veldenzer Umlaufberge und die naturräumlichen Einheiten in ihrer Umgebung	25
Fig. 3	Geotope des Untersuchungsgebietes auf der Grundlage ausgewählter Geokomponenten	29
Fig. 4	Wachstumszyklus der Rebe	36

Fig. 5	Netto-Photosynthese verschiedener subalpiner Holzarten	38
Fig. 6	Lage der Meßstellen auf dem Geisberg	43
Fig. 7	Wettertyp S, Mai (2. u. 3. Dek.), Juni (1. Dek.) Trier-Petrisberg, Windrichtung und Windgeschwindigkeit (1975—83)	58
Fig. 8	Wettertyp S, September Trier-Petrisberg, Windrichtung und Windgeschwindigkeit (1975—83)	59
Fig. 9	Wettertyp S, Oktober Trier-Petrisberg, Windrichtung und Windgeschwindigkeit (1975—83)	60
Fig. 10	Wettertyp BS, Mai (2. u. 3. Dek.), Juni (1. Dek.) Trier-Petrisberg, Windrichtung und Windgeschwindigkeit (1975—83)	61
Fig. 11	Wettertyp BS, September Trier-Petrisberg, Windrichtung und Windgeschwindigkeit (1975—83)	62
Fig. 12	Wettertyp BS, Oktober Trier-Petrisberg, Windrichtung und Windgeschwindigkeit (1975—83)	63
Fig. 13	Wettertyp ZB, Mai (2. u. 3. Dek.), Juni (1. Dek.); September und Oktober Trier-Petrisberg, Windrichtung und Windgeschwindigkeit (1975—83)	64
Fig. 14	Datenausdruck: Klimameßwagen	71
Fig. 15	Profil Waldhaus — Frohnbach Morgenmeßfahrten bei Wettertyp S	75
Fig. 16	Meßstrecke Veldenz — Gornhausen	90
Fig. 17	Profil Veldenz — Gornhausen Morgenmeßfahrten bei Wettertyp S (außer 13. 8. 82)	91
Fig. 18	Meßstrecken Mülheim — Elisenberg und Veldenzer Bach-Tal	94
Fig. 19	Profil Mülheim — Elisenberg Morgenmeßfahrten bei Wettertyp S (außer 13. 8. 82)	95
Fig. 20	Schematische Darstellung der vertikalen Temperaturschichtung und der Inversionsober- und Inversionsunterschicht	96
Fig. 21	Meßstrecke Veldenz — Burgen	97
Fig. 22	Profil Veldenz — Burgen Morgenmeßfahrten bei Wettertyp S (außer 13. 8. 82)	98
Fig. 23	Meßstrecken Geisberg	101
Fig. 24	Profil Geisberg (Osthang) Morgenmeßfahrten bei Wettertyp S	102
Fig. 25	Meßstrecke Geisberg — Veldenz	105
Fig. 26	Profil Geisberg — Veldenz Morgenmeßfahrten bei Wettertyp S	106
Fig. 27	Profil Veldenzer Bach-Tal Morgenmeßfahrten bei Wettertyp S	108

Fig. 28	Meßstrecken Burgen — Waldhaus und Waldhaus — Frohnbach	110
Fig. 29	Profil Burgen — Waldhaus Morgenmeßfahrten bei Wettertyp S	111
Fig. 30	Profil Geisberg (Westhang) Morgenmeßfahrten bei Wettertyp S	113
Fig. 31	Meßstrecke Frohnbachtal	116
Fig. 32	Profil Frohnbachtal Morgenmeßfahrten bei Wettertyp S	117
Fig. 33	Einzugsgebiete der Kaltluftströme aus dem Veldenzer Bach-Tal südöstlich von Veldenz und aus dem Frohnbachtal südlich von Burgen	118
Fig. 34	Meßstrecke Liesertal	119
Fig. 35	Profil Liesertal Morgenmeßfahrten bei Wettertyp S	120
Fig. 36	Meßstrecken Brauneberg, Nordhang und Südhang	122
Fig. 37	Profil Brauneberg (Südhang) Morgenmeßfahrten bei Wettertyp S	123
Fig. 38	Profil Brauneberg (Nordhang) Morgenmeßfahrten bei Wettertyp S	124
Fig. 39	Profil Geisberg (Osthang) Morgenmeßfahrten bei Wettertyp T	127
Fig. 40	Profil Geisberg (Westhang) Morgenmeßfahrten bei Wettertyp T	128
Fig. 41	Profil Geisberg (Osthang) Mittagmeßfahrten bei Wettertyp S	130
Fig. 42	Profil Geisberg (Westhang) Mittagmeßfahrten bei Wettertyp S	131
Fig. 43	Profil Geisberg (Osthang) Mittagmeßfahrten bei den Wettertypen BS und Z	132
Fig. 44	Profil Geisberg (Westhang) Mittagmeßfahrten bei den Wettertypen BS und Z	133
Fig. 45	Messungen am Geisberg bei Wettertyp S (10. 9. 82)	145
Fig. 46	Messungen am Geisberg bei Wettertyp BS (8. 9. 82)	147
Fig. 47	Messungen am Geisberg bei Wettertyp BS (10. 6. 83)	149
Fig. 48	Messungen am Geisberg bei Wettertyp Z (25. 9. 82)	151
Fig. 49	Messungen am Geisberg bei Wettertyp ZB (18. 6. 83)	153

VERZEICHNIS DER BILDER

Bild 1	Meßstelle Geisberg Osthang	47
Bild 2	Klimameßwagen	67
Bild 3	SEKAM	68

VERZEICHNIS DER TABELLEN

Tab. 1	Mittlere Klimadaten aus deutschen Weinbaugebieten	20
Tab. 2	Strahlungssumme für einen 20°geneigten Südhang, reduziert nach Maßgabe des mittleren prozentualen Sonnenscheins (cal·cm^{-2}·d^{-1})	22
Tab. 3	Strahlungssumme, reduziert nach Maßgabe des mittleren prozentualen Sonnenscheins (cal·cm^{-2}·d^{-1}) für einen 20° geneigten West- und Osthang im vergleichsklimatischen Bezugsraum Mosel-Saar-Ruwer	23
Tab. 4	Station Trier-Petrisberg (1975—83) Durchschnittlicher Grad der Bedeckung (in Achtel) bei Wettertyp S zu den synoptischen Terminen	53
Tab. 5	Station Trier-Petrisberg (1975—83) Durchschnittlicher Grad der Bedeckung (in Achtel) bei Wettertyp BS zu den synoptischen Terminen	54
Tab. 6	Station Trier-Petrisberg (1975—83) Absolute Häufigkeit der Wettertypen	56
Tab. 7	Verzeichnis der Meßfahrten	81
Tab. 8	Eintrittswahrscheinlichkeit von Spätfrösten (22. 4. — 31. 7.) am Geisberg (Bezugsklimastation Trier-Petrisberg) (1953—83)	87
Tab. 9	Frostgefährdungsstufen	88
Tab. 10	Windrichtungen (12teilige Skala) an der Station Trier-Petrisberg und an der Meßstelle Geisberg (Höhe) an ausgewählten Tagen	138
Tab. 11	Windrichtungen (12teilige Skala) an der Station Trier-Petrisberg und an der Meßstelle Geisberg (Höhe)	139
Tab. 12	Windgeschwindigkeiten (m·sec^{-1}) an der Station Trier-Petrisberg und an den Meßstellen am Geisberg	140
Tab. 13	Bewölkungs- und Windverhältnisse an der Station Trier-Petrisberg am 10. 9. 82	142
Tab. 14	Bewölkungs- und Windverhältnisse an der Station Trier-Petrisberg am 8. 9. 82	158
Tab. 15	Bewölkungs- und Windverhältnisse an der Station Trier-Petrisberg am 10. 6. 83	161
Tab. 16	Bewölkungs- und Windverhältnisse an der Station Trier-Petrisberg am 25. 9. 82	163
Tab. 17	Bewölkungs- und Windverhältnisse an der Station Trier-Petrisberg am 18. 6. 83	164

1. PROBLEMSTELLUNG UND UNTERSUCHUNGSGEBIET

Geländeklimatologische Untersuchungen in Weinbaulagen gehören, wie die in Anbaugebieten stark klimaabhängiger Kulturpflanzen allgemein, zu einem traditionellen, auf den Pflanzenschutz ausgerichteten Aufgabenbereich der Lokal- und Subregionalklimatologie. Während sich die etwa seit Beginn der 60er Jahre zu beobachtende Intensivierung der klimatologischen Forschung in jenen Räumen mittlerer Größenordnung, die als Lebensräume des Menschen negative klimatische Eigenschaften besaßen, für eine breite Öffentlichkeit im Zuge der Umweltdiskussion augenfällig vollzog, geschah dies im Bereich der auf die Untersuchung von Weinbaulagen ausgerichteten Geländeklimatologie weniger spektakulär. Der Anstoß kam aber auch in diesem Fall aus der Praxis.

In den Nachkriegsjahren, insbesondere seit der Gründung der Europäischen Wirtschaftsgemeinschaft, hat sich die markt- und betriebswirtschaftliche Entwicklung im deutschen Weinbau vor dem Hintergrund des gestiegenen Weinkonsums günstig gestaltet. Daß dies trotz des quantitativ umfangreichen Imports preiswerten Weins aus den südlichen Anbauländern möglich war, ist im wesentlichen darauf zurückzuführen, daß der deutsche Wein hinsichtlich seiner Qualität und seines Preises weitgehend stabilisiert und damit konkurrenzfähig gehalten werden konnte.

Damit verbunden war der Zwang zu einer stark ökonomisch orientierten Produktionsweise. Im Rahmen dieser Bemühungen kam es bei Flurbereinigungsverfahren sogar zu großflächigen Umgestaltungen des Reliefs (z. B. am Kaiserstuhl). Um- und Zusammenlegungen und die bessere Grundstückserschließung durch ein ausgebautes Betriebswegenetz ermöglichten an der Mosel — wie generell in den deutschen Anbaugebieten — günstige Bewirtschaftungsmaßnahmen. Insbesondere durch den umfangreichen Maschineneinsatz verminderten sich die Erzeugerkosten.

Diesen betriebswirtschaftlichen Verbesserungen stehen im Anbaugebiet Mosel-Saar-Ruwer zwei Hemmnisse entgegen:
1. Aufgrund der Realerbteilung herrscht eine hochgradige Flurzersplitterung vor. 60,8 % der Betriebe mit bestockter Rebfläche wiesen 1979/80 eine Größe der bestockten Rebfläche von < 1 ha auf (Deutsche Weinbauwirtschaft 1983, S. 10). Im außerlandwirtschaftlichen Bereich steht aber nur eine geringe Anzahl von Arbeitsplätzen zur Verfügung. Der Anreiz, den eigenen Betrieb aufzugeben, ist somit gering, die Möglichkeit der Aufstockung auf eine tragfähige Größe von mindestens 3 ha Rebfläche eingeschränkt. Die Leistungsfähigkeit der Betriebe und entsprechend die Investitionsbereitschaft sind zwangsläufig niedrig.
2. Verglichen mit anderen Weinbaugebieten ist der Anteil an Steillagen (Hangneigung > 50 %) mit 22 % der Anbaufläche relativ hoch (Untersuchung der

Bundesregierung, zit. nach DOHM 1983). Diese topographischen Bedingungen setzen der Mechanisierung auf steilen und schon auf hängigen Lagen (Hangneigung 26 — 50 %) Grenzen. Obwohl selbst in Steillagen der Arbeitskräfteaufwand heute nur noch etwa 50 % der bisherigen 3000 Arbeitskraftstunden pro Hektar (Akh/ha) im Jahr beträgt (SCHNEKENBURGER 1979, S. 424), gestalten sich mit 1471 Akh/ha und Produktionskosten von 2200 DM/ha die Bedingungen für den Weinbau an Mosel, Saar und Ruwer beispielsweise im Vergleich mit Rheinhessen (680 Akh/ha; 1100 DM/ha) dennoch ungünstig (Untersuchung der Bundesregierung, zit. nach DOHM 1983).

Die Folge dieser markt- und betriebswirtschaftlichen Situation ist der Versuch der Erzeuger, rationelle Produktionsmöglichkeiten zu nutzen, das bedeutet in erster Linie, den Mechanisierungsgrad der Betriebe zu steigern. Um die Effektivität des Maschineneinsatzes zu erhöhen und gleichzeitig den Verdienst durch einen höheren Absatz steigern zu können, wurden die Produktionsflächen ausgeweitet. An der Mittelmosel, dem Mäandertal zwischen Schweich und Alf/Bullay (WERLE 1974), betrug die Zunahme der Rebflächen in der Zeit von 1949 bis 1970 75,8 % (MISSLING 1973, S. 83). Im gesamten Anbaugebiet Mosel-Saar-Ruwer nahm in den Jahren 1972 bis 1982 die bestockte Rebfläche um 9 %, in Franken um 69 % und in Baden um 24 % zu (Deutsche Weinwirtschaft 1983, S. 3).

Wie in allen anderen Anbaugebieten zeichnete sich auch an der Mosel die Tendenz ab, gerade die Flachlagen (Hangneigung < 26 %) zu bepflanzen. In zunehmendem Maße werden heute ehemalige Acker- und Wiesenflächen auf den schwach geneigten Mittel- und Niederterrassen weinbaulich genutzt. Als Anbausorten dienen mehr und mehr sogenannte Massenträger; die für das Anbaugebiet typische Rebsorte Riesling verliert an Bedeutung.

Um der Gefahr zu begegnen, daß auch solche Flächen neu oder wieder weinbaulich genutzt werden, deren Produkte qualitativ minderwertig sind, sah sich der Gesetzgeber gezwungen, den Weinbau nur auf solchen Lagen zuzulassen, die günstige ökologische Bedingungen aufweisen. Nach § 1 des „Gesetzes über Maßnahmen auf dem Gebiet der Weinwirtschaft" (Weinwirtschaftsgesetz) darf eine Fläche nur dann neu- oder wiederbepflanzt werden, wenn bestimmte, dem jeweiligen Gebietscharakter entsprechende Mindestmostqualitäten im zehnjährigen Durchschnitt zu erwarten sind. Die Folge dieses Gesetzes ist, daß die Dienststellen des Deutschen Wetterdienstes mehrere tausend Genehmigungsverfahren im Jahr durchführen (BRANDTNER 1975, S. 2). Aus personellen und finanziellen Gründen können jedoch klimatologische Messungen nicht erfolgen. Es ergab sich somit die Notwendigkeit, eine Methode zur Güteabschätzung von Weinbaulagen zu entwickeln, die nicht nur regional — wie die Methode von LEHMANN (1953a, b) für den Bereich der Mosel („Trierer Schätzungsrahmen") und die von BECKER (1967, 1968a, b, 1969, 1970a, b, c, 1972) für den Rheingau — sondern auf alle deutschen Anbaugebiete anwendbar ist. Darüberhinaus mußte sie objektiv, schnell durchführbar und preiswert sein. Aufbauend auf die Methoden und Ergebnisse von LEHMANN, dessen „Trierer Schätzungsrahmen" von AICHELE und KING (1964) erweitert wurde, und BECKER entwickelte BRANDTNER (1974) mit dem Einsatz einer EDV-Anlage ein Bewertungsverfahren, das in der Zwischenzeit von HOPPMANN (1978) auf seine Anwendbarkcit hin im badischen Anbaugebiet überprüft wurde. Dieses Modell erlaubt für eine Fläche die Berechnung des Strahlungshaushalts als dem dominierenden Faktor für die Qualitätsbildung (vgl. HOPPMANN 1978). Die regional unterschiedlichen Bewölkungsverhältnisse und die mögliche Verminderung der Einstrahlung als Folge der Horizontüberhöhung werden dabei berücksichtigt. Als Grundlage sind lediglich einige im Gelände oder aus der Karte zu ermittelnde Daten notwendig: Geographische Breite, Höhe des Talgrundes über NN, Höhe der zu beurteilenden Lage über dem örtlichen Talgrund, Exposition, Hangneigung und Horizontüberhöhung. Die Modellbildung ermöglicht auch die Simulation des Strahlungshaushalts einer Fläche während einzelner Zeitabschnitte innerhalb der Vegetationsperiode, das heißt es ist eine „Anbindung" an die phänologischen Phasen durchführbar. Zusätzlich zur Berechnung des Strahlungshaushalts einer Fläche erlaubt das Verfahren die Abschätzung ihrer Kaltluft- und Windgefährdung.

Folgende Ursachen begünstigten die Entwicklung eines derart differenzierten Modells und damit die qualitative und quantitative Beurteilung der einzelnen klimatischen Parameter für die Qualitätsbildung der Rebe:

— Unter den relevanten Einflußgrößen dominiert das Klima. Die Anzahl der Bestimmungsgrößen ist im Ökosystem „Weinberg" im Vergleich zu der Anzahl, die beispielsweise in urbanen Ökosystemen zu berücksichtigen ist, geringer. Aus diesem Grunde gestaltet sich die Modellbildung vergleichsweise einfach.

— Das Klima im Weinberg ist in einer Reihe von Arbeiten untersucht worden. Aufgrund seiner Komplexität wurde oftmals nur ein Klimaelement bzw. ein Teilaspekt räumlich erfaßt. Dem Faktor Strahlung haben sich unter anderen KAEMPFERT (1947, 1951). KAEMPFERT u. MORGEN (1952) und MORGEN (1952, 1953, 1957) gewidmet. Die Frostgefährdung berücksichtigten WEGER (1948, 1949), TICHY (1954), BURCKHARDT (1956), VAUPEL (1959) und BJELANOVIC (1967). Geländeklimatische Standortkartierungen stammen von KREUTZ u. BAUER (1967) in den hessischen und von WEISE u. WITTMANN (1971) in den fränkischen Weinbaugebieten.

Die Untersuchungen waren auf das räumliche Erfassen einzelner oder mehrerer Klimaelemente (meist Besonnung und Minimumtemperaturen) ausgerichtet. Diese sind zwar für die Qualitätsbildung von Bedeutung, aber das prozessuale Zusammenwirken der einzelnen Variablen, das nicht nur als eine einfache Summation erfaßt werden kann, wurde weitgehend ausgespart. Die Parameter waren in ihrer ökologischen Relevanz nicht quantifizierbar — sieht man von den Versuchen mit Küvetten zur Beurteilung des Zusammenhangs zwischen CO_2-Assimilation und den einzelnen Klimaelementen ab, die vor allem BOSIAN (1960, 1963, 1964, 1965a, b, d, 1968, 1974) durchführte.

— Die Quantifizierung der klimatischen Umweltfaktoren bei der Qualitätsbildung der Rebe ist erst möglich, seit über ein statistisches Rechenprogramm (nichtlineare multiple Regressionen) eine Korrelation zwischen den einzelnen Variablen und der ökologischen Qualität des Systems „Weinberg" erfolgen kann, ausgedrückt durch das Mostgewicht als integrierter Repräsentationsgröße. Durch die Erstellung einer sortenspezifischen Menge-Güte-Relation (vgl. SARTORIUS 1964; ALLEWELDT 1965; BECKER 1968a, 1970b, c; HOPPMANN 1978) kann man mit „bereinigten Mostgewichten" arbeiten. Der Faktor Qualität wird damit isoliert betrachtet, und es liegt ein objektiver Maßstab für die Beurteilung vor. Voraussetzung ist allerdings, daß erstens die Bodenverhältnisse und zweitens die Kulturmaßnahmen (angebaute Rebsorten, Anschnitt, Bodenbearbeitung, bestandsgeometrische Merkmale) gleich sind.

Entsprechende Standortanalysen führte BECKER im Rheingau (1964—74) und in Baden (1970—75) durch. Die Standortanalysen einerseits und die „Meßbarkeit des Ökosystems" mit Hilfe des Mostgewichts andererseits ermöglichten somit das Abschätzen der einzelen Variablen in ihrer Bedeutung für die Qualitätsbildung, ohne daß die qualitätsbildenden Prozesse im einzelnen bekannt sind.

Mit dem Bewertungsverfahren nach BRANDTNER ist in der auf die Klimatologie der Weinbaulagen orientierten Forschung ein wesentlicher Schritt zu einer praxisorientierten Modellbildung getan. Dennoch kann das Modell, das heute unter anderem auch im Anbaugebiet Mosel-Saar-Ruwer als Grundlage für Genehmigungsverfahren dient, aus drei Gründen nicht zufriedenstellen:

1. Es ist nicht sichergestellt, ob die dem Beurteilungsverfahren zugrundeliegenden Methoden und Ergebnisse, die auf Messungen im Rheingau beruhen, auf andere Anbaugebiete übertragbar sind bzw. deren modellorientierte Abstraktion sinnvoll ist. Schwierigkeiten bereitet vor allem die Beurteilung der Kaltluft- und Windgefährdung. Obwohl die instrumentelle Erfassung sowie die Ermittlung der Eintrittswahrscheinlichkeit von Schadfrösten im Rahmen der vom Deutschen Wetterdienst praktizierten Standardmethode zur Frostgefährdung geklärt sind (vgl. SCHNELLE 1963a, S. 425—443), ist eine modellhafte Darstellung mit Schwierigkeiten verbunden. BRANDTNER (1974) hat folgende Methode entwickelt: Er geht davon aus, daß erstens eine Strahlungsnacht dann eintritt, wenn die Temperaturdifferenz zwischen Hütten- (200 cm) und Erdbodenminimum (5 cm) mindestens 2,0° C erreicht und zweitens oberhalb der von Kaltluft beeinflußten Hanglagen ein mittlerer nächtlicher Gradient von etwa — 0,2° C/10 m Höhenzunahme, innerhalb der Kaltluft aber ein Gradient von rund + 1,0° C/10 m Höhenzunahme auftritt. „Unter gewissen Einschränkungen dürfte die Voraussetzung noch zulässig sein, daß benachbarte, nicht durch die Umgebung gestörte Lagen in der gleichen Höhe über NN zur gleichen Zeit auch gleiche Temperaturen aufweisen werden. Überträgt man demzufolge die an der Bezugsstation (das heißt an einer Klimastation, der Verfasser) gemessenen Tiefsttemperaturen auf die vergleichbare Höhe des Hanges, an dem sich die zu beurteilende Weinbauparzelle befindet und reduziert diese Temperatur gemäß der dort zu erwartenden nächtlichen Kaltluftschichtung mit den entsprechenden vorgenannten Gradienten auf die Höhe der Parzelle, so ergeben sich die nächtlichen Minima der Weinbaulage. Ihre Differenz zu den Tiefstwerten der Bezugsstation ermöglicht eine Transformation der Temperatur-Häufigkeitsauszählung dieser Bezugsstation auf die Verhältnisse der zu

beurteilenden Parzelle. Damit ist die Aussage möglich, ob eine Weinbergsparzelle geringen, mäßigen oder starken Nachtfrösten während der Vegetationszeit ausgesetzt sein kann" (S. 12).

Wie ENDLICHER (1980a) nachweisen konnte, wird dieses Verfahren — zumindest im Kaiserstuhl — den vielfältigen, auf die Kaltluftproduktion und deren Fluß einwirkenden Faktoren der Wirklichkeit nicht gerecht. Entsprechend notwendige Messungen im Gelände zur Ermittlung der Kaltluftgefährdung können im Vergleich zur räumlichen Erfassung der Windverhältnisse einfach vorgenommen werden.

Die Abschätzung der Windgefährdung ist aufgrund des bisher sehr lückenhaft vorliegenden Materials schwierig. Untersuchungen von ZILLIG (1934), BINSTADT (1963) und BECKER (1977b) stellen keine ausreichenden Beurteilungsgrundlagen dar. BRANDTNER schlägt zur Abschätzung der Windgefährdung für Lagen innerhalb eines bestimmten Anbaugebietes vor, die bei Strahlungswetter herrschenden Windverhältnisse und ihre tageszeitliche Differenzierung an einer Bezugsklimastation heranzuziehen. Für das Anbaugebiet Mosel-Saar-Ruwer ist dies die Station Trier-Petrisberg. Unter den gegebenen unterschiedlichen topographischen Bedingungen im Anbaugebiet kann diese Methode nur grobe Anhaltspunkte liefern. Hinzu kommt der Einfluß thermisch induzierter Windsysteme an Hängen und in größeren Tälern, die ALEXANDER (1978) für das unter Ruwertal nachweisen konnte.

BJELANOVIC (1967) stellte bei Messungen im Trierer Raum einen räumlich raschen Wechsel von Zonen hoher und geringer Windgeschwindigkeit fest. Die Windgefährdung eines Geländeabschnitts erwies sich dabei als nicht allein von dessen Höhenlage abhängig. Insbesondere dem Düseneffekt bei talparalleler Windrichtung muß Beachtung zukommen (vgl. EIMERN/ HÄCKEL 1978, S. 157; AICHELE 1965, S. 11). BECKER (1970c, S. 369) zu Recht, daß bei der Schätzung der geländeklimatologischen Werte wie der Windexponiertheit dem Beurteiler ein großer Spielraum gegeben ist.

2. Der Windeinfluß wird fast ausschließlich in seiner Wirkung auf die thermischen Verhältnisse im Bestand betrachtet. Hohe Windgeschwindigkeiten üben vermutlich, vor allem wenn gleichzeitig hohe Einstrahlung auftritt, einen ökologisch besonders negativen Einfluß aus (vgl. Kap. 2.2). Die Zusammenhänge sind aber von der biologisch-ökologischen Forschung noch nicht hinreichend geklärt worden. Eine modellorientierte Operationalisierung erscheint damit vorerst ausgeschlossen zu sein.

3. Aufgrund fehlender Messungen sind in dem Modell nach BRANDTNER relevante ökologische Faktoren nicht berücksichtigt. Soweit möglich, müssen diese Umweltfaktoren einbezogen werden.

Diese Forderung bezieht sich weniger auf Untersuchungen der Erfassung der Gegenstrahlung von erwärmten Hängen, der von Wasserflächen reflektierten Strahlung oder der advektiven Wärmetransporte. Eine Einbeziehung dieser Größen in den Schätzungsrahmen erscheint in naher Zukunft nicht möglich, da sie meßtechnisch nur schwer erfaßbar sind. Es gilt vielmehr, die die Rebentwicklung stark beeinflussenden Wärmehaushaltsgrößen „Bodenwärmestrom" und „Verdunstung" zu berücksichtigen. Etwa 40 % der

Nettostrahlung werden während der Vegetationszeit zur Erzeugung latenter Wärme benötigt (HOPPMANN 1978, S. 89 f.). Dadurch beeinflußt die Verdunstung den Wärmehaushalt über die Regulation der thermischen Verhältnisse im Bestand.

Um die Bedeutung dieser Parameter für die Qualitätsbildung der Rebe quantitativ zu bestimmen, müssen in möglichst allen Anbaugebieten entsprechende klimatologische und bodenkundliche Messungen erfolgen. Dies geschieht zur Zeit in fünf Anbaugebieten. Unter den gegebenen regional- bzw. subregionalklimatischen Unterschieden in den einzelnen Anbaugebieten ist es nämlich höchst problematisch, die im Rheingau gewonnenen Grundlagen des Beurteilungsverfahrens nach BRANDTNER räumlich zu übertragen. Das hat möglicherweise dazu geführt, daß dieses Verfahren nicht im gesamten Tätigkeitsbereich des Deutschen Wetterdienstes angewendet wird. Als Besonderheiten des Anbaugebietes Mosel-Saar-Ruwer sind zu nennen: Das ozeanisch beeinflußte Regionalklima, das Vorherrschen leicht erwärmbarer Tonschieferverwitterungsböden, aufgrund derer sich die vertikale Anbaugrenze bis zu 50 m nach oben verschiebt (vgl. BRANDTNER 1974, S. 19) und der hohe Anteil von steilen und hängigen Lagen in verschieden Expositionen. In den Steillagen verlagert sich nämlich das Gewicht der einzelnen Standortfaktoren an der Qualitätsbildung. Im Rheingau waren in den Jahren mit ausreichender Wasserversorgung in den Steillagen geringere Werte der Strahlungsbilanz notwendig, um die gleichen Mostgewichte wie in Flachlagen zu erreichen. In den in der Regel flachgründigen Steillagen treten aufgrund des geringen Wasserspeichervermögens höhere Temperaturen, die im optimalen Bereich liegen, auf, da die Bedeutung der Verdunstung abnimmt. In Trockenjahren dagegen liegen die Bestandstemperaturen eher über dem Optimum. Vor allem aber infolge der ungenügenden Wasserversorgung sind die Mostgewichte geringer. In Steillagen enger Täler spielen zudem die Gegenstrahlung der Hänge und die Advektion durch Hangaufwinde eine Rolle (HOPPMANN 1978, S. 89).

Bei entsprechenden Messungen ist ein möglichst langer Zeitraum notwendig. „Infolge wechselnden Witterungsablaufs sind die erfaßten Größen ganz erheblichen Schwankungen unterworfen. So beträgt die Variationsbreite beim Mostgewicht während der elfjährigen Versuchsdauer fast 60° Oe, bei den phänologischen Phasen etwa einen Monat. Allein daraus wird eindeutig klar, daß selbst ein zehnjähriges Mittel des Mostgewichts wegen des statistischen Fehlers noch keinen Qualitätsmaßstab für die Weinbergslage darstellt. Die Vielzahl der möglichen Witterungsabläufe und der damit bedingten Ertrags- und Qualitätsschwankungen ist einfach zu groß" (HOPPMANN 1978, S. 79).

Im Mittelpunkt der vorliegenden Untersuchung stehen die Umweltfaktoren Kaltluft und Wind. Bei der Erfassung der Tiefsttemperaturen, deren ökologische Bedeutung weitgehend geklärt ist, steht die Diskussion um eine effiziente Meßmethode und die Einschätzung der Ergebnisse vor dem Hintergrund der von BRANDTNER angewendeten Methode an. Die ökologische Bedeutung des Faktors Wind sowie die methodischen Schwierigkeiten bei der Messung dieser Größe müssen im Rahmen komplexer Standortanalysen, das heißt bei der dynamischen Erfassung mehrerer klimatischer Umweltfaktoren (vgl. LESER 1978), diskutiert werden.

1.1 REGIONALKLIMATISCHE VERHÄLTNISSE IM ANBAUGEBIET MOSEL-SAAR-RUWER

Das Anbaugebiet Mosel-Saar-Ruwer liegt im nordwestdeutschen Klimabezirk. Er ist feucht-temperiert mit kühlem Sommer und verhältnismäßig mildem Winter. Das Regionalklima ist damit stärker ozeanisch geprägt als in den anderen großen deutschen Anbaugebieten.
Dies läßt sich anhand der in Tabelle 1 angeführten Extremwerte der Temperatur nicht unmittelbar herleiten. Es müßten neben der absoluten Höhenlage auch die Lage der Stationen im Relief berücksichtigt werden. Einen deutlichen Hinweis auf den ozeanischen Klimacharakter des Anbaugebietes Mosel-Saar-Ruwer liefern die Werte der Sonnenscheindauer und des Sättigungsdefizits. Bei einem Vergleich mit den beiden Stationen Freiburg i. Br. und Würzburg-Stein fällt auf, daß sowohl Freiburg als auch Würzburg eine höhere Anzahl der Sonnenscheinstunden in der Vegetationsperiode besitzen und in Freiburg gleichzeitig die Zahl der Tage mit Niederschlag und das Sättigungsdefizit während der Vegetationsperiode höher sind.
Aus der geringen Sonnenscheindauer an der Mosel muß auf einen höheren Trübungsgrad der Atmosphäre und damit auf einen im Anbaugebiet Mosel-Saar-Ruwer höheren Bewölkungsgrad bzw. eine geringere Zahl von Tagen mit Strahlungswetter als in den fränkischen und badischen Anbaugebieten geschlossen werden. Bei einem Vergleich der täglichen Strahlungssumme für einen 20° geneigten Südhang, reduziert nach Maßgabe des mittleren prozentualen Sonnenscheins zwischen den auf gleicher geographischer Breite liegenden Anbaugebieten Mosel-Saar-Ruwer, Rheingau/Hessen/Nahe und Mainfranken — BRANDTNER legt zur Berechnung die gleichen Tageslängen zugrunde —, wird der unterschiedliche Bewölkungsgrad indirekt deutlich (vgl. Tab. 2). Das bedeutet letztlich, daß — strahlungsklimatisch gesehen — eine topoklimatische Differenzierung an der Mosel nicht in dem Maße wie in anderen Anbaugebieten ausgeprägt ist.
Die Darstellung des Tages- und Jahresganges der Windgeschwindigkeit an der Station Trier-Petrisberg (vgl. Fig. 1) zeigt die Charakteristika für das ozeanisch geprägte Klima der nordhemisphärischen Mittelbreiten: das Maximum der Windgeschwindigkeit fällt größtenteils ins Frühjahr (März bis Ende Mai), das typische sekundäre Maximum tritt am Ende des Herbstes auf. Hoch- und Spätsommer sind dagegen windschwach.
Da sich die thermischen Bedingungen in den Zeiträumen vor der Blüte (2. Dekade Mai bis 1. Dekade Juni) und während der Reife (September und Oktober)

Tab. 1: Mittlere Klimadaten aus deutschen Weinbaugebieten

	Bernkastel Mosel (120 m NN)	Trier Mosel (265 m NN)	Neustadt Weinstraße (161 m NN)	Geisenheim Rheingau (109 m NN)	Freiburg Breisgau (269 m NN)	Würzburg-Stein Mainfranken (259 m NN)
Mittl. Jahressumme des Niederschlags (mm) (1931—60)	676	719	614	536	903	646
Mittl. Niederschlagssumme Mai — August (mm) (1931—60)	284	286	239	224	394	268
Jahresmittel der Lufttemperatur (° C) (1931—60)	10,0	9,3	10,1	9,9	10,3	9,1
mittl. Jahressumme der Sonnenscheindauer (Std.) (1950—60) (Std.) (1951—80)	1453	1574 1536	1712	1643	1776	1730
Mittl. Summe der Sonnenscheindauer April — Oktober (Std.) (1950—60) (Std.) (1951—80)	1049	1259 1124	1365	1318	1385	1378
Mittl. tägl. Max. der Lufttemperatur (° C) (1931—60)	14,8	13,7	14,6	14,3	14,6	14,1
Mittl. tägl. Min. der Lufttemperatur (° C) (1931—60)	5,7	5,3	5,8	5,6	5,9	4,7
Absol. höchst. Max. der Lufttemperatur (° C) seit Beginn der Beobachtungen	38,2	37,6	39,6	38,3	39,4	38,8
Absol. tiefst. Min. der Lufttemperatur (° C) seit Beginn der Beobachtungen	— 21,7	— 20,5	— 21,7	— 23,9	— 30,7	— 28,0
Tage mit Niederschlag (> 1 mm) (1931—60)		163	163	162	182	156
Tage mit Niederschlag (> 1 mm) (1931—60) (April — Oktober)		51	53	51	60	53
Mittl. Datum des letzten Frostes ersten Frostes (1931—60)	20. 4. 28. 10.	25. 4. 24. 10.	24. 4. 31. 10.	14. 4. 29. 10.	13. 4. 26. 10.	28. 4. 14. 10.
Mittl. Zahl der frostfreien Tage	190	181	189	197	195	168
Sättigungsdefizit (%) (1931—60)		22	27	26	26	24
Sättigungsdefizit (%) (1931—60) April — Oktober		25	31	29	29	28

Quellen: DWD Zentralamt, zit. nach BECKER 1979a, S. 29; ENDLICHER 1980a, S. 7; DWD, WA Trier 1983; MÜLLER 1983

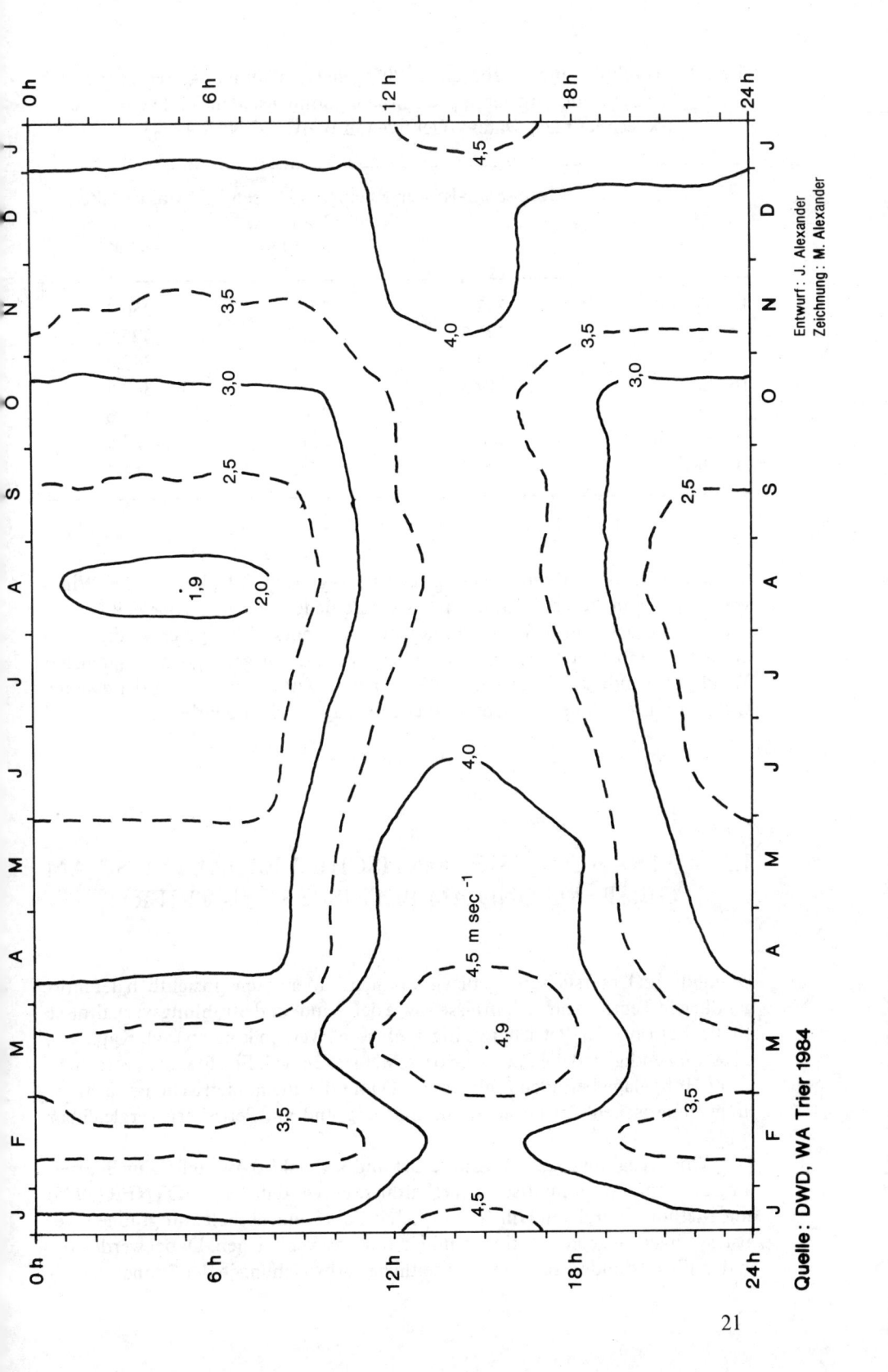

Quelle: DWD, WA Trier 1984

Entwurf: J. Alexander
Zeichnung: M. Alexander

Tab. 2: Strahlungssumme für einen 20° geneigten Südhang, reduziert nach Maßgabe des mittleren prozentualen Sonnenscheins (cal · cm^{-2} · d^{-1}) (berechnet nach Datenkollektiven in BRANDTNER 1974)

	Mosel-Saar-Ruwer 49° 54'	Rheingau/Hessen/ Nahe 49° 54'	Mainfranken 49° 48'
16. April	233,4	243,0	250,2
16. Mai	306,3	321,1	325,0
16. Juni	315,9	331,5	343,0
16. Juli	319,5	328,3	348,8
16. August	274,6	290,7	300,6
16. September	202,3	221,2	222,1
16. Oktober	104,2	105,7	117,5

als für die Qualitätsbildung wichtig erweisen (vgl. Kap. 2.1), kommt den Windverhältnissen in diesen Zeiträumen besondere Bedeutung zu. In der Zeit vor der Blüte treten dabei in den Nachmittagsstunden höhere Windgeschwindigkeiten als im September und Oktober auf, wobei der relativ ausgeprägte Tagesgang der Windgeschwindigkeit auch im September noch feststellbar ist. In der zweiten Oktoberhälfte nehmen die Unterschiede im Tagesverlauf deutlich ab.

1.2 STRAHLUNGSKLIMATISCHE VERHÄLTNISSE AM GEISBERG UND AM PETRISBERG IN TRIER

Damit die im Untersuchungsgebiet gewonnenen Meßdaten hinsichtlich der morgendlichen Temperaturverhältnisse sowie der Wind- und Strahlungsverhältnisse an die Station Trier-Petrisberg „angeschlossen" werden können (vgl. Kap. 3.1), ist es notwendig, daß die Stationen bzw. Meßstellen (vgl. Fig. 6) sich in vergleichbarer Höhenlage befinden (vgl. Kap. 3.1) und die anemometrischen und strahlungsklimatischen Verhältnisse am Geisberg und am Petrisberg vergleichbar sind.
Die Windverhältnisse sind in Kapitel 3.1 und Kapitel 5 dargestellt. Zur Beurteilung der strahlungsklimatischen Verhältnisse entwickelte BRANDTNER (1975) eine Methode, mit deren Hilfe es möglich ist, die Sonnenscheinautographen-Registrierungen einzelner Stationen miteinander zu vergleichen. Dabei werden die in den Einzelstunden auftretenden zeitlichen Abweichungen der Sonnenschein-

dauer benachbarter Orte auf ihre Signifikanz hin überprüft. So ist es möglich, Horizontbeschattungen nachzuweisen und zu eliminieren. Orte mit gleichsinnigem Bewölkungsverlauf bzw. gleichartigen Bewölkungsverhältnissen lassen sich erkennen und gebietsweise zu „vergleichsklimatischen Bezugsräumen" zusammenfassen (BRANDTNER 1974, S. 4). Innerhalb des Anbaugebietes Mosel-Saar-Ruwer stellen die Bereiche Obermosel, Saar-Ruwer, Bernkastel und Zell einen solchen vergleichsklimatischen Bezugsraum dar (BRANDTNER 1974). Dieses Ergebnis stimmt mit LEHMANN (1953b) und AICHEL u. KING (1964) überein (vgl. auch Klimaatlas von Rheinland-Pfalz, Blatt 30).

Tab. 3: Strahlungssumme, reduziert nach Maßgabe des mittleren prozentualen Sonnenscheins (cal $\cdot$ cm$^{-2}\cdot$ d^{-1}) für einen 20° geneigten West- und Osthang im vergleichsklimatischen Bezugsraum Mosel-Saar-Ruwer (berechnet nach Datenkollektiven in BRANDTNER 1974)

	Westhang	Osthang	Differenz abs.	relativ (%)
16. April	185,4	183,5	1,9	1,0
16. Mai	267,9	262,8	5,1	1,9
16. Juni	288,0	285,3	2,7	1,0
16. Juli	285,7	282,6	3,1	1,1
16. August	229,5	222,6	6,9	3,1
16. September	154,0	141,3	12,7	9,0
16. Oktober	70,6	58,8	12,2	20,1

Vergleicht man die täglichen Strahlungssummen, die ein West- und ein Osthang, beide um 20° geneigt, erhalten (Tab. 3), fallen die höheren Einstrahlungswerte am Westhang im September und vor allem im Oktober auf. Die im Vergleich zum Zeitraum Mai bis Juni im September und Oktober geringere Einstrahlung und die längere Ausstrahlungsdauer bewirken bei Strahlungswetter die Ausbildung von sich in den Vormittagsstunden spät auflösenden, durch Nebelbildung gekennzeichneten Bodeninversionen.
Bei einem Vergleich der Sonnenscheindauer der Stationen Trier-Stadt und Bernkastel (Entfernung voneinander: zirka 35 km), die sich beide in vergleichbarer Lage im Relief 144 m NN bzw. 120 m NN) auf der Niederterrasse befinden, hat BJELANOVIC (1967) nur geringe Unterschiede festgestellt. Demnach kann man zu Recht annehmen, daß die strahlungsklimatischen Verhältnisse am Geisberg und am Petrisberg fast gleich sind.

1.3 RÄUMLICHE GLIEDERUNG DES UNTERSUCHUNGSGEBIETES

1.3.1 *Topographisch-morphologische Verhältnisse*

Das Untersuchungsgebiet liegt in der Umlaufbergregion Osann-Veldenz an der Mittelmosel. Es ergibt sich unter dem Aspekt der naturräumlichen Gliederung folgende räumliche Verbreitung der landschaftsphysiognomisch dominanten topographisch-morphologischen Einheiten (Fig. 2).
Aufgrund der pleistozänen Flußentwicklung ist die Umlaufbergregion Osann-Veldenz durch Terrassen gekennzeichnet. Über dem Engtal der Mosel dominiert das Hauptterrassenniveau in zirka 270—290 m NN. In dieser Höhe liegen die Kulminationen der Umlaufberge, die Flächen südlich der Mosel oberhalb von Wintrich und Filzen und der Brauneberg, der einen Sehnenberg darstellt. Der am deutlichsten ausgeprägte Umlaufberg ist der Geisberg mit seiner fast exakt N-S-verlaufenden Längsachse.
Die in Flächen-, Rücken- oder Riedelform ausgeprägte Hauptterrasse wird durch breite Muldentäler in Höhenlagen zwischen 145 m und 175 m gegliedert. Das Umlauftal fällt entweder allmählich zur ausgeprägten Niederterrasse mit der eingetieften Talaue hin ab oder streicht — wie bei Monzel — zirka 60 m über dem heutigen Tal aus (vgl. WERLE 1974).
In der Umlaufregion Osann-Veldenz herrscht ein für die Mittelmosel typisches Nebeneinander von weinbaulich genutzten Steil- und Hanglagen vor. Die Rebhänge reichen von der Kante der Hauptterrasse zum Teil bis auf die mittelterrassenzeitlichen Talböden oder über die im Engtal vor allem als Hangleisten ausgebildeten Mittelterrassen bis auf die flache Niederterrasse. Oberhalb der Anbaugrenze folgen an den Hängen bewaldete Flächen, in flachen Lagen, so auf der Hauptterrasse und der Trogfläche (380—420 m NN), Wiesen und Ackerflächen. Daraus ergeben sich vier naturräumliche Einheiten, die nach PAFFEN (1953) als topographische Reliefformenkomplexe bezeichnet werden können:
— die Talaue mit der Niederterrasse der Mosel
— die höher gelegenen Mittelterrassen der Mosel
— die Talhänge
— die hochgelegenen Flächen im Hauptterrassen- und Trogniveau

1.3.2 *Methode zur Raumgliederung für geländeklimatologische Messungen*

Aus instrumentellen, personellen und finanziellen Gründen ist der Aufbau eines das gesamte Untersuchungsgebiet engmaschig überspannenden Sondermeßnetzes nicht durchführbar. Deshalb hat man sich um eine der geländeklimatologischen Untersuchungsmethode angemessene Methode zur Raumgliederung be-

Fig. 2: Die Lage der Osann-Veldenzer Umlaufberge und die naturräumlichen Einheiten in ihrer Umgebung

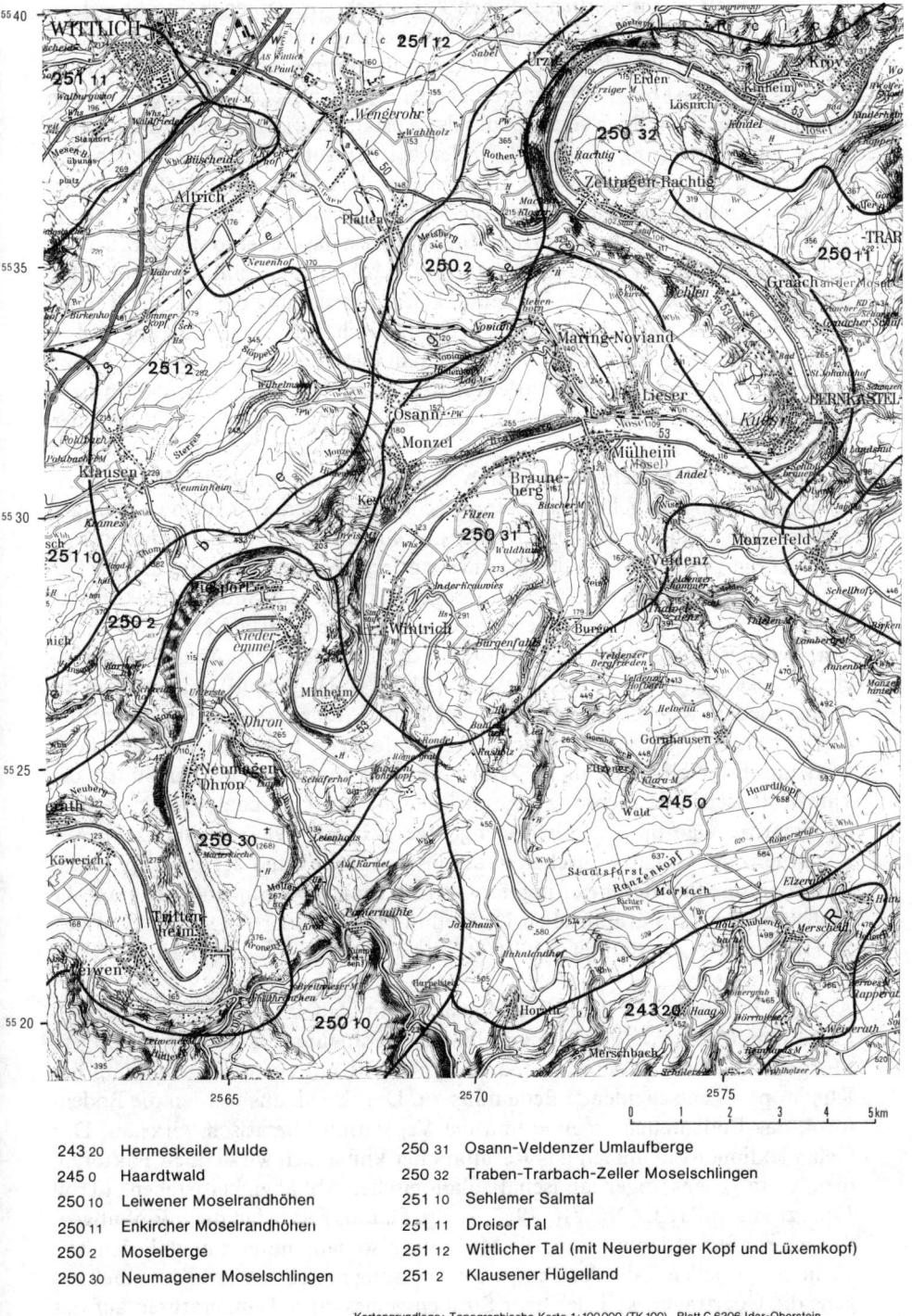

243 20	Hermeskeiler Mulde	250 31	Osann-Veldenzer Umlaufberge
245 0	Haardtwald	250 32	Traben-Trarbach-Zeller Moselschlingen
250 10	Leiwener Moselrandhöhen	251 10	Sehlemer Salmtal
250 11	Enkircher Moselrandhöhen	251 11	Dreiser Tal
250 2	Moselberge	251 12	Wittlicher Tal (mit Neuerburger Kopf und Lüxemkopf)
250 30	Neumagener Moselschlingen	251 2	Klausener Hügelland

Quelle: WERLE 1974 (vereinfacht)

Kartengrundlage: Topographische Karte 1:100 000 (TK 100) Blatt C 6306 Idar-Oberstein
Vervielfältigt mit Genehmigung des Landesvermessungsamtes Rheinland-Pfalz, Kontrollnummer 24/86

müht (z. B. BJELANOVIC 1967). Diese soll Aufschluß über das Verteilungsmuster der Areale mit inhaltlich gleichen klimatisch wirksamen Faktoren geben. Ziel einer geländeklimatologischen Untersuchung muß es sein, ein ebenfalls flächendeckendes Bild der für die Klimagestaltung entscheidenden Elemente zu gewinnen. Dies ist bei der Temperaturmessung in der Regel nur möglich, wenn man über Thermalbilder verfügt oder die Abstände zwischen den Meßpunkten im Gelände so gering sind, daß Fehler bei der Interpolation zwischen den Meßwerten nicht auftreten. Die dazu notwendige Dichte der Meßpunkte ist jedoch wesentlich vom Relief des Untersuchungsgebietes abhängig.

Im Bereich der Umlaufberge an der Mittelmosel ist das Relief so stark gegliedert, daß es dem Verfasser trotz der bei Meßfahrten hohen Anzahl der Meßpunkte nicht sinnvoll erscheint, eine flächendeckende Darstellung der Temperaturverhältnisse anzustreben. Auf der Basis der landschaftlichen Gliederung soll es möglich sein, Meßstrecken so anzulegen, daß die Homogenität der Umgebung eines jeden Meßpunktes gewährleistet ist. Fehler bei der Extrapolation bzw. Interpolation der Meßwerte auf die unmittelbar angrenzenden Kulturflächen sind dadurch gering.

WEISCHET (1956) liefert einen Hinweis auf eine entsprechende Methodik zur Raumgliederung für geländeklimatologische Messungen. In seinem vierstufigen Konzept der „räumlichen Differenzierung klimatologischer Betrachtungsweisen" definiert er das Klima des Raumes mittlerer Größenordnung, den die Geländeklimatologie untersucht, als Subregionalklima. Das Subregionalklima ist das „Klima im Bereich der superponierten Einflüsse mehrfach, in bestimmtem Verbreitungsgefüge auftretender Formen der Erdoberfläche und der Oberflächenbedeckung" (WEISCHET 1956, S. 121) (z. B. Hügelland). Nimmt man die nächst niedere Rangordnung, das „Lokalklima", hinzu, das als Klima im Einflußbereich einer speziell auftretenden Einzelform (z. B. Hang) definiert ist, so wird unschwer eine räumliche Zuordnung der durch die beiden Stufen der klimatologischen Betrachtung angesprochenen Naturlandschaftsgliederung und der Begriffe Geotop und Geotopengefüge (LESER 1984) deutlich. Auf die Kongruenz der klimatologischen Raumdifferenzierung und der geographischen Naturlandschaftsdifferenzierung hat — trotz leicht abweichender, sich auf die Maßstäbe der kartographischen Darstellung beziehender Angaben von WEISCHET (Subregionalklima 1:100 000 bis 1:1 000 000) — auch BJELANOVIC (1967) hingewiesen.

Aus der Definition von WEISCHET geht hervor, daß das Gelände- bzw. Lokalklima weitgehend von den topographischen Bedingungen gesteuert wird. Dem Morphotop kommt damit — und das gilt nicht nur für die Ausbildung der Klimatope — entscheidende Bedeutung zu. Darüberhinaus werden die Bodenform, das Bodenfeuchteregime und die Vegetation klimatisch wirksam. Das Geländeklima ist demnach das Resultat aller klimatisch wirksamen Faktoren, die „... in gegenseitiger landschaftsökologischer Abhängigkeit stehen" (Troll 1962, zit. nach BJELANOVIC 1967, S. 50). Daraus folgt, daß diese Einflußgrößen miterfaßt werden müssen, die Meßhöhe also dann unter 2 m zu liegen hat, wenn im speziellen Falle der Temperaturmessung mit Hilfe eines Klimameßwagens die Übertragbarkeit der über Straßen gemessenen Temperaturen auf das angrenzende Kulturland gewährleistet sein soll (vgl. Kap. 3.3.2). BJELANOVIC

(1967) hat gezeigt, welche Vorteile eine naturräumliche Gliederung nach Ökotopen bzw. Landschaftszellen (PAFFEN) oder Fliesen (SCHMITHÜSEN) für die Wahl der Meßpunkte und die Extrapolation der Daten auf die Fläche besitzt.
Der landschaftsökologischen Kleingliederung in dieser Untersuchung ist der Begriff Geotop, der sich immer stärker durchsetzt (vgl. LESER u. KLINK 1988), zugrundegelegt. Dieser Schritt bedarf einer kurzen Erläuterung, zumal die Verwendung der Begriffe Ökotop, Physiotop und Geotop eingehend diskutiert wurde. Der Begriff Geotop wurde von LESER (1984) im Bemühen um eine einheitliche Nomenklatur in der Landschaftsökologie und um eine hierarchische Ordnung der Begriffe wie folgt definiert: Das Geosystem, dessen räumliche Betrachtungsweise durch den Geotop repräsentiert wird, ist die „... Funktionseinheit der (...) zusammenwirkenden Geofaktoren Georelief, Boden, Wasser und Klima, die als Subsysteme Morphosystem, Pedosystem, Hydrosystem und Klimasystem im Geosystem ein höherrangiges Wirkungsgefüge mit einem dafür charakteristischen Haushalt bilden" (LESER 1984, S. 353). Sieht man von den Auffassungen von HERZ (1968) und HERZ et al. (1970) ab, so entspricht der Geotop dem Physiotop, der — nach gängiger Lehrmeinung — im Unterschied zum Ökotop den biotischen Komplex nicht enthält (vgl. LESER 1978).
Vor dem Hintergrund des in der vorliegenden Arbeit betrachteten Forschungsgegenstandes „Weinberg" mag die Verwendung des Begriffs Geotop überraschen. Dennoch ist dies gerechtfertigt, da eine deutliche räumliche wie zeitliche Inkongruenz zwischen dem Phytotop und den übrigen räumlichen Strukturen der Subsysteme des Geotops besteht, die das ökologische Potential einer Fläche determinieren. Die starke Ausweitung der Rebflächen und die damit flächenmäßig beträchtlichen Veränderungen des biotischen Teilkomplexes sind — wie dargestellt — nicht als Folge von Veränderungen des abiotischen zu sehen, so daß die Indikatoreneigenschaften des Phytotops sehr eingeschränkt sind (vgl. LESER 1983). Vielmehr gilt es nachzuweisen, wie die Relationen zwischen dem Geotop und dem Phytotop hinsichtlich der ökologischen Standortqualität zu erfassen sind. Ein solcher Nachweis könnte aber nur anhand komplexer landschaftsökologischer Standortanalysen erfolgen. Dies würde zur Gliederung in Geoökotope führen. In dieser Arbeit kann das jedoch nicht geleistet werden. Vielmehr geht es darum, daß ein „... erster Ordnungseffekt zwischen den Einzelarealen der naturräumlichen Grundeinheiten erreicht (wird)" (LESER 1978, S. 213).
Dabei läßt sich die ökologische Situation im wesentlichen durch eine bestimmte Kombination ausgewählter Geokomponenten zum Ausdruck bringen. Bei der Gliederung der Geotope im Untersuchungsgebiet wird von überwiegend morphographisch begründeten Topen ausgegangen, da diese als landschaftsökologischer Faktor dominieren und somit zentrale Einheiten in einer hierarchisch strukturierten Darstellung der einzelnen Komplexe sind. Es wäre somit auch gerechtfertigt, statt von Geotopen von Morphotopen zu sprechen. Dem Begriff Geotop wird aber der Vorzug gegeben, da auch hydrologische und klimatische Eigenschaften (Differenzierung der Hänge nach ihrer Exposition und Höhenlage und damit nach ihrem Strahlungs- bzw. Wärmehaushalt (vgl. Fig. 3, Signaturen 10 und 11) sowie die Vegetation auf der Grundlage einer Landnutzungskartie-

rung einbezogen werden. Mit dem Gebrauch des Begriffs Geotop in der vorliegenden Arbeit ist demnach eine bestimmte Methode der Raumgliederung verbunden. Sie führt zur schnellen Ausgliederung repräsentativer Areale, die die Grundlage für die Auswahl der Meßstrecken darstellen (vgl. MOSIMANN 1983, 1984). Dabei kann es dazu kommen, daß Topen mit unterschiedlichen hydrologischen Eigenschaften zusammengefaßt werden (vgl. Fig. 3, Signatur 8).

1.3.3 Geotope des Untersuchungsgebietes

Entsprechend der in Kapitel 1.3.1 gegebenen Übersicht über die naturräumlichen Einheiten und der für die Charakterisierung des Geotops genannten Merkmale kann eine Kartierung der Geotope vorgenommen werden. Grundlagen waren

---

Legende zu Figur 3:

1 bebaute Fläche
2 Talaue der Mosel; Grünland, in Flußnähe feuchtigkeitsliebende Ufervegetation aus Büschen und Bäumen
3 Schwemmfächer im Mündungsgebiet der Bäche; Grünland, Hausgärten in Nähe der Siedlungen, am Wasserlauf Baumreihen
4 Talböden im Umlauftal der Mosel; Grünland, Brach- und Ödland, an den Bächen Baumreihen
5 geneigte Flächen (mittlere Hangneigung < 10°), größtenteils auf Nieder- und Mittelterrassen; Acker-, Grün- und Rebland, selten Brach- und Ödland
6 höher liegender, leicht geneigter Teil der Mittelterrasse (mittlere Neigung < 5°) im Scheitelbereich des Umlauftals; trockengefallen, überwiegend Getreideanbau
7 Erosionsrinnen und kleine Seitentäler; zum Teil von kleinen Bächen durchflossen, Grünland, Brach- oder Ödland und Wald
8 trockene Dellen und feuchte bis leicht vernäßte Quellmulden; größtenteils Wald, Brach- und Ödland
9 NW-, N- und NE-exponierte Hänge, zum Teil mit mittleren Hangneigungen von bis zu 40° und Hänge oberhalb der topographischen Anbaugrenze für Wein; überwiegend Laub- und Mischwald
10 NW-, N- und NE-exponierte Hänge (mittlere Hangneigung am Brauneberg 5—10°, am Geisberg ca. 15°); Weinbau
11 E-, SE-, S-, SW- und W-exponierte Hänge, zum Teil stark geneigt (mittlere Hangneigung am Brauneberg ca. 20°, am Geisberg 15—20°); Weinbau
12 Hochflächen der Hauptterrasse und des Moseltroges, zum Moseltal schwach geneigt (mittlere Hangneigung < 5°); Acker- und Grünland, Brach-und Ödland sowie Streuobst und Mischwald

neben der DGK 1:5000 eigene Geländearbeiten, die im Sommer 1982 durchgeführt wurden. Im Sommer 1983 erfolgte die Aktualisierung der Karteninhalte hinsichtlich der Landnutzung.
Die Mosel fließt im Untersuchungsgebiet in einer Höhenlage von ca. 110 m NN. Ihre Breite beträgt 100 bis 140 m. Die Talaue ist am Brauneberg lediglich ca. 15 m, am rechten Moselufer dagegen maximal 60 bis 70 m breit. Gegenüber der Niederterrasse ist die Talaue durch eine nicht immer deutlich erkennbare Erosionskante von ca. 1 m bei Mülheim abgesetzt. Am Brauneberg ist die Niederterrasse durch eine Straßendammaufschüttung erhöht. Auf den nährstoffreichen, lehmigen Böden der Auelehmdecke befinden sich Grünland und Äcker, an den Ufern Buschzonen mit einzelnen Bäumen.
Die Niederterrasse erstreckt sich als flache, zur Mosel hin leicht geneigte Fläche entlang der Talaue der Mosel. Die Terrasse hat auf der rechten Flußseite eine Breite von 300 bis 400 m und ist bevorzugter Siedlungsträger. Die Orte Brauneberg, Mülheim und Lieser nehmen den größten Teil ihrer Fläche ein. Neben sandig-lehmigen Braunerden und Parabraunerden treten Braunerde- und Parabraunerdegleye auf. Sie werden in der Nähe der Ortschaften meist als Acker-und Gartenland genutzt. Abseits der Ortschaften werden die Niederterrassenflächen in zunehmendem Maße auch durch Rebland eingenommen. Es treten vor allem dann große geschlossene Rebareale auf, wenn, wie am Südhang des Braunebergs, oberhalb der Niederterrasse am Prallhang Steilhänge bis ins Hauptterrassenniveau reichen. Am Gleithang sind die einzelnen größtenteils neu angelegten Rebflächen mit Ackerflächen durchsetzt, erstrecken sich aber auch über schwach geneigte Hangleisten der unteren Mittelterrasse bis auf die obere Mittelterrasse. Diese ist südlich von Brauneberg besonders deutlich zu erkennen. Das Rebland reicht dort bis auf ca. 230 mm NN hinauf.
Die Rebflächen auf der Niederterrasse gehen auch in die angrenzenden Flächen der oberen Mittelterrasse im Umlauftal um den Geisberg über und erreichen an den sich darüber anschließenden Steilhängen ihre obere Anbaugrenze in ca. 300 m NN, die je nach Exposition stark variiert. Im Veldenzer Bach-Tal wird sogar ein Teil des Talbodenbereichs am Westhang weinbaulich genutzt, während im Frohnbachtal Grünland dominiert. Am Geisberg setzt die weinbaulich genutzte Fläche oberhalb der Talböden an und dehnt sich bis in das leicht erniedrigte Hauptterrassenniveau aus. Am Nordhang des Braunebergs wird in neuerer Zeit auch der Bereich der Talsohle weinbaulich genutzt, und die Rebflächen erstrecken sich selbst bei stärkerer Neigung auf dem Nordhang bis auf ca. 220 m NN. Eine Differenzierung der Rebfläche nach den Standorten auf den einzelnen Reliefeinheiten und damit eine Abgrenzung zwischen Talaue, Niederterrasse, den Talböden des ehemaligen Moseltals bzw. den anschließenden Mittelterrassenflächen ist jedoch schwer durchführbar.
Die ehemals mehr oder weniger steil ausgeprägten Hangpartien, die die schwach geneigten Terrassenflächen deutlich voneinander trennten, sind heute durch Solifluktion und Abluation nivelliert. Ferner lassen die Schwemmfächer vom Frohnbach, vom Veldenzer Bach und von der Lieser, die an der Einmündung ins Moseltal und vom Brelitzer Bach an der Einmündung ins Frohnbachtal akkumuliert wurden, das Gelände sanft ansteigen und verwischen so die Grenze zwischen den einzelnen Reliefeinheiten. Auch hinsichtlich der Landnutzung — die

Schwemmfächer werden wie Teile der Niederterrasse und der Talböden durch Grünland genutzt — ergeben sich keine auffälligen Unterschiede.

Die Breite des ehemaligen Talbodens der Mosel schwankt zwischen 160 und 350 m im Frohnbachtal, zwischen 150 bis 310 m im Veldenzer Bach-Tal. Im unteren Liesertal beträgt sie etwa 150 m. Das Umlauftal wird nur teilweise von Bächen durchflossen. Dort wo sie auftreten, haben sie meist lehmiges Material akkumuliert. Die leichte Verwilderung der Bachläufe deutet auf das geringe Gefälle hin. Ein hochliegender Grundwasserspiegel hat die Ausbildung von Gleyen bewirkt. Entlang der Bachläufe treten häufig dichte Baum- und Strauchreihen auf. Die Talböden, die mit mächtigen Hangkolluvien angefüllt sind, tragen in der Regel in der Nähe der Bachläufe aus edaphischen Gründen Grünland, das vereinzelt von Acker- und Rebflächen im Veldenzer Bach-Tal durchsetzt ist.

Zwischen Burgen und Veldenz ist ein Teil des Umlauftals trockengefallen. Hier weist das Gelände ein bis zu 10 m höheres Niveau gegenüber den Bachläufen auf. Da dieser Geotop weniger stark von der fluvialen Erosion betroffen war, ist die Schotter- und Bodenmächtigkeit relativ hoch. Die basenreichen mittel- bis tiefgründigen Braunerden und Parabraunerden aus Löß und lößhaltigem Hangschutt, die in Talbodennähe in kolluviale Braunerden übergehen, ermöglichen Getreideanbau, während die sich oberhalb der Talböden anschließenden Terrassenflächen im Veldenzer Bach-Tal und im Frohnbachtal Acker-, Grün- und Rebland tragen.

Oberhalb der Terrassenflächen setzen mit unterschiedlich starker Neigung Hänge an, die bis in verschiedene Höhen reichen. In der Nähe der Mosel dehnen sie sich bis ins obere Mittelterrassenniveau und das Hauptterrassenniveau (270 bis 290 m NN; westlich und südwestlich von Burgen) aus. Am Rande der Hauptterrasse, die normalerweise die Talkante der Engtäler bildet, endet meistens auch die vertikale Anbaugrenze. Sofern die Hangpartien nicht weinbaulich genutzt werden, gehen sie von mittelgründigen Braunerden in flachgründige Braunerderanker über. Auf den Hauptterrassenflächen mit den meist sandig-lehmigen Parabraunerden aus Löß befinden sich Acker- und Grünland. Am Brauneberg und am Geisberg ist das Hauptterrassenniveau aufgrund der Zufirstung nur noch andeutungsweise zu erkennen.

Im Süden des Untersuchungsgebietes steigt das Gelände zum Haardtwald (Haardtkopf 669 m NN) an. Er steht in starkem Gegensatz zum mittleren Moseltal. Die Nordhänge sind in der Regel bewaldet. Oberhalb der Hänge erstrecken sich mehr oder weniger zusammenhängende, zur Mosel hin leicht einfallende Flächen in ca. 340 bis 370 m NN („Trogterrasse" nach PHILIPPSON, 1903) und in 400 bis 420 m NN („Trogfläche" nach STICKEL, 1927). Die sandig-lehmigen Böden dieser Hochflächen können zwar auch ackerbaulich genutzt werden, der Anteil an Grünland überwiegt aber deutlich. Mit zunehmender Höhe dominiert auf dem Quarzitrücken Wald. Hochflächen und Hänge werden von den Seitentälern und kleineren Erosionsrinnen, die zum Teil nur episodisch oberflächlichen Abfluß aufweisen, gegliedert. Quellmulden reichen bis auf die Fläche hinauf.

Wo innerhalb der Weinbauzone die Hangneigung nicht so stark ist, kommt es in Abhängigkeit von der Exposition zu unterschiedlichen Formen der natürlichen

Vegetation und der Landnutzung. Insbesondere die West-, Südwest-, Süd-, Südost- und Osthänge tragen aufgrund ihrer günstigen Exposition auf Rigosolen Rebland. Die mittlere Hangneigung beträgt am Geisberg ca. 15—20°, am Brauneberg ca. 20°. Nur in engeren Seitentälern, in denen die Horizontüberhöhung die Besonnungsdauer vermindert, tritt Mischwald auf. Auf den strahlungsklimatisch ungünstigeren Nordwest-, Nord- und Nordosthängen lassen sich Laub- und Mischwald sowie Acker- und Grünland feststellen. Auffallend ist, daß sich trotz der schlechten Einstrahlungsverhältnisse auf geneigten nordwest-, nord- und nordostexponierten Hängen — am Geisberg im Mittel ca. 15°, am Brauneberg um 5—10° — Rebflächen befinden. Ihre Anlage ist am Brauneberg relativ neu.

2. GELÄNDEKLIMA UND QUALITÄTSWEINBAU

Zahlreiche Untersuchungen haben auf die Abhängigkeit der Rebenentwicklung in unseren Breiten von den meteorologischen Bedingungen hingewiesen, die bei Strahlungswetterlagen während der Einstrahlungs- und Ausstrahlungszeit auftreten. Die dominierenden Prozesse während der Einstrahlungszeit unter Berücksichtigung des Windeinflusses werden in den Kapiteln 2.1 und 2.2 diskutiert. Der nächtliche Wärmehaushalt ist im wesentlichen von der Kaltluftproduktion, ihrem Fluß und ihrer Ansammlung geprägt. Dies ist in Kapitel 2.3 dargestellt.

2.1 DIE THERMISCHEN BEDINGUNGEN IM REBBESTAND WÄHREND DER EINSTRAHLUNGSZEIT

Die Strahlung ist für die Rebentwicklung aus zwei Gründen wichtig:
— Das kurzwellige Licht wirkt als Energiequelle für die Assimilation. Über den Bedarf der Rebe als einer ursprünglich mediterranen Auenwaldliane gehen die Angaben jedoch weit auseinander. ALLEWELDT (1967a, S. 316) gibt 40 000 bis 60 000 Lux, BOSIAN (1964, 1974) 60 000 Lux als Lichtsättigungswert für die Assimilation an. HORNEY (1972) vermutet, daß aufgrund der Meßapparatur (Küvette) der letztgenannte Wert zu hoch ausfällt. Er nimmt einen Sättigungswert von etwa 12 000 Lux an, GEISLER (1963) und BECKER (1979b) gehen von einem Lichtoptimum von 30 000 Lux aus. Diese krassen Unterschiede relativieren sich, wenn man bedenkt, daß eine Beleuchtungsstärke von 20 000 Lux in der Vegetationsperiode (April bis Oktober) in den Mittelbreiten selbst bei bedecktem Himmel erreicht wird und der Anstieg der Assimilation mit wachsender Lux-Zahl bis zum Sättigungswert nur noch sehr langsam erfolgt. In der Regel geht man davon aus, daß in der Vegetationsperiode während der Tagesstunden immer genug Licht für eine optimale Assimilationstätigkeit vorhanden ist (HORNEY 1972, S. 308).
— Weitaus wichtiger ist die langwellige Wärmestrahlung zur Schaffung des Bestandsklimas mit für die Rebentwicklung optimalen Lufttemperaturen, die BECKER (1979b, S. 86) mit 25—30° C und BOSIAN (1964, 1974) mit bis 30° C angeben. Nach KOBAYASHI et al. (1967) liegen die Optimaltempera-

turen in der Rebe bei 22° C. Bei optimalen Licht- und Temperaturbedingungen kommt es nicht zu einer mittäglichen Repression der CO_2-Assimilation (BOSIAN 1933, 1960, 1964).
Die Temperatur ist für die Qualitätsbildung in zwei Phasen von besonderer Bedeutung: vor der Blüte sowie im Spätsommer und Frühherbst. Trockenheit und hohe Temperaturen von 20—30° C in der zweiten Maihälfte und Anfang Juni üben einen qualitätsfördernden Effekt auf die Rebentwicklung aus, da eine frühe Blüte der Rebe einen Entwicklungsvorsprung verschafft, der den Zeitraum der Reife im Herbst verlängert (ALLEWELDT 1967a, S. 314). Dadurch werden eine volle Ausreife der Trauben und eine entsprechende Qualität erreicht (AICHELE 1949; BECKER 1977a, S. 22, 1979b, S. 88). Gute Weinjahre zeichneten sich in diesem Jahrhundert durch eine frühe Blüte aus. Eine hohe Korrelation zwischen den Tagesmaxima der Lufttemperatur und der Qualität bzw. zwischen einem frühen Blühbeginn und der Qualität konnten unter anderem MAY (1957), BECKER (1967, 1972), ALLEWELDT (1967a), KATARIAN und POTAPOW (1968, zit. nach HOFÄCKER, ALLEWELDT u. KHADER 1976, S. 108), HOFÄCKER, ALLEWELDT und KHADER (1976) und HOPPMANN (1978) nachweisen. Liegen die Lufttemperaturen über dem Optimum, nimmt die Assimilation schnell ab und erreicht den Kompensationspunkt, bei dem die Assimilation durch die Atmung kompensiert wird. Es stellen sich dann negative Wirkungen auf die physiologischen Vorgänge ein. Die Assimilation wird durch die hohen Temperaturen, die Überhitzung der Blätter und dem damit verbundenen Zusammenbruch der Hydratur sowie die zu geringe Luftfeuchtigkeit herabgesetzt (ALLEWELDT 1967a, S. 314; HORNEY 1972, S. 309). Sind die Temperaturen geringer als 15° C, wird das Auswachsen der Pollenschläuche gebremst oder gar unterbunden (BECKER 1979b, S. 88). KOBLET (1966, 1977) stellte fest, daß Temperaturen von 10—13° C die Keimkraft des Pollens vernichten.
Die Phase bis zum Beginn der Reifung bestimmt dagegen weniger die Qualität als vielmehr die Ertragsquantität. Im Sommer kommen den Temperaturen eine geringere, der Wasserversorgung eine größere Rolle zu. Über die Qualität entscheiden letztlich die Temperaturen im Spätsommer und Frühherbst, da sich in diesem Zeitraum der Säureabbau und die Zuckereinlagerung vollziehen (vgl. Fig. 4). „Witterungsklimatologisch ausgedrückt kommt damit der Singularität des Altweibersommers eine hervorragende Bedeutung zu." (ENDLICHER 1980a, S. 6).
Aus Experimenten von PEYNAULD und MAURIE (1958), DRAWERT und STEFAN (1965) und AMERINE (1966) (zit. nach ALLEWELDT 1967a, S. 313) ergibt sich übereinstimmend eine Steuerung des Säureabbaus durch die Körpertemperatur der Traube. Bei Temperaturen unter 20° C ist der Säureabbau gering, stattdessen wird vornehmlich Zucker veratmet. Bei Temperaturen zwischen 20° C und 30° C ist zunehmend Apfelsäure in den Atmungsstoffwechsel einbezogen (vgl. BECKER 1967, S. 132, 1970b, S. 96, 1979b, S. 90). Damit erklärt sich auch der pflanzenphysiologische Widerspruch, daß tiefe Nachttemperaturen die Qualität des Weines trotz einer Verringerung der Veratmung von Assimilaten negativ beeinflussen (vgl. auch BECKER 1970b, S. 96; BRANDTNER 1974, S. 10).
Die große Bedeutung der Lufttemperaturen führt dazu, daß oft nur diese erfaßt

Fig. 4: Wachstumszyklus der Rebe

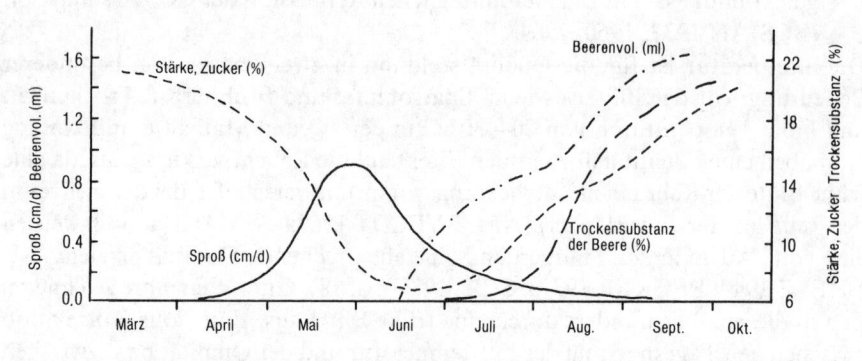

Graph with axes: Sproß (cm/d) Beerenvol. (ml) on left (0.0–1.6); Stärke, Zucker Trockensubstanz (%) on right (6–22); months März–Okt. on x-axis. Curves: Stärke, Zucker (%); Sproß (cm/d); Beerenvol. (ml); Trockensubstanz der Beere (%).

Quelle: ALLEWELDT (1967a, S. 312) vereinfacht

Zeichnung: M. Alexander

wird. Als Meßzeiträume sind dabei die Sommermonate Juli und August weniger relevant. Die hohen Tagestemperaturen führen in diesen Monaten eher zu einer Überhitzung der Blätter. Von großer Bedeutung ist, daß vor der Blüte und zur Zeit der Zuckereinlagerung Optimaltemperaturen im Bestand auftreten.

Eine Methode zur indirekten Erfassung der Temperaturen wendet BECKER (1966, 1970b, c, 1972, 1977a, b) an: die Zuckerinversionsmethode. Diese von PALLMANN, EICHENBERGER und HASLER (1940) entwickelte Methode beruht auf folgenden chemischen Grundlagen: „Rechtsdrehender Rohrzucker hydrolysiert in saurem Milieu zu linksdrehendem Invertzucker. Die Hydrolyse läuft nach der Reaktions-Geschwindigkeits-Temperaturregel, derzufolge ein Ansteigen der Temperatur um 10° C eine Reaktionsgeschwindigkeit um das Doppelte bis Dreifache bewirkt. Aus den Drehwinkeländerungen, die während einer bestimmten Zeitspanne zustandekommen, lassen sich also exponentielle Temperatur-Mittelwerte für die einzelnen Standorte berechnen. Die eingetretenen Drehwinkeländerungen können aber auch als Relativwerte miteinander verglichen werden" (BECKER 1972, S. 106).

Da bei dieser Methode lediglich Zuckerampullen im Bestand befestigt werden, erscheint sie auf den ersten Blick sehr praktisch und kostensparend. Doch kann die Meßmethode zum Beispiel keine Angaben über die Frostgefährdung liefern (BECKER 1972, S. 111). Letzlich sind doch zusätzlich klimatologische Messungen notwendig. Außerdem ist die Zuckerinversionsmethode nicht dazu geeignet, bei komplexen Untersuchungen des Wärmehaushalts Korrelationen mit anderen Umweltfaktoren, zum Beispiel dem Wind oder der Luftfeuchtigkeit, zu ermöglichen. Ferner besteht die Schwierigkeit, die im Gelände gewonnenen relativen Ergebnisse durch den „Anschluß" an eine Bezugsklimastation in klimatologische Endaussagen zu überführen. Dazu ist wiederum die Einrichtung von Klimahütten (Geländebasisstation mit Wetterhütten in 0,7 m und 2,0 m Höhe) notwendig. Ein weiterer Nachteil ist die Länge der Meßdauer. Um alle Witterungsbedingungen einzubeziehen, müssen auch die Meßperioden auf der Grundlage der Zuckerinversionsmethode mehrere Jahre dauern. Unter dieser

Voraussetzung jedoch scheint die Methode im Vergleich zu den klimatologischen Messungen nicht praktikabel zu sein (vgl. auch BRANDTNER u. ZUNKER 1978).

Die thermischen Verhältnisse im Bestand werden zwar hauptsächlich von den strahlungsklimatischen Bedingungen geprägt, jedoch kommt auch dem Wind eine große Bedeutung zu. Sieht man von den mechanischen Schäden durch starken Wind ab, die vor allem bei nicht angebundenen oder nicht angehefteten Trieben auftreten können, so beeinflußt der Wind im wesentlichen die thermischen Bedingungen und den Wasserhaushalt des Rebbestandes.

Der Einfluß auf die thermischen Bedingungen erfolgt sowohl direkt als auch indirekt:

1. Vor allem bei Strahlungswetter während der Einstrahlungszeit wird durch höhere Windgeschwindigkeiten eine Erwärmung der Blätter gegenüber der Umgebungsluft verhindert. Ferner erhöht sich die Größe des Austauschs, das heißt das Bestandsklima wird „ausgeblasen". Dabei kommt es nicht nur zu einer Zerstörung des wärmeren Bestandsklimas, sondern auch zu einer Verminderung der relativen Luftfeuchte. Diese ist aber, wie die Untersuchungen von BOSIAN (1963, 1974), ALLEWELDT (1966), und ZUNKER (1980) zeigen, für die CO_2-Assimilation wichtig. Die Erhöhung der relativen Luftfeuchte führt zu einer deutlichen Zunahme der Stoffproduktion (vgl. auch MORGEN 1953).

2. Die thermischen Verhältnisse werden nicht ausschließlich durch die physikalischen Bedingungen geprägt. Über die stomatäre Regulation der Transpirationsintensität beeinflussen sie auch die physiologischen Vorgänge in der Pflanze. Durch das anhaltende Wegtransportieren und Mischen der Luftquanten erhöht sich die Evapotranspiration bei feuchten Beständen, womit eine Temperaturverminderung verbunden ist. Auf diesen Zusammenhang haben BURCKHARDT und GOEDECKE (1961) sowie SCHNEIDER und HORNEY (1969) hingewiesen. Zwar ist eine gewisse Durchlüftung des Rebbestandes vor allem nach Niederschlägen notwendig, damit keine Pilzinfektionen auftreten (HORNEY 1972, S. 311), insgesamt überwiegen jedoch die Nachteile starker Windeinwirkung (BECKER 1978, S. 138). Ein höherer Windeinfluß wirkt sich dabei ebenfalls negativ auf das ohnehin geringe Wasserspeichervermögen der Tonschieferverwitterungsböden in den höheren Lagen aus.

BRANDTNER (1974, S. 13) nimmt an, daß ein im Rebbestand ausgebildetes Sonderklima zerstört wird, „... wenn ein direkt in die Zeile hineinwehender Wind im Bestandsniveau eine Geschwindigkeit von $1 \, m \cdot sec^{-1}$ erreicht oder überschreitet. Bei zeilensenkrechtem Einfall wird dieser Effekt etwa ab $2 \, m \cdot sec^{-1}$ erzielt". HORNEY (1972, S. 316) geht aufgrund der bei Strahlungswetter vorherrschenden Windrichtungen davon aus, daß das Bestandsklima in Hanglagen am Osthang häufiger zerstört wird als in süd- oder westexponierten Lagen. Es ist wichtig festzustellen, daß nicht einmal große tägliche Steigerungen in den thermischen Verhältnissen des Bestandes erzielt werden müssen, um höhere Mostgewichte zu erreichen. Selbst geringe Tagesdifferenzen wirken sich auf die Qualitätsbildung aus, wenn sie während der gesamten Vegetationszeit auftreten (BRANDTNER 1975, S. 6).

2.2 DER EINFLUSS DES WINDES AUF DIE BIOMASSE-PRODUKTION

Aufgrund der Untersuchungen, die hinsichtlich des Windeinflusses auf die Biomasseproduktion verschiedener Baumarten gemacht wurden (TRANQUILLINI 1969, MITSCHERLICH 1973), muß man annehmen, daß der Wind auch einen weiteren, bislang weniger beachteten direkten Einfluß auf die CO_2-Assimilation bzw. die Produktionsleistung bei Reben besitzen kann.

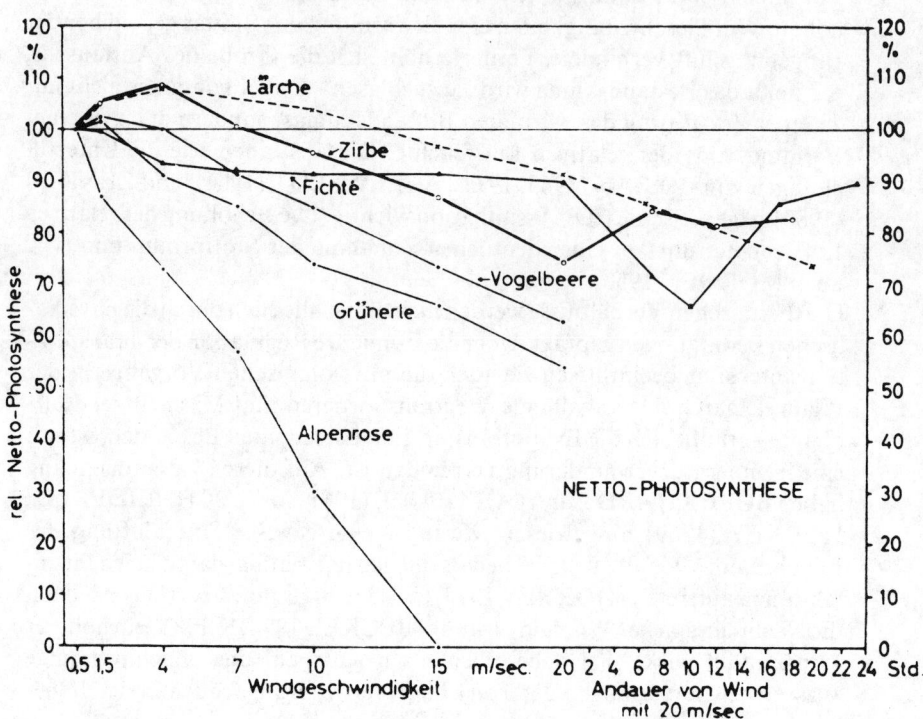

Fig. 5: Netto-Photosynthese verschiedener subalpiner Holzarten

„Netto-Photosynthese verschiedener subalpiner Holzarten unter konstanten Bedingungen (30 000 Lux, 300 ppm CO_2, 20° Lufttemperatur, 50 % relative Luftfeuchte, 15° Bodentemperatur), bei zunehmender Windgeschwindigkeit, in Prozent des Ausgangswertes bei 0,5 m/sec. Jede Windstufe wurde 3 Stunden, die höchste Windstärke (20 m/sec.) fallweise bis zu 24 Stunden lang konstant gehalten. Der Boden war stets mit Wasser gesättigt. Jeder Meßpunkt stellt das Mittel von 2 bis 3 Parallelversuchen mit 3 bis 5 Einzelpflanzen dar. Der CO_2-Gaswechsel wurde gleichzeitig mit der Transpiration bestimmt. (Nach TRANQUILLINI, 1969)" (WEISCHET 1978, S. 259).

TRANQUILLINI ermittelte an 3 bis 5 Versuchspflanzen von 10 bis 20 cm Höhe den CO_2-Gaswechsel bei unterschiedlichen Windgeschwindigkeiten. Nach einer

stabilisierenden Ausgangslage mit 0,5 m · sec^{-1} Windgeschwindigkeit setzte er die Pflanzen stufenweise je drei Stunden Windgeschwindigkeiten von 1,5; 4; 7; 10; 15 und 20 m · sec^{-1} aus. Die letztgenannte Bedingung (20 m · sec^{-1}) wurde dann weitere 24 Stunden beibehalten. „Zwar ist die CO_2-Aufnahme bei 1,5 m · sec^{-1} bei drei Arten (Zirbe, Lärche, Vogelbeere) etwas höher als bei 0,5 m · sec^{-1}, doch nur bis 4 m · sec^{-1}, dann geht sie auch bei diesen Arten zurück. Viel stärker nimmt die Photosynthese der Laubhölzer ab" (TRANQUILLINI 1969, zit. nach WEISCHET 1978, S. 260). Diese Erfahrung ergibt sich auch aus den Experimenten von SATOO (1955), der bei Tieflandsbäumen schon bei Windstärken von weniger als 4 m · sec^{-1} wesentlich stärkere Assimilationsraten festgestellt hat (zit. nach WEISCHET 1978, S. 260). HOLMSGAARD (1955) stellte an einem dem Wind ausgesetzten Buchenaltbestand fest, „... daß der Radialzuwachs in der Nähe des luvseitigen Waldrandes in sturmreichen Jahren bis zu einem Drittel geringer war als in sturmarmen, und zwar ganz unabhängig davon, ob es sich im ganzen um ein gutes oder ein schlechtes Zuwachsjahr gehandelt hat" (zit. nach MITSCHERLICH 1973, S. 76). WEISCHET (1978) vermutet, daß bei eingeführten Exoten wie zum Beispiel den Apfelbäumen, die Beeinträchtigung schon bei wesentlich geringeren Windgeschwindigkeiten einsetzt. TRANQUILLINI (1969) folgert aus den geschilderten Experimenten, daß bei niedrigen Pflanzen, selbst bei optimaler Feuchteversorgung für den Syntheserückgang die Austrocknung der Blattoberflächen und nicht die Transpirationseinschränkung die wesentliche Ursache des verminderten Gasaustauschs sei (vgl. WEISCHET 1978, S. 265).
Da entsprechende Untersuchungen über den Windeinfluß auf die Weinrebe noch ausstehen, soll als Arbeitshypothese angenommen werden, daß auch bei der Weinrebe eine Einschränkung der Assimilation bei Windgeschwindigkeiten ab 4 m · sec^{-1} eintritt. Beobachtungen dazu liegen vor: „Starke Windeinwirkung hemmt das Wachstum der Triebe. In sehr windbeeinflußten Lagen zeigen die Reben kurzknotigen, kümmerlichen Wuchs" (BECKER 1979b, S. 80). Wuchs- und Leistungsdepressionen stellte BECKER auch 1967, 1970a und 1977b fest, BRANDTNER (1975, S. 6) betont die verzögerte Frühjahrsentwicklung (Austrieb und Blüte) der Reben.
Da bei Standortuntersuchungen die windoffenen Steillagen mit ihrem spezifischen Wasserhaushalt und der daraus resultierenden Veränderung der qualitätsbildenden Prozesse bisher vernachlässigt wurden, ist eine Beurteilung der Qualität dieser Standorte nur schwer durchführbar.

2.3 KALTLUFTGEFÄHRDUNG

Die Kaltluftgefährdung ist ein seit langer Zeit beachteter ertags- und qualitätsmindernder Faktor. Kritische Werte liegen für trockene Knospen je nach Austriebszustand bei −1,5 bis −2,0° C (HOPP 1979, S. 236), für nasse Triebe bei

−0,5° C (KOBLET 1977). Bei − 3,0° C können sich bei Spätfrösten bereits Totalschäden einstellen. Die Folge der Zerstörung der jungen Triebe sind drastische Ertragseinbußen. Der deutsche Weinbau erlitt im Frühjahr 1957 durch Spätfröste Schäden in Höhe von 50 Millionen DM (AICHELE 1961, S. 200). Herbstfröste bringen die Blätter zum Absterben und Abfallen. Bei − 4,0° C erfrieren auch die Trauben, wenn sie noch nicht ganz reif sind. Auch die Holzreife wird mehr oder weniger stark beeinträchtigt (HOPP 1979, S. 237). Da die Schäden durch Spätfröste im allgemeinen schwerwiegender sind als die durch Frühfröste, sollte hauptsächlich die Erfassung der ersteren erfolgen.
Wie in Kap. 2.1 dargelegt, beeinträchtigt auch nächtliche Kaltluft, die noch nicht den Gefrierpunkt erreicht hat, den Ertrag und die Qualität. Dies geschieht vor allem dort, wo sie abfließt und stagniert (WEISE 1953a). Erfahrungen zufolge sind Lagen in Kaltluftabfluß- und -sammelgebieten am stärksten gefährdet. Während GEIGER (1975a) allgemein von Ertragseinbußen spricht und keine eindeutige Korrelation zwischen Kaltluftgefährdung und Mostgewichten feststellen kann, weist HOPPMANN (1978) Qualitätseinbußen von 3° Oe und mehr schon bei mäßiger Kaltluftgefährdung nach. Die negativen Auswirkungen tiefer Nachttemperaturen betonen auch ALLEWELDT (1967a), BECKER (1970a) und HORNEY (1971); Morgen (1953) stellt einen Zusammenhang zwischen Tiefsttemperaturen und Blattwachstum her.
Geländeklimatologische Untersuchungen mit dem Ziel der Erfassung des flächenhaften Verteilungsmusters der Minimumtemperaturen sind aufgrund der Bedeutung dieses Umweltfaktors im Hinblick auf den Pflanzenbau wiederholt durchgeführt worden. Sie sind aber auch für die Durchführung verschiedener Planungen relevant, zum Beispiel beim Straßenbau (vgl. KING 1973).

2.4 ZUSAMMENFASSUNG

Das EDV-gestützte Modell zur Beurteilung der geländeklimatischen Eignung einer Weinbaulage von BRANDTNER (1974) stellt einen wesentlichen Schritt hin zu einer pragmatisch orientierten Geländeklimatologie dar. Ökologisch-biologische wie geländeklimatologisch-landschaftsökologische Forschungen sind dadurch aber keineswegs überflüssig geworden. Im Hinblick auf eine modellorientierte Abstraktion muß die Forschung bemüht sein,
1. effiziente Methoden zur statischen räumlichen Erfassung solcher Umweltfaktoren zu erarbeiten, die in ihrer ökologischen Wirkung bereits weitgehend quantifizierbar sind (dazu zählt die Erfassung der Minimumtemperaturen) und
2. mit Hilfe komplexer Standortanalysen die im Wirkungsgefüge Boden — Pflanzen — Luft bestehenden Relationen zwischen den Umweltfaktoren zu definieren, die das Bestandsklima bzw. die qualitätsbildenden Prozesse allgemein beeinflussen. Dies gilt unter anderem für die Windgefährdung.

Die Untersuchungen müssen dabei die Charakteristika eines jeden Anbaugebietes berücksichtigen. Messungen der Minimumtemperaturen sollten im Frühjahr zur Erfassung der Spätfrostgefährdung erfolgen. Eine Untersuchung des Windeinflusses ist im Zeitraum vor der Blüte (2. Dekade Mai bis 1. Dekade Juni) und während der Reife (September und Oktober) am sinnvollsten, da dann die thermischen Verhältnisse im Bestand einen stark steuernden Einfluß auf die Qualitätsbildung ausüben. Den Tagen mit Strahlungswetter wird eine hohe ökologische Bedeutung beigemessen. Darüberhinaus sind aber auch jene Wetterlagen wichtig, an denen Windgeschwindigkeiten von $4 \text{ m} \cdot \text{sec}^{-1}$ und mehr auftreten.

3. UNTERSUCHUNGSMETHODEN

3.1 WAHL DES UNTERSUCHUNGSGEBIETES

Die Wahl der Umlaufbergregion Osann-Veldenz mit dem Geisberg als Zentrum wurde von mehreren Überlegungen beeinflußt. Wie bei allen geländeklimatologischen Untersuchungen besteht ein wesentliches Problem darin, die im Gelände in relativ kurzen Meßzeiträumen gewonnenen Meßdaten mit jenen Daten zu verbinden, die während langjähriger Meßperioden an den amtlichen Klimastationen gemessen werden. Nur auf diesem Wege ist zum Beispiel eine Abschätzung der Eintrittswahrscheinlichkeit der mittleren Minimumtemperaturen an Meßpunkten im Gelände bei Strahlungswetter und bestimmter Windrichtungen und Windgeschwindigkeiten an einer oder mehreren Meßstationen im Gelände möglich. Dazu waren folgende Schritte notwendig:

— Um einen „Anschluß" der im Gelände mit Hilfe des Klimameßwagens ermittelten Temperaturen an die Station Trier-Petrisberg (265 mm NN) zur Abschätzung der Spätfrost- bzw. Kaltluftgefährdung im Untersuchungsgebiet zu erreichen, wurde nach der von SCHNELLE (1963a, S. 425—443) publizierten Standard-Methode des Deutschen Wetterdienstes verfahren. Die Geländebasisstation befand sich auf der nördlichen Anhöhe des Geisbergs (Fig. 6). In einer Höhenlage von ca. 245 m NN waren in einer Wetterhütte 2 m über Grund ein Thermohygrograph sowie ein Minimum- und ein Maximumthermometer installiert. Der Reduktionswert als mittlere Differenz zwischen den in den Strahlungsnächten in den Zeiträumen April bis Juli 1982 und April bis September 1983 aufgetretenen Temperaturen zwischen der Bezugsklimastation Trier-Petrisberg und der Geländebasisstation betrug 0,0° C. Eine Vergleichbarkeit der täglichen Extremwerte beschränkt sich auf die Minimumtemperaturen. Ein kleines Gebäude mit Betonwänden (Umsetzer) in unmittelbarer Nähe der Geländebasisstation und möglicherweise die Untergrundverhältnisse am Standort (dunkle Gesteinsbruchstücke) beeinflußten die Maximumtemperaturen.

— Um eine Vergleichbarkeit der Windverhältnisse an den beiden Geländemeßstellen „Westhang" und „Osthang" und an der Station Trier-Petrisberg (Höhe des Meßgerätes: 18 m über Grund) zu gewährleisten (vgl. Kap. 5), wurde eine Geländemeßstelle, bestehend aus einem mechanischen Windschreiber nach WOELFLE, in 2 m über Grund (Meßstelle „Höhe") in der Nähe der Wetterhütte auf dem Geisberg eingerichtet. Mit der annähernd gleichen Höhenlage über NN der Windregistriergeräte auf dem Geisberg und auf dem Petrisberg bei Trier war somit eine wichtige Voraussetzung für die Vergleichbarkeit der Windgeschwindigkeit und der Windrichtung gegeben. Darüberhinaus war der Luftraum an der Meßstelle Höhe auf dem

Fig. 6: Lage der Meßstellen auf dem Geisberg

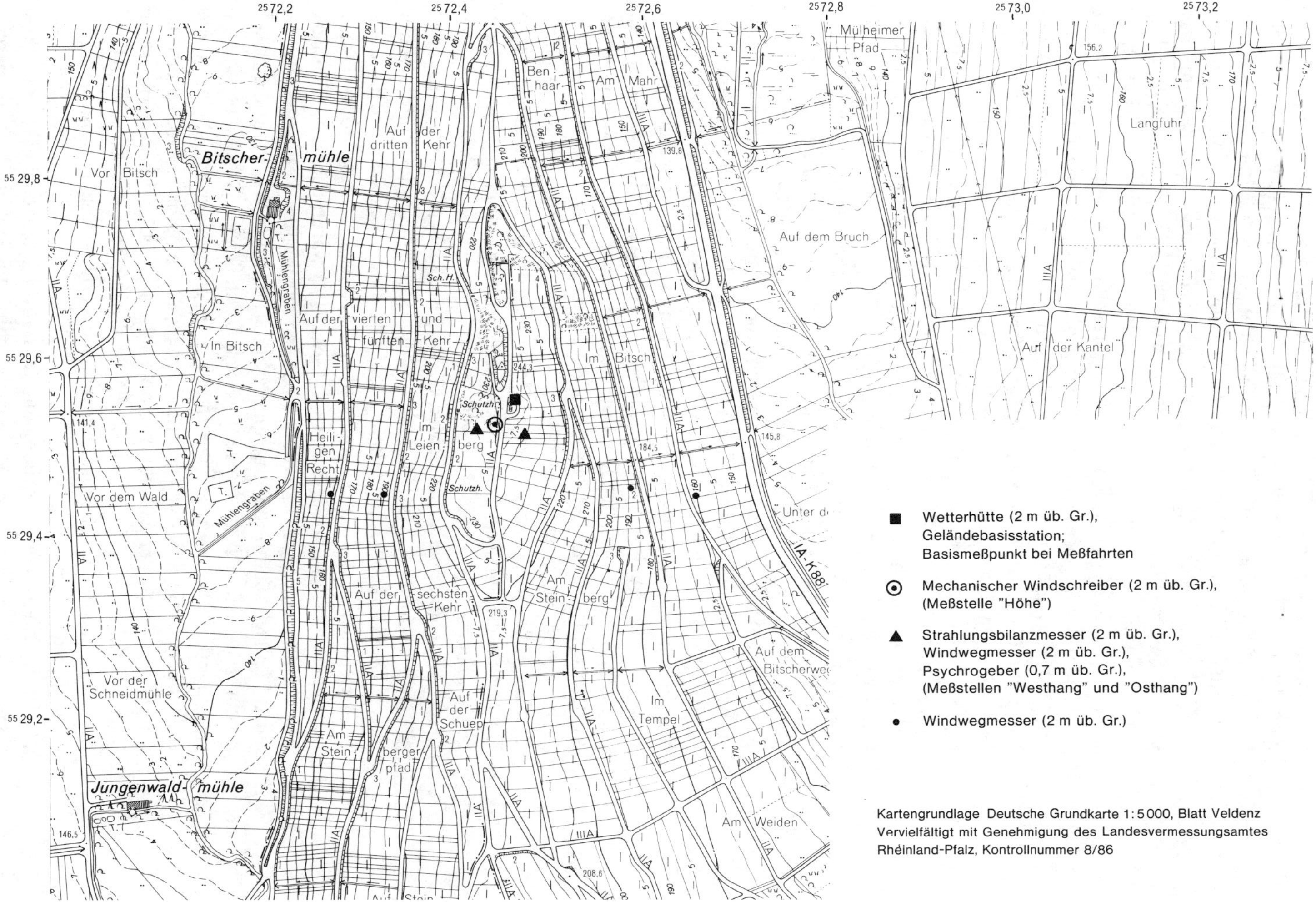

Geisberg nach Westen und Osten hin offen (maximale Horizontüberhöhung nach W und E: 1—2° bzw. 3—4°). Dies war wichtig, da vermutet werden konnte, daß — wie an der Station Trier-Petrisberg — Winde aus SW und NE, entsprechend der Streichrichtung des Moseltroges, dominieren würden. Im Verlauf der Messungen hat sich allerdings herausgestellt, daß am Geisberg die SW-zugunsten der W-Winde und die NE- zugunsten der E-Winde in der Häufigkeit ihres Auftretens zurückbleiben. Offensichtlich wirkt sich der am Geisberg stärkere W-E-Verlauf des Moseltals aus. Damit erweisen sich die W-und E-Hänge des Untersuchungsgebietes als am stärksten windbeeinflußt. Der Standort des Windschreibers an der westlichen Terrassenkante hatte zur Folge, daß ein Ostwind im Vergleich zu einem gleich starken Westwind am Registriergerät als schwächer erfaßt wird (vgl. Kap. 5). Nicht repräsentativ waren die Messungen der N- und NW-Winde, da sich in einer Entfernung von etwa 30 m ein kleines Waldareal befindet. Winde aus diesen Sektoren wurden hinsichtlich der Richtung als zu böig und hinsichtlich der Geschwindigkeit als zu schwach registriert.

— Um die thermischen Verhältnisse im Weinberg unter Berücksichtigung der Windverhältnisse zu untersuchen, boten sich am Geisberg Standorte am oberen W- und E-Hang an. An den beiden entsprechenden Meßstellen sollten dabei ähnlich hohe Windgeschwindigkeiten wie an der Meßstelle Höhe auftreten. Gleichzeitig konnte damit der Einfluß der Hangaufwinde vernachlässigt werden. Zur Abschätzung der vertikalen Differenzierung der Windgeschwindigkeiten am W- und E-Hang wurden Messungen bei konstanten Windverhältnissen mit sechs Windwegmessern, je drei am Luv- und am Leehang, durchgeführt. Die Ergebnisse sind in Kapitel 5 wiedergegeben.

— An den beiden Geländemeßstellen Westhang und Osthang war die Versuchsanordnung günstig, da neben dem Faktor Exposition alle anderen Einflußgrößen auch in der weiteren Umgebung der Meßstellen gleich waren. Dadurch wurde die Repräsentanz der Meßwerte für eine größere Hangfläche gewährleistet.

Die Hangneigung betrug an beiden Geländemeßstellen 20—21°. Ausgangsgestein (devonischer Tonschiefer) und die Bearbeitung des Bodens waren gleich. Damit war eine einheitliche Textur der Böden gegeben. Die bestandsgeometrischen Merkmale Zeilenbreite (ca. 1,4 m), Erziehungsform (Drahtrahmenerziehung) und Bestandshöhe (ca. 2 m) waren ebenfalls identisch. Einen Unterschied gab es lediglich bei den angebauten Rebsorten. An der einen Meßstelle stand Riesling, an der andern Kerner. Wie Figur 6 deutlich macht, zeichnete sich die Umgebung der Meßstellen großflächig durch relativ einheitliche Wölbungsradien und Hangneigungen aus. Daß beide Hänge bis in die Höhe weinbaulich genutzt werden, ist sehr günstig. Normalerweise schließen sich an der Mittelmosel oberhalb des Reblandes Wiesen, Äcker oder Wälder an (vgl. Kap. 1.3). Eine Abschätzung der thermischen Wirkung derartig genutzter Flächen ist aber sehr schwierig, vor allem wenn sie unterschiedlich groß sind.

— Die beiden Meßstellen Westhang und Osthang durften nicht weiter als 100 m voneinander entfernt liegen, da zum Anschluß an die zentrale Registriereinrichtung für die Temperaturwerte (SEKAM) zwei 50-m-Meßkabel zur Verfügung standen. Längere Kabel sind nicht geeignet, da sie einen zu hohen Leitungswiderstand besitzen. Die Entfernung zwischen den beiden Geländemeßstellen betrug letztlich etwa 90 m.

— Eine der beiden Meßstellen durfte maximal 100 m von der Wetterhütte entfernt liegen, da ein Punktschreiber zur Aufzeichnung der Strahlungsbilanzwerte über ein 100-m-Stromkabel an das Stromnetz (220 V) angeschlossen werden mußte. Der Anschluß befand sich in der Wetterhütte.

— Mit Hilfe eines Klimameßwagens wurden Meßstrecken hauptsächlich zur Erfassung der morgendlichen Temperaturverteilung in Strahlungsnächten angelegt. Das Untersuchungsgebiet bot die Möglichkeit, typische Reliefeinheiten innerhalb von maximal 150 Minuten abzufahren. Um einen großen Überblick über die Kaltluftverteilung zu gewinnen, wurde eine Meßstrecke von der Niederterrasse der Mosel bis ins Trogniveau hinauf ausgedehnt. Kürzere Meßstrecken sollten Informationen über die kleinräumige Temperaturverteilung in den Weinbaulagen liefern. Dabei wurden die größtenteils neubepflanzten Mittelterrassenflächen im Umlauftal miterfaßt. Wie aus den topographischen Verhältnissen hervorgeht, ist das Untersuchungsgebiet für Klimameßfahrten sehr gut geeignet, da alle charakteristischen Reliefformenkomplexe auftreten (vgl. Kap. 1.3.1).

Außerhalb des Untersuchungsgebietes sind die charakteristischen naturräumlichen Einheiten mehr oder weniger parallel zum Moseltal angeordnet. An den Hängen verlaufen vielfach kilometerlange, annähernd isophypsenparallele Weinbergswege. Ein Erreichen möglichst aller Expositionen und die Anlage der Meßstrecke in Schleifen und Achten (vgl. Kap. 3.3.3) ist dort nicht möglich. Zwar sind die Wege in den flurbereinigten Weinbergen meist geteert, aber die teilweise bis zu 5 m hohen Stützmauern erlauben keine für die Weinbaufläche repräsentative Messung vom Fahrzeug aus. Ein Befahren mit abgeschalteten Meßwertgebern und höherer Fahrgeschwindigkeit, um die Entfernung bis zum Anfang einer neuen Meßstrecke zu überwinden bzw. einen Schleifenpunkt zu erreichen, ist während der morgendlichen Meßfahrten (vor Sonnenaufgang) zu problematisch.

Am Geisberg treten nicht nur alle topographischen Reliefformenkomplexe auf engem Raum auf, sondern es sind auch Hänge aller Expositionen vorhanden. Diese werden weinbaulich genutzt, und die Rebflächen reichen bis auf die Höhe des Berges. Gut zu befahrene Wege erlauben die Anlage der Meßstrecke in unterschiedlichen Hanghöhen mit Schleifenpunkten und Achten. Da keine hohen Stützmauern auftreten und die Wölbungsradien an West- und Osthang sowie die Hangneigungen in den entsprechenden Höhen der beiden Hänge relativ einheitlich sind, konnte eine Meßstrecke so angelegt werden, daß beim Befahren des West- und Osthanges alle beeinflussenden Parameter fast konstant waren. Lediglich die Höhenlage der Meßpunkte variierte.

Neben der mobilen Messung der Temperaturverteilung am Ende der Ausstrahlungszeit war ursprünglich auch eine Reihe von Mittagmeßfahrten vorgesehen. Zwar wurden einige durchgeführt, aber eine sinnvolle Angleichung zwischen den am Meßwagen registrierten Werten und den in der Wetterhütte ermittelten war nicht möglich, weil der Umsetzer die Temperaturen an der Klimahütte beeinflußte. Nachteilig war die Störanfälligkeit der Tastatur des SEKAM bei hohen Temperaturen. Die Tasten sprangen nach dem Drücken nicht mehr in ihre Ausgangsposition zurück. Von sechs Meßfahrten bei Strahlungswetter mußten deshalb vier bereits gleich nach Beginn abgebrochen werden.

3.2 STATIONÄRE MESSUNGEN

3.2.1 *Meßmethode und Meßapparatur*

Die beiden Meßstellen Westhang und Osthang an den Oberhängen des Geisbergs waren mit identischem Instrumentarium ausgerüstet: einem Strahlungsbilanzmesser, einem Windwegmesser und einem Psychrogeber nach FRANKENBERGER (Bild 1).
Um die Vergleichbarkeit der einander entsprechenden Meßwerte zu gewährleisten, wurden ausschließlich typengleiche, fabrikneue, jedoch schon getestete Geräte verwendet. (Auf die Schwierigkeiten der Vergleichbarkeit zum Beispiel von Strahlungsbilanzwerten bei Gebern unterschiedlicher Bauart hat KIESE (1972) hingewiesen.)
Als Strahlungsbilanzmesser wurde der Geber nach SCHENK benutzt. Durch Einspannen einer ca. 1,5 m langen Stange anstelle der Halterung für den Geber konnte mit Hilfe eines Senkbleis mit hinreichender Genauigkeit eine hangparallele Ausrichtung erreicht werden. Die Meßwerte registrierte jeweils ein Punktschreiber am Westhang in einem Zeittakt von 20 Sekunden, am Osthang in einem Zeittakt von 40 Sekunden. Während ein Aufzeichnungsgerät (Fa. THIES, Göttingen) über ein 100 m langes Stromkabel vom Umsetzer aus mit einer Spannung von 220 V versorgt wurde, lief der zweite Punktschreiber (Fa. SCHENK, Wien) mit 12 V. Letzterer wurde von einem Feststoff-Akku gespeist. Die Registriergeräte standen waagerecht auf einer kleinen, auf Holzpfosten ruhenden Platte und waren zum Schutz gegen Feuchtigkeit mit einer Plastikfolie umhüllt. Die Windwegmesser (Fa. THIES, Göttingen) vom Typ des Schalenkreuzanemometers mit einer Anlaufgeschwindigkeit von ca. $0,5 \text{ m} \cdot \text{sec}^{-1}$ waren auf einem Pfahl in 2 m Höhe montiert. Die Registrierung des Windweges erfolgte mit Hilfe eines Zählwerkes. Lufttemperatur und Luftfeuchtigkeit wurden mit einem Psychrogeber nach FRANKENBERGER (Fa. THIES, Göttingen) gemessen.
Da diese beiden Psychrogeber auch an dem Klimameßwagen zu mobilen Messungen benutzt wurden, sollen sie kurz beschrieben werden. Es sind ventilierte Psychrogeber zur elektrischen Messung von Trocken- und Feuchttemperatur. Als Meßelemente dienen zwei Widerstandsthermometer aus Platindraht (Pt 100) nach DIN 43760, die in Hartglas eingeschmolzen sind. Das Meßprinzip beruht darauf, daß sich die elektrische Leitfähigkeit zwischen $0°$ C und $100°$ C in

Bild 1: Meßstelle Geisberg Osthang

Abhängigkeit von der Temperatur bei Platin fast linear ändert. Die beiden Meßwertgeber sind von zwei polierten Metallhülsen umgeben, die als Strahlungsschutz dienen. Um ein Meßelement ist ein befeuchteter Gazestrumpf gezogen. Ein Ventilator mit einem gleichbleibenden Luftstrom von zirka $2\,\text{m} \cdot \text{sec}^{-1}$ sorgt dafür, daß destilliertes Wasser aus einem Vorratsbehälter aus Kunststoff ständig nachgesaugt wird und eine permanente Befeuchtung gewährleistet ist. Die Meßwerte wurden mit dem auch im Klimameßwagen benutzten SEKAM registriert (Beschreibung in Kap. 3.3.1).
Der Strahlungsbilanzgeber wurde zweckmäßigerweise an der Obergrenze des Bestandes in einer Höhe von 2 m angebracht. Das Aufstellen in einer geringeren Entfernung vom Boden hätte bewirkt, daß der Meßwertgeber durch das Laubwerk des Bestandes kurz- oder längerzeitig beschattet worden wäre. Einzelne Phasen unterschiedlich starker Bewölkung wären damit nicht mehr zu erkennen gewesen. Bei einer Aufstellung des Strahlungsbilanzgebers unterhalb von 2 m wären die Strahlungsbilanzen einzelner Flächen zu stark berücksichtigt worden (vgl. BUDYKO 1963). Folglich wäre eine Differenzierung der einzelnen, auf die Strahlungsbilanz wirkenden Einflußgrößen nicht möglich gewesen. Der Windwegmesser befand sich ebenfalls in 2 m Höhe, um die von BRANDTNER genannten Schwellenwerte (vgl. Kap. 2.1) zu überprüfen. Da nicht genügend Freiraum zur Drehung der Windfahne vorhanden war, wurde kein mechanischer Windschreiber eingesetzt. Zur Feststellung der aktuellen Windrichtung diente der Windschreiber nach WOELFLE an der Meßstelle Höhe.
Bei der Registrierung der Meßwerte und bei der Auswertung tauchte das Problem der zeitlichen Zuordnung der Meßwerte auf. Wie bei der Interpretation der Meßdaten gezeigt wird, ist dabei ein typischer Zusammenhang zwischen dem Momentanwert der Strahlungsbilanz und den Bewölkungsverhältnissen festzustellen. Da beide Meßstellen nahe beieinander lagen, mußte sich eine Verminderung der Strahlungsbilanz durch eine Änderung der Bewölkungsverhältnisse an der einen auch in den Werten der anderen Meßstelle widerspiegeln. Diese Feststellung half bei der zeitlichen Zuordnung der Meßwerte. Der unterschiedliche Meßtakt sowie die gerätetechnisch bedingte Ungenauigkeit bei der Einstellung der Uhrzeit stellten weitere Probleme bei der Zuordnung der Meßwerte der Strahlungsbilanzen untereinander und zu den Temperatur-, Feuchte-, Windgeschwindigkeits- und Windrichtungswerten dar. Die Werte der Trocken- und Feuchttemperatur wurden nämlich in einem Meßzyklus von 3 Minuten registriert (Strahlungsbilanz: 20 bzw. 40 Sekunden) und gespeichert. Diese Schwierigkeiten konnten weitgehend umgangen werden, indem auf ein Diktiergerät bei Kontrollgängen im Abstand von jeweils einer Stunde die aktuellen Meßwerte und Zeitangaben auf ein Band gesprochen wurden. Dadurch war eine zeitliche Zuordnung der Meßwerte der Strahlungsbilanzen sowie der Trocken- und Feuchttemperaturen gewährleistet. Das Ablesen der Windwegmesser erfolgte in der Regel im Zeitintervall von zwei Stunden.

3.2.2 Datenauswertung und Datendarstellung

Die Meßdaten liegen sowohl in analoger Form (Strahlungsbilanz) als auch in digitaler Form (Temperaturwerte) vor. Die Werte der Strahlungsbilanz wurden digitalisiert und in $W \cdot m^{-2}$ angegeben. Die Auswertungsgenauigkeit betrug $5\,W \cdot m^{-2}$. Ausgewertet wurde jeder 3-Minuten-Wert, da die Temperaturregistrierung durch das SEKAM in diesem Zeittakt erfolgte. Die Temperaturdaten konnten direkt digital dargestellt werden.
Die Auswertung der durch den mechanischen Schreiber registrierten Windrichtungen geschah in 10-Minuten-Mitteln. Die Werte wurden auf einer zwölfteiligen Windskala dargestellt, wie es seit dem 1. 1. 1975 im Bereich des Deutschen Wetterdienstes üblich ist. Da eine Umrechnung von einer achtteiligen Skala, wie sie BRANDTNER verwendet hat, auf eine zwölfteilige Skala nicht möglich ist, wurde als Darstellungszeitraum für die Windmessungen an der Station Trier-Petrisberg der Zeitraum 1975 bis 1983 gewählt. Eine Vergleichbarkeit mit den von BRANDTNER (1974) erstellten Windrosen für dieselbe Station ist mit Einschränkungen dennoch durchführbar. Die Werte der Windgeschwindigkeit, die von dem mechanischen Windschreiber auf dem Geisberg erfaßt wurden, sind als 30-Minuten-Mittel dargestellt, da eine Mittelwertbildung für kürzere Zeiträume auswertungstechnisch nicht möglich ist.

3.2.3 Wettertypenklassifikation

Um die Vielfalt der Wetterabläufe so zu gliedern, daß Tage mit ähnlichem Ablauf in Gruppen zusammengefaßt werden konnten, mußten Kriterien zur Differenzierung in einzelne Wettertypen entwickelt werden. Eine Wettertypenklassifikation stellt gegenüber der Klassifikation der Großwetterlagen, wie sie von HESS und BREZOWSKY (1977) durchgeführt wurde, eine wesentliche Verbesserung für mittel- und kleinräumige klimatologische Messungen dar. Bei gleicher Großwetterlage, die in ihren Dimensionen auf einen Raum von der Größe Mitteleuropas bezogen wird, kann nämlich an wenige Kilometer voneinander entfernt liegenden Orten ein unterschiedliches Wetter herrschen (DAMMANN 1952).
Geringere Bewölkung und geringe Windgeschwindigkeit erlauben eine „autochthone Witterungsgestaltung" (FLOHN 1954). Unter diesen Bedingungen können sich Klein- und Mikroklimate (im Sinne FLOHNs) selbständig ausbilden. GEIGER (1929) hat in diesem Zusammenhang den Begriff „selbständiges Mikroklima" verwendet. WILMERS (1968, 1976a) hat eine subregionale Wettertypenklassifikation vorgeschlagen, die in modifizierter Form auch dieser Untersuchung zugrunde liegt. Seine Klassifikation berücksichtigt die Gesamtheit des Wettergeschehens und enthält auch keine Übergangstypen wie die von TANNER (1968) entworfene Typisierung, die ENDLICHER (1980a) trotz der detaillierten Gliederung (zehn Wettertypen) mit Recht als zu schematisch beurteilt hat.

Im Gegensatz zu FEDOROFF (1927) (zit. bei WILMERS 1976a) reduzierte WILMERS (1976a) die Zahl der Wettertypen auf fünf „Tagestypen" und drei „Nachttypen". Ebenfalls verminderte er die Zahl der zur Beurteilung herangezogenen meteorologischen Elemente. Die Einteilung geht von den Untersuchungen BOERs (1963) aus, der drei Kriterien für eine Differenzierung vorschlug: die Strahlungsbilanz, die Advektion und die Vertikalbewegung. WILMERS ordnete diesen Parametern die im Rahmen des synoptischen Dienstes ermittelten Ersatzgrößen „Bewölkungsgrad", „Windgeschwindigkeit in Bodennähe" und „Wolkengattung und Wolkenart" zu. Darüberhinaus wurden der „Witterungsverlauf in den letzten drei Stunden" und das „Wetter zur Zeit der Beobachtung" zur Charakterisierung des jeweiligen Wettertyps benutzt. Am Tag können folgende Wettertypen auftreten: Strahlungswettertyp, Böenwettertyp (Warmluftböentyp und Kaltluftböentyp), Zyklonalwettertyp und Neutralwettertyp. Allerdings sind bei WILMERS (1968, 1976a; vgl. Böen- und Zyklonalwettertyp) die Kriterien zur Abgrenzung der Wettertypen nicht einheitlich.

Da nachts häufig andere Wetterverhältnisse auftreten, gliedert WILMERS (1976a) Nacht-Wettertypen aus. Er differenziert lediglich zwischen drei Nachttypen, da die kurzwelligen Strahlungsströme und die thermische Konvektion entfallen: „den windschwachen Typ der wolkenlosen Strahlungsnacht (S), den Typ der wolkenbedeckten trüben Nacht (T) mit geringer Windstärke und den Typ der Windnacht (W), in der alle andern Einflüsse durch höhere Windstärken überlagert werden" (WILMERS 1976a, S. 230).

3.2.4 Abänderung der Wettertypenklassifikation von WILMERS

Der Verfasser hat unter Verwendung des im Rahmen des synoptischen Dienstes des Wetteramtes Trier erhobenen Datenmaterials (1975—83) die Wettertypenklassifikation nach WILMERS verändert. Die Zahl der Wettertypen wurde aus pragmatischen Gründen nicht erhöht, auf die Einführung von Untertypen verzichtet. Da die Nacht-Wettertypen nach WILMERS nicht stark verändert wurden, sind sie im Rahmen des Kap. 3.3.4 dargestellt.

Zwischen folgenden Tagwettertypen wird unterschieden:
1. Strahlungswettertyp S:
   — stark ausgeprägter Tagesgang der Strahlung: Einstrahlungstyp am Tag, Ausstrahlungstyp in der Nacht (durchschnittliche Gesamtbedeckung an den synoptischen Terminen 9, 12, 15, 18 UTC $\leq 3/8$)
   — schwache horizontale Luftbewegungen (durchschnittliche Windgeschwindigkeit an allen stündlichen, synoptischen Terminen $\leq 5 \, m \cdot sec^{-1}$)
   — kein oder nicht meßbarer Niederschlag
2. Böenwettertyp BS:
   — stark bis mäßig ausgeprägter Tagesgang der Strahlung (durchschnittliche Gesamtbedeckung an mindestens 5 stündlichen, synoptischen Terminen hintereinander $\leq 4/8$, an höchstens 7 stündlichen, synoptischen Terminen hintereinander $\geq 6/8$)

- und/oder schwache bis starke horizontale Luftbewegungen (durchschnittliche Windgeschwindigkeit an 0 — 13 stündlichen, synoptischen Terminen > 5 m $\cdot$ sec^{-1})
- kein oder nicht meßbarer Niederschlag

3. Zyklonalwettertyp Z:
   - schwach ausgeprägter Tagesgang der Strahlung (durchschnittliche Gesamtbedeckung an mindestens 7 stündlichen, synoptischen Terminen $\geq 6/8$)
   - schwache bis mäßige horizontale Luftbewegungen (durchschnittliche Windegeschwindigkeit an 0 — 5 stündlichen, synoptischen Terminen > 5 m $\cdot$ sec^{-1})
   - 0 — 13 stündliche, synoptische Termine mit meßbarem Niederschlag (≥ 1 mm)

4. Zyklonalwettertyp mit böigem Charakter ZB:
   - Ein- und Ausstrahlungsverhältnisse und Niederschläge wie Zyklonalwettertyp, jedoch mit starken, langandauernden, horizontalen Luftbewegungen (durchschnittliche Windgeschwindigkeit an mindestens 6 stündlichen, synoptischen Terminen > 5 m $\cdot$ sec^{-1})

5. Neutralwettertyp N:
   - sehr schwach ausgeprägter Tagesgang der Strahlung (durchschnittliche Gesamtbedeckung an mindestens 3 stündlichen, synoptischen Terminen $\geq 8/8$ [9/8 = Nebel], an mindestens 7 weiteren stündlichen, synoptischen Terminen $\geq 6/8$)
   - fast immer schwache, selten starke horizontale Luftbewegungen (durchschnittliche Windgeschwindigkeit an 0 — 13 stündlichen, synoptischen Terminen > 5 m $\cdot$ sec^{-1})
   - 0 — 13 stündliche, synoptische Termine mit meßbarem Niederschlag (≥ 1 mm)

Folgende Gründe waren für eine Abänderung der Wettertypenklassifikation von WILMERS maßgebend:
— Um den täglichen Verlauf der Bewölkungs- und Windverhältnisse genau zu beurteilen, wurden die stündlichen, synoptischen Beobachtungen herangezogen.
— Die der Wettertypenklassifikation von WILMERS zugrunde liegenden Daten werden im Rahmen des synoptischen Dienstes zu den Terminen 6, 9, 12, 15 und 18 h UTC gewonnen. Ob die an diesen wenigen Beobachtungsterminen erfaßten Informationen über den Wetterablauf auch für einen größeren, über die Dimensionen eines durch ein Subregionalklima charakterisierten Raum Gültigkeit besitzen, ist nur zu beurteilen, wenn man über Informationen über den Wetterablauf im Umkreis der synoptischen Station verfügt. Die Parameter müssen dabei miteinander vergleichbar sein. Da bei geländeklimatologischen Untersuchungen in der Regel keine Möglichkeiten der kontinuierlichen Wetterbeobachtung über mehrere Tage und Wochen bestehen, kommen nur von Instrumenten registrierbare Parameter in Frage. WILMERS benötigte aber zur Abgrenzung der einzelnen Wettertypen auch integrierte Angaben über das Wetter und den Witterungsverlauf, die nur durch Beobachtungen zu gewinnen sind, zum Beispiel „heiter", „wechselnd

bewölkt", "Böen", "Gewitter", "Sprühregen". Deshalb müssen die Kriterien „Witterungsverlauf in den letzten drei Stunden" und „Wetter zur Zeit der Beobachtung" entfallen. Die Parameter „Bewölkungsgrad" und „Windgeschwindigkeit in Bodennähe" lassen sich instrumentell oder auch durch die Einbeziehung verschiedener Methoden, wie die von BRANDTNER (1975) zur vergleichenden Betrachtung der Sonnenscheinverhältnisse an verschiedenen Orten aufgrund von Autographenregistrierungen, ermitteln. Diese Geräte machen Beobachtungen weitgehend überflüssig.

— Wichtig erscheint dem Verfasser die stärkere Einbeziehung des Elements „Niederschlag" als klassifizierendes Kriterium. Dem Niederschlag kommt große Bedeutung zu, da er durch die Höhe der Verdunstung bzw. die verstärkte Erzeugung latenter Wärme die thermischen Verhältnisse im Bestand beeinflußt. Entsprechend ihrer Intensität und Dauer nivellieren Niederschläge die thermischen Differenzierungen im Gelände mehr oder weniger stark.
Um solche Tage auszugliedern, an denen aufgrund fehlender Niederschläge, ganztägig starker bis mäßiger Ein- und Ausstrahlung und geringer bis starker horizontaler Luftbewegungen expositionsabhängig starke Unterschiede hinsichtlich der qualitätsfördernden, klimatischen Verhältnisse in den Beständen auftreten, wurde der Wettertyp BS ausgegliedert. In Bezug auf die Strahlungs- und Windverhältnisse entspricht dieser Wettertyp dem Böenwettertyp von WILMERS, der jedoch zusätzlich einen Witterungsverlauf mit Schauern und Gewittern erlaubt. Eine Abgrenzung des BS-Typs kann, wie der Verfasser feststellte, lediglich anhand der angegebenen Bewölkungs- und Windverhältnisse erfolgen. Wenn an fünf stündlichen, synoptischen Terminen hintereinander der Bedeckungsgrad höchstens 4/8 beträgt und an höchstens sieben stündlichen, synoptischen Terminen hintereinander 5/8 übersteigt, ist die Wahrscheinlichkeit geringer als 1 %, daß an der Station Trier-Petrisberg in den Zeiträumen 2. Dekade Mai bis 1. Dekade Juni sowie September und Oktober (1975—83) zwischen 6 und 18 h UTC Niederschlag fiel.

— Neben dem Wettertyp Z wurde der Wettertyp BZ ausgegliedert. Beide Wettertypen sind bei ausreichender Wasserversorgung der Reben in den Zeiträumen 2. Dekade Mai bis 1. Dekade Juni sowie September und Oktober für die Qualitätsbildung von geringerer Bedeutung, da keine hohen Ein- und Ausstrahlungswerte auftreten. Während bei Wettertyp Z die Windexposition nur eine untergeordnete Rolle spielt, ist der Wettertyp ZB, wie der Wettertyp BS, durch eine höhere Advektion gekennzeichnet. An sechs stündlichen, synoptischen Terminen herrscht eine Windgeschwindigkeit vor, die höher als $5 \text{ m} \cdot \text{sec}^{-1}$ ist. Dieser Schwellenwert wurde gewählt, da selbst bei einer Reduktion der Windgeschwindigkeit von normalerweise 10 m über Grund an einer synoptischen Station auf eine Höhe von 2 m über Grund an windexponierten Standorten (zum Beispiel Oberhänge des Geisberges, vgl. Kap. 5) noch über einen längeren Zeitraum des Tages Windgeschwindigkeiten von mindestens $4 \text{ m} \cdot \text{sec}^{-1}$ auftreten. Diese müssen für die Photosynthese als negativ angesehen werden (vgl. Kap. 2.2).

3.2.4.1 Wettertyp S

In Anlehnung an die „Richtlinien zur Kartierung der Frostgefährdung..."
(SCHNELLE 1963a) sind die Bedingungen zur Abgrenzung des Strahlungswettertyps enger gefaßt als bei WILMERS. Mit der Bedingung, daß von den synoptischen Terminen 6, 9, 12, 15, 18 h UTC mindestens drei aufeinanderfolgende eine Gesamtbedeckung aufweisen, die 4/8 nicht übersteigt, nimmt WILMERS in Kauf, daß auch die Tage als Strahlungstage gelten, an denen bis 13 oder 14 Uhr MEZ eine Inversionsschicht mit Nebelbildung und hochliegender Obergrenze in den Tälern die Einstrahlung bis in die Mittagsstunden vermindert. Dieser Fall tritt im Moseltal vor allem im Oktober auf (Tab. 4). Daraus resultiert eine entsprechende Benachteiligung jener Geländeteile, die bis etwa 12 Uhr MEZ das Maximum ihrer täglichen Einstrahlungsmenge erhalten. Deutlich wird auch im Oktober die Verlagerung der Inversionsobergrenze mit zunehmender Einstrahlungsdauer in die Höhe. Die Termine, an denen Nebel an der Station Trier-Petrisberg beobachtet wurde, erreichen deshalb gegen 10 Uhr ihr Maximum. Im späten Frühjahr und im Frühsommer dagegen lösen sich aufgrund der kurzen Ausstrahlungsperiode und der starken Einstrahlung die Bodeninversionen bis etwa gegen 9 Uhr auf. Eine strahlungsklimatische Differenzierung im Gelände ist

Tab. 4: Station Trier-Petrisberg (1975—83)
Durchschnittlicher Grad der Bedeckung (in Achtel) bei Wettertyp S zu den synoptischen Terminen

(h MEZ)	7	8	9	10	11	12	13	14	15	16	17	18	19
2., 3. Dekade Mai 1. Dekade Juni	2,0	2,2	1,3	1,2	1,4	1,6	1,6	1,6	1,6	1,5	1,6	1,5	1,4
September	2,8	2,8	2,6	1,4	1,4	1,0	1,1	1,3	1,4	1,5	1,6	1,4	1,7
Oktober	3,5	4,8	4,9	5,4	4,1	1,8	1,8	1,9	1,8	1,6	1,1	1,4	1,2

Relative Häufigkeit (%) der Termine mit Nebel

(h MEZ)	7	8	9	10	11	12	13	14	15	16	17	18	19
2., 3. Dekade Mai 1. Dekade Juni	5	9											
September	16	22	16	3									
Oktober	24	35	41	48	29								

deshalb in dieser Zeit weniger ausgeprägt. BRANDTNER (1974) stellte für das Anbaugebiet Mosel-Saar-Ruwer ein Überwiegen der Sonnenscheindauer in den Nachmittagsstunden besonders in den Monaten September und Oktober fest (vgl. Tab. 3).

3.2.4.2 Wettertyp BS

Der Wettertyp BS berücksichtigt jene Tage, an denen die Bewölkungsverhältnisse eine Zuordnung zum S-Typ erlaubt hätten, das heißt an denen die Bewölkung in der Zeit von 7 bis 19 Uhr $\leq 3/8$ gewesen wäre, die Windgeschwindigkeiten aber zu hoch waren. An solchen Tagen wird nicht nur in windexponierten Lagen die Ausbildung eines Bestandsklimas über einen Zeitraum von mindestens fünf Stunden unterbunden, sondern die Photosyntheseleistung wird auch beeinträchtigt. Aus der Superposition dieser beiden Faktoren ergibt sich für Luvhänge ein ökologisch besonders ungünstiger Effekt (vgl. Kap. 2.1 und 2.2).
Erfaßt werden auch all jene Tage, an denen ein Wechsel von einer längeren und einer kürzeren Phase mit jeweils unterschiedlichen Ein- und Ausstrahlungsver-

Tab. 5: Station Trier-Petrisberg (1975—83)
Durchschnittlicher Grad der Bedeckung (in Achtel) bei Wettertyp BS zu den synoptischen Terminen

(h MEZ)	7	8	9	10	11	12	13	14	15	16	17	18	19
2., 3. Dekade Mai 1. Dekade Juni	3,5	3,4	3,3	3,3	3,3	3,4	3,5	3,7	3,8	3,7	3,7	3,7	3,9
September	4,9	5,0	4,4	4,0	4,2	3,9	3,9	4,0	3,9	4,0	3,8	3,8	3,8
Oktober	5,6	5,5	5,7	5,4	5,4	4,8	3,7	3,4	3,5	3,4	3,7	3,9	3,7

Relative Häufigkeit (%) der Termine mit Nebel

(h MEZ)	7	8	9	10	11	12	13	14	15	16	17	18	19
2., 3. Dekade Mai 1. Dekade Juni	5	9											
September	16	22	16	3									
Oktober	24	35	41	48	29								

hältnissen auftritt. Diese Tage weisen in der Regel Windgeschwindigkeiten auf, wie sie beim Wettertyp S auftreten. Dadurch sind vornehmlich Tage berücksichtigt, an denen eine Bodeninversion auftritt. Vor allem im Oktober ist diese mit Nebelbildung verknüpft und löst sich erst in den frühen Nachmittagsstunden auf (Tab. 5). Auch beim BS-Typ sind im Mittel die im September und Oktober in den Nachmittagsstunden besonnten Hänge gegenüber den in den Vormittagsstunden besonnten strahlungsklimatisch begünstigter.

3.2.4.3 Wettertypen Z und ZB

Beim Wettertyp Z erfolgt vor allem bei Niederschlag eine im Vergleich zu den Wettertypen S und BS stärkere Nivellierung der topoklimatischen Differenzierung. Bedeutender ist der zusätzlich ausgegliederte Zyklonalwettertyp mit böigem Charakter (ZB). Er ist gegenüber dem Z-Typ durch eine starke, langandauernde, horizontale Luftbewegung gekennzeichnet, die eine Verminderung der Photosyntheseleistung der Pflanze bewirkt. Beim Auftreten des Wettertyps ZB kann es auch zu mechanischen Schäden im Bestand kommen. Tage, deren Wetterablauf eine Zuordnung zu den Wettertypen Z und ZB notwendig macht, stehen jedoch in der Regel in der 2. Dekade Mai bis 1. Dekade Juni und im September und Oktober in ihrer Bedeutung für die Qualitätsbildung der Rebe bei ausreichender Wasserversorgung deutlich hinter den Tagen mit den Wettertypen S und BS zurück.

3.2.4.4 Wettertyp N

Beim Z-, ZB- und Neutralwettertyp (N) ist kein Tagesgang der Bewölkung festzustellen. Der letztgenannte Wettertyp ist in Anlehnung an KAISER (1958) dadurch charakterisiert, daß „... sowohl der Strahlungseinfluß als auch der Windeinfluß verschwinden und lokale wie zeitliche Schwankungen der Klimaelemente fehlen" (WILMERS 1976a, S. 228). Bei diesem Wettertyp streben alle Parameter, auch die Windgeschwindigkeit, meist gegen Null. Deshalb und vor allem bei Niederschlag bilden sich nur selten geländeklimatische Unterschiede aus.

3.2.4.5 Häufigkeit der Wettertypen

Um die Bedeutung der einzelnen Wettertypen für die Qualitätsbildung der Rebe abschätzen zu können, muß für die Zeiträume Mai bis Juni und September bis Oktober die Häufigkeit ihres Auftretens festgestellt werden (Tab. 6).
Das Maximum der Tage mit Strahlungswetter fällt in den September und betont die Bedeutung des Altweibersommers, der allerdings bezüglich seines zeitlichen

Tab. 6: Station Trier-Petrisberg (1975—83)
Absolute Häufigkeit der Wettertypen

	Mai			Juni			September			Oktober		
Dekade	1.	2.	3.	1.	2.	3.	1.	2.	3.	1.	2.	3.
S	5	6	7	10	8	7	15	16	6	4	6	7
BS	17	32	30	24	26	14	24	20	23	15	14	17
Z	27	23	23	29	25	33	24	23	21	23	15	20
ZB	10	8	11	7	11	6	6	7	4	7	8	3
N	31	21	28	20	20	30	21	24	36	41	47	52

Auftretens relativ breit streut. Ein zweites Maximum wird im Spätfrühling Anfang Juni deutlich. Beim Vergleich des Tagesganges der Bewölkung bei Strahlungswetter (vgl. Tab. 4) und der von BRANDTNER (1974) gegebenen täglichen Strahlungssummen für einen West- und einen Osthang (vgl. Tab. 3), fällt der hohe Grad der Übereinstimmung auf. Strahlungsklimatisch gesehen ist im Frühjahr keine Differenzierung zwischen West- und Osthang zu erwarten. Im Spät- und Altweibersommer weist der Westhang günstigere Einstrahlungsbedingungen auf, da morgendliche Bodeninversionen oft mit Nebelbildung einhergehen und deshalb die Einstrahlung vermindern. Neben der um fast 10 % höheren Einstrahlung am Westhang wird dessen strahlungsklimatischer Vorteil durch die hohe Anzahl von Tagen mit Strahlungswetter im September erhöht. Im Oktober ist zwar die Anzahl der Strahlungstage geringer, jedoch ist die tägliche strahlungsklimatische Differenzierung zwischen den beiden Hängen deutlicher ausgeprägt. Der Osthang erhält an einem Strahlungstag eine um 20 % niedrigere Strahlungssumme als der Westhang.
Tage mit BS-Wettertyp treten relativ häufig auf. Die Frage nach der ökologischen Bedeutung von Tagen mit diesem Wettertyp kann erst bei Verwendung des täglichen Ganges der Windgeschwindigkeit und der Windrichtung in Kapitel 5 beantwortet werden, da der Betrag der Reduktionsgröße der Windgeschwindigkeit von 18 m über Grund (Station Trier-Petrisberg) auf 2 m über Grund (Meßstellen Höhe, Westhang, Osthang) in Abhängigkeit von den jahreszeitlich unterschiedlichen Rauhigkeitsverhältnissen des Bestandes noch nicht diskutiert wurde. Die topoklimatische Differenzierung an Tagen mit den Wettertypen Z und N wird als gering beurteilt. Wichtig sind lediglich die wenigen Tage, an denen zyklonales Wetter mit böigem Charakter auftritt. Sie besitzen jedoch nicht die Bedeutung wie Tage, die durch die Wettertypen S und BS gekennzeichnet sind (vgl. Kap. 3.2.4.3).

3.2.4.6 Tagesgänge der Windgeschwindigkeit und der Windrichtung bei den Wettertypen

Für die klassifizierten Wettertypen sind die Tagesgänge der Windgeschwindigkeit und der Windrichtung für die Stunden 7—9, 9—11, 11—13, 13—15, 15—17 und 17—19 Uhr MEZ angegeben (Fig. 7—13). Die Daten beziehen sich auf die Station Trier-Petrisberg (1975—83). Als Grundlage dienten nicht die an den synoptischen Terminen gemessenen Werte, da diese jeweils nur für einen kurzen Zeitraum (ca. 10 Minuten vor dem Termin) repräsentativ sind, vielmehr wurden die stündlichen Mittel, die aus den 10-Minuten-Mittel der Anemographenregistrierungen gewonnen wurden, als Grundlage herangezogen. Deshalb können sich kleinere Abweichungen ergeben, wenn man den Tagesgang der Windgeschwindigkeit unter Beachtung der Grenzwerte der Windgeschwindigkeit, die in der Klassifikation verwendet wurden, betrachtet. Dargestellt sind die tageszeitlichen Gänge der Windrichtungen mit der Unterteilung nach der Windstärke für Tage, die durch die Wettertypen S, BS und ZB charakterisiert sind, in den für die Qualitätsbildung besonders wichtigen Jahresabschnitten 2. und 3. Dekade Mai und 1. Dekade Juni sowie September und Oktober. Die Darstellungen werden in Kapitel 5 diskutiert. Die Messungen der Windverhältnisse am Geisberg fanden 1982 und 1983 in Form von drei bis fünf Tage dauernden Meßreihen statt. Aus jeweils zwei Meßreihen im Spetember 1982 und im Juni 1983 wurden die in Kapitel 5 dargestellten Meßdaten von fünf Tagen gewonnen. Meßwerte von drei weiteren Meßreihen, zwei im September 1982 und eine im Juni 1983, fanden keine Verwendung, da die Messungen entweder aufgrund einsetzenden Regens oder gerätetechnischer Schwierigkeiten abgebrochen werden mußten.

Fig. 7: Wettertyp S, Mai (2. und 3. Dekade), Juni (1. Dekade)
Trier-Petrisberg, Windrichtung und Windgeschwindigkeit (1975—83)

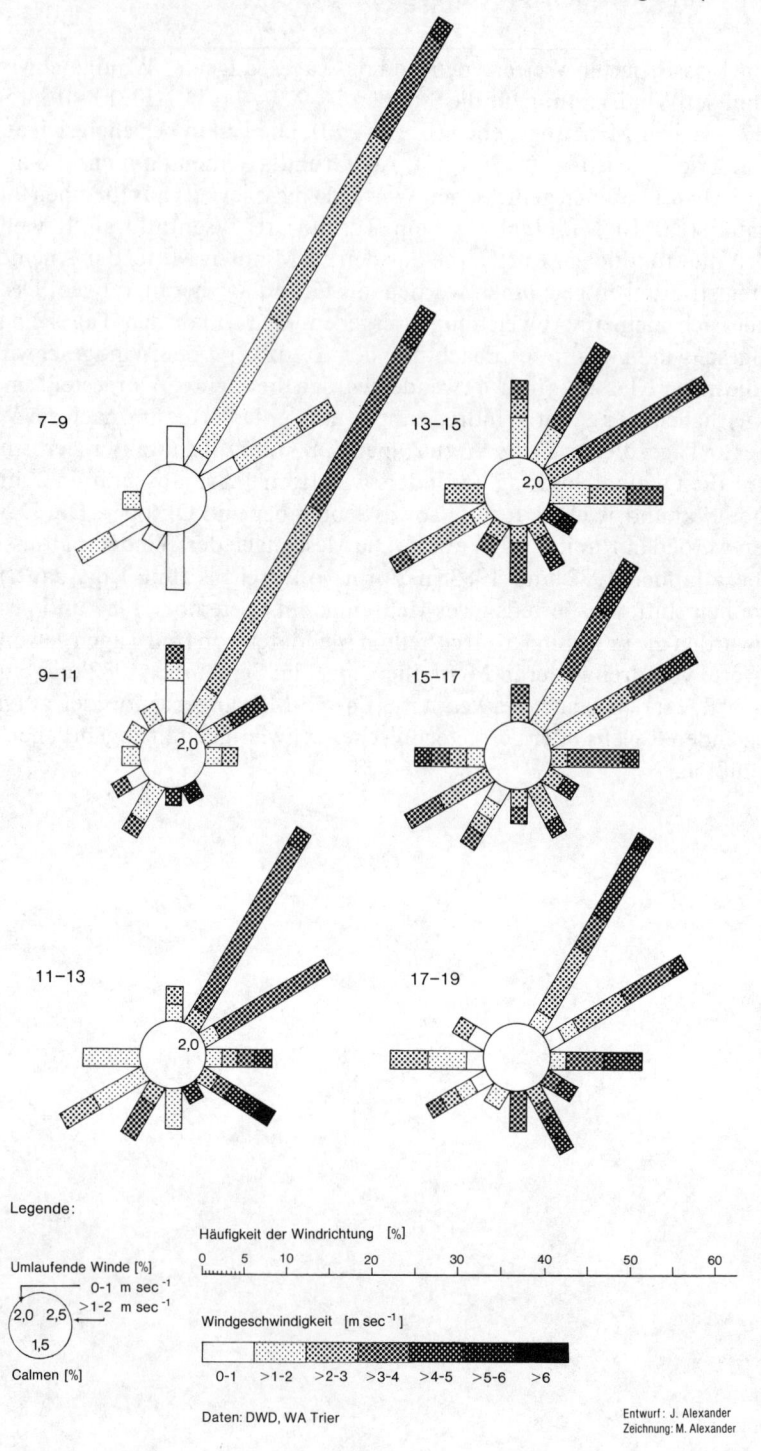

7–9

9–11

11–13

13–15

15–17

17–19

Legende:

Umlaufende Winde [%]

0-1 m sec^{-1}
>1-2 m sec^{-1}

Calmen [%]

Häufigkeit der Windrichtung [%]
0   5   10   20   30   40   50   60

Windgeschwindigkeit [m sec^{-1}]
0-1   >1-2   >2-3   >3-4   >4-5   >5-6   >6

Daten: DWD, WA Trier

Entwurf: J. Alexander
Zeichnung: M. Alexander

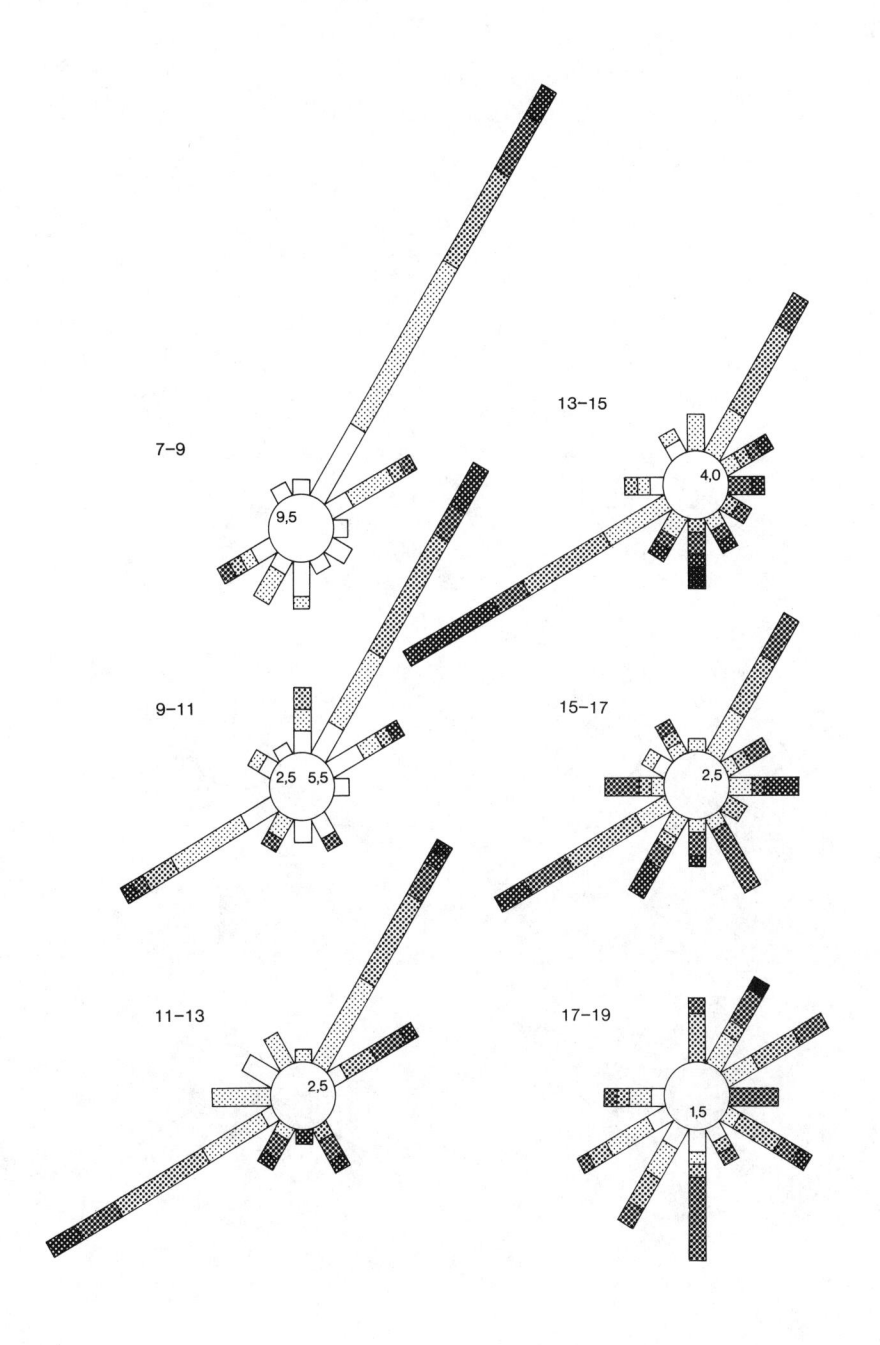

Fig. 8: Wettertyp S, September
Trier-Petrisberg, Windrichtung und Windgeschwindigkeit (1975—83)

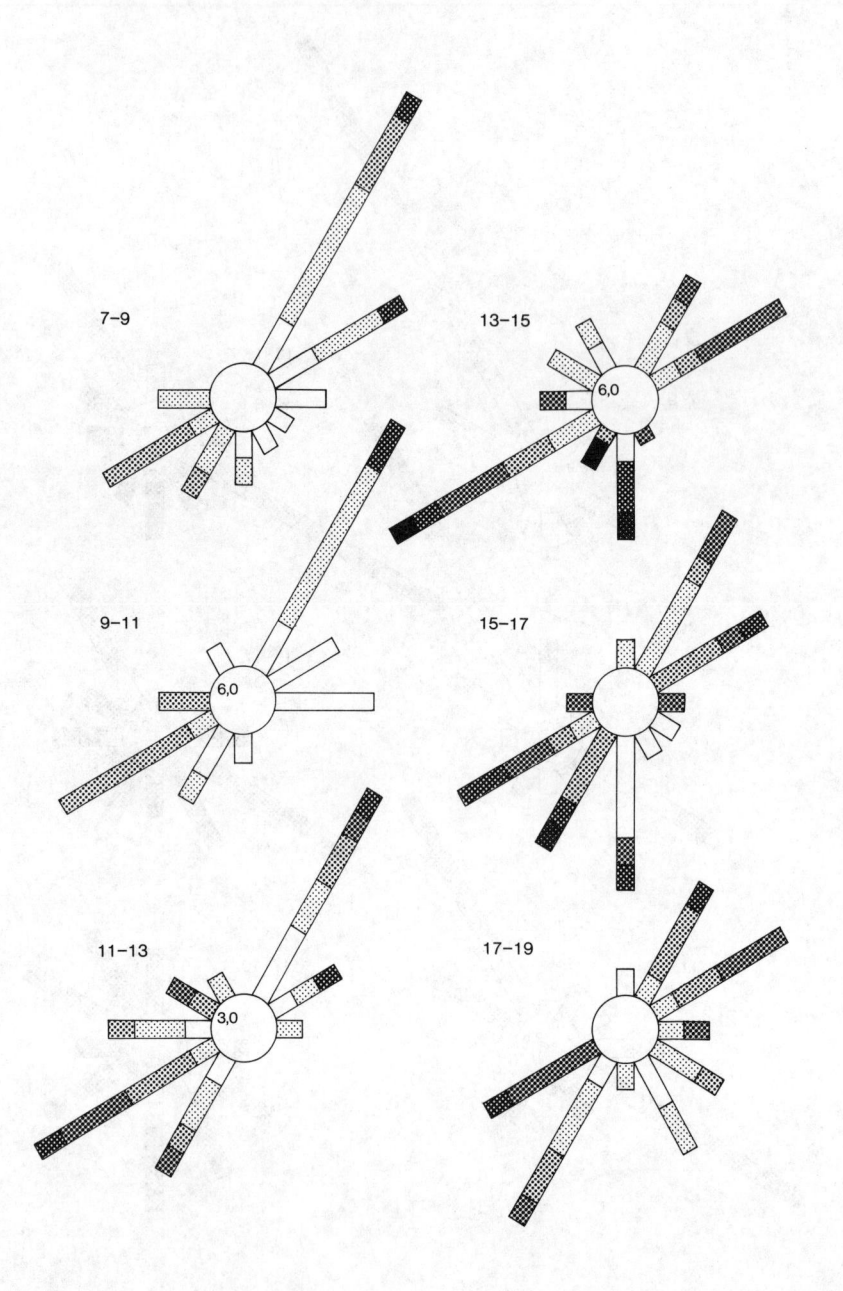

Fig. 9: Wettertyp S, Oktober
Trier-Petrisberg, Windrichtung und Windgeschwindigkeit (1975—83)

Fig. 10: Wettertyp BS, Mai (2. und 3. Dekade), Juni (1. Dekade)
Trier-Petrisberg, Windrichtung und Windgeschwindigkeit (1975—83)

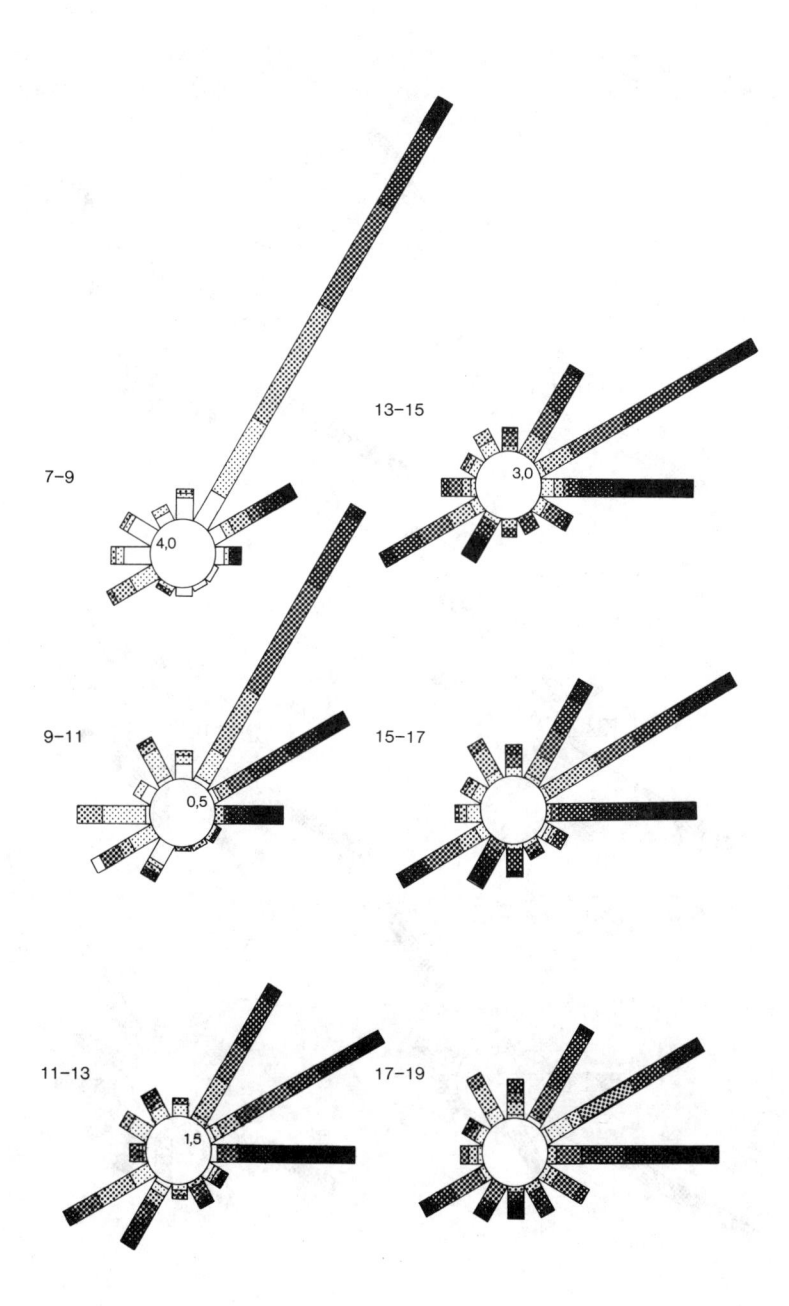

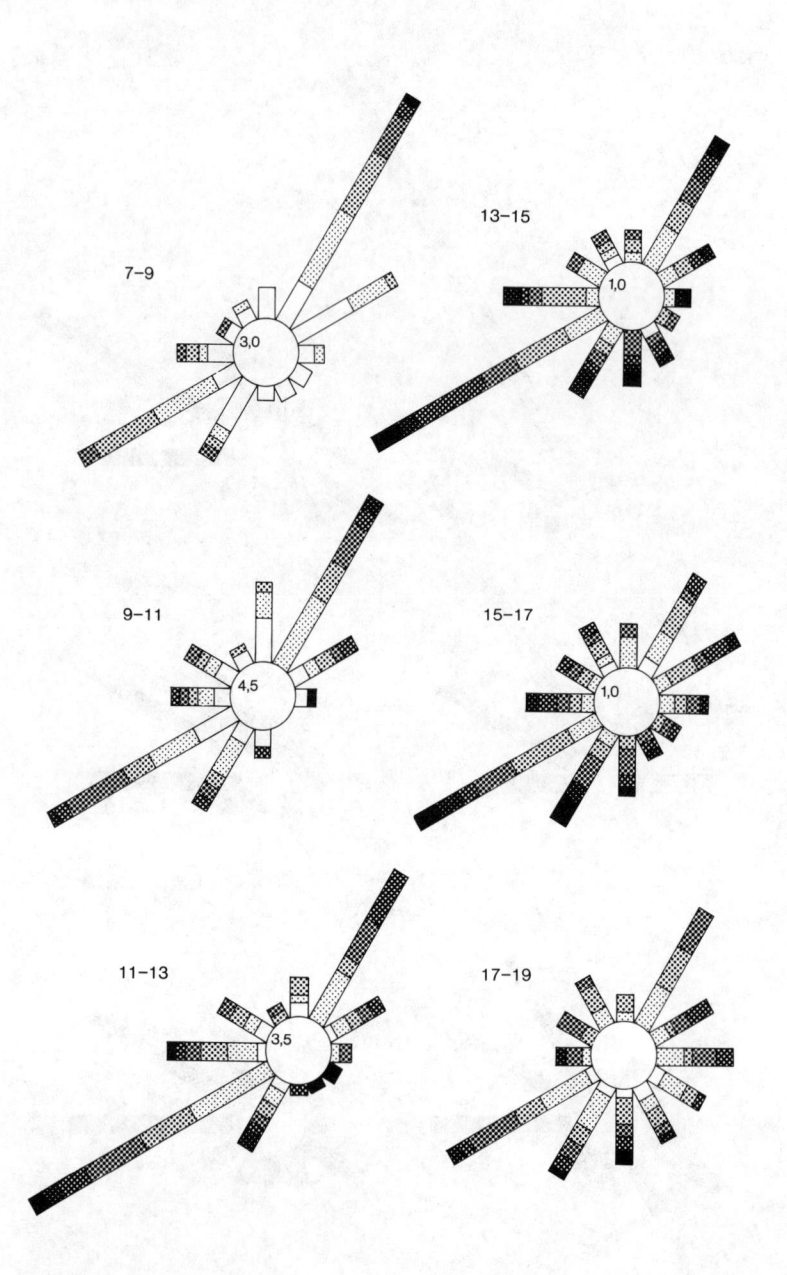

Fig. 11: Wettertyp BS, September
Trier-Petrisberg, Windrichtung und Windgeschwindigkeit (1975—83)

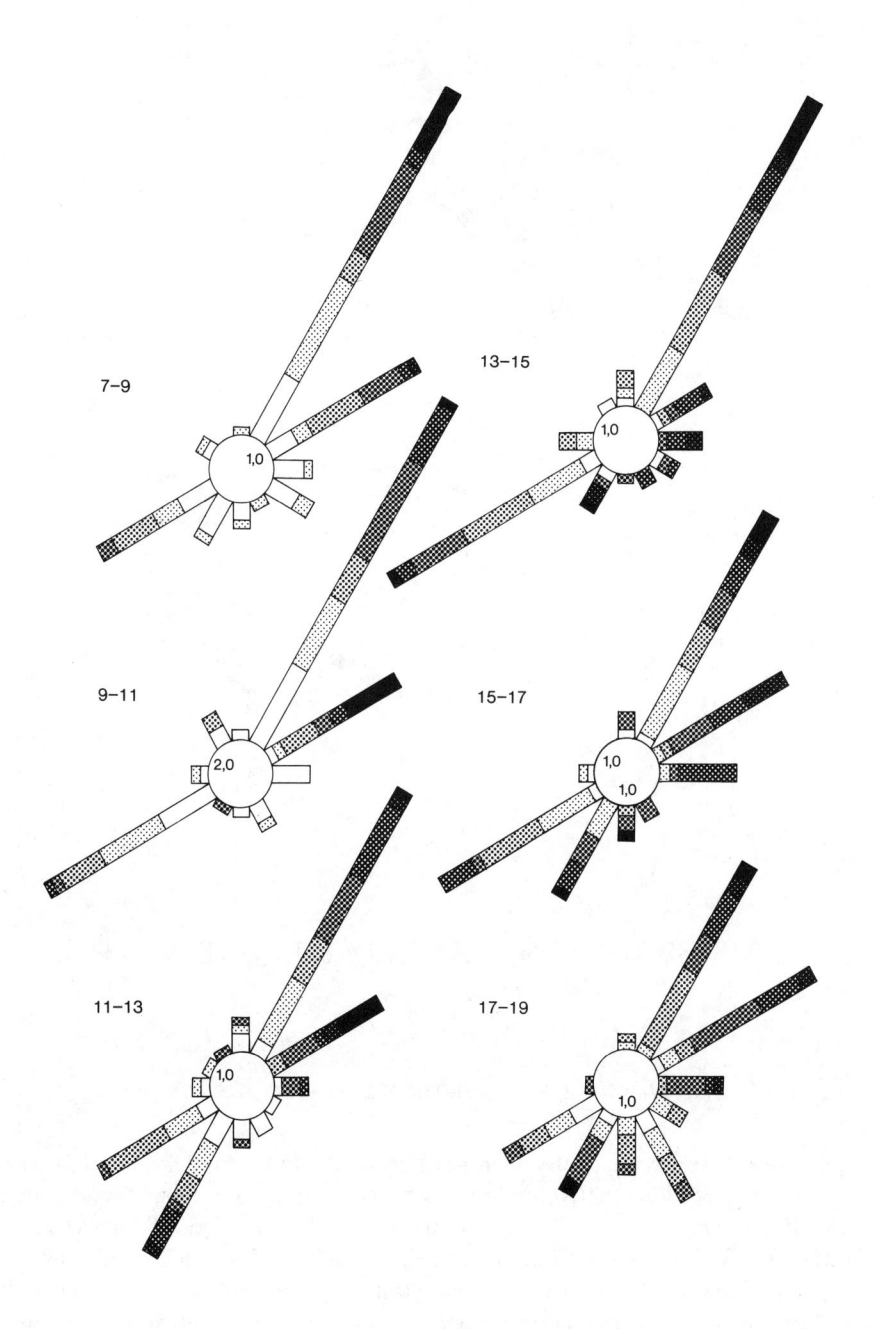

Fig. 12: Wettertyp BS, Oktober
Trier-Petrisberg, Windrichtung und Windgeschwindigkeit (1975—83)

Fig. 13: Wettertyp ZB, Mai (2. und 3. Dekade), Juni (1. Dekade)
Trier-Petrisberg, Windrichtung und Windgeschwindigkeit (1975—83)

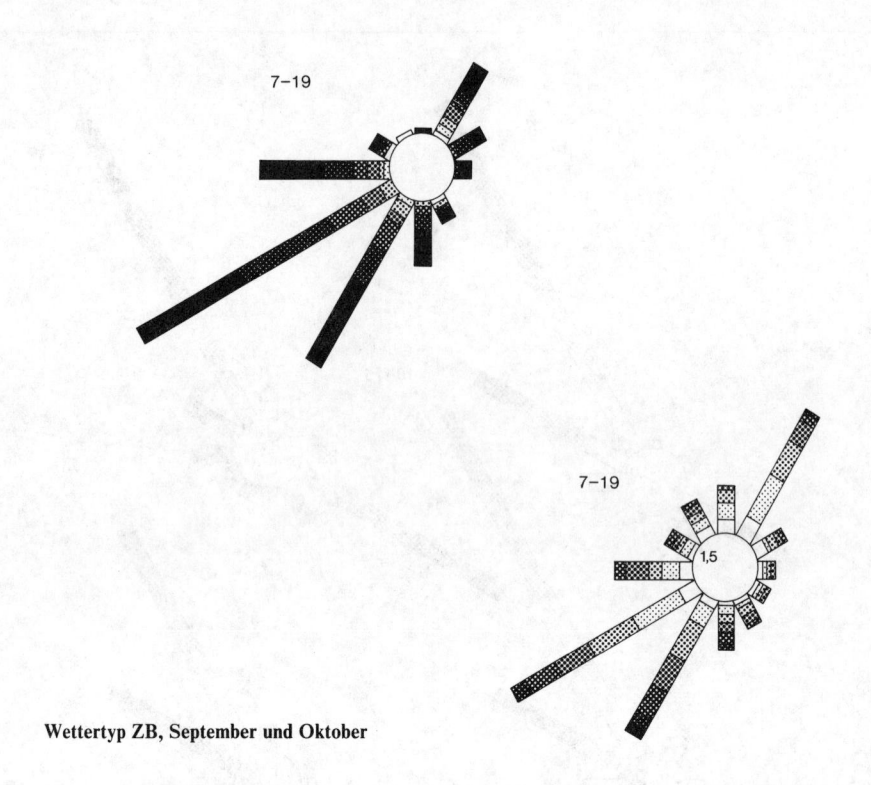

Wettertyp ZB, September und Oktober

3.3 MESSFAHRTEN — APPARATUR UND METHODE

3.3.1 *Datenerfassung, -speicherung und -verarbeitung*

Der Einsatz von Klimameßwagen hat der stadt- und geländeklimatologischen Forschung neue Perspektiven eröffnet. Die Methode zur mobilen Messung bietet die Möglichkeit, auf der Basis eines umfassenden Datenkollektivs ein wesentlich genaueres Bild des flächenhaften Verteilungsmusters klimatischer Parameter — meist Lufttemperatur und Luftfeuchtigkeit — zu gewinnen, als dies mit Hilfe stationärer Messungen zu erreichen war. Einige hundert Meßwerte, gewonnen beim Durchfahren repräsentativer Untersuchungsgebiete, gewährleisten eine hohe räumliche Kontinuität der Meßdaten. Fehler, die bei der Interpolation zwischen den Meßwerten entstehen, sind wesentlich geringer als dies bei einem eine kontinuierliche Datenerfassung ermöglichenden stationären Sondermeßnetz der Fall ist. Der relativ geringe technische Aufwand, die kurzfristige Einsatzmöglichkeit verbunden mit räumlicher Mobilität sind weitere Vorteile dieser Meßmethode. Seit 1927, als SCHMIDT mit einem Quecksilberthermometer, das er seitlich an einem Pkw anbrachte, zum ersten Mal eine Meßfahrt durchführte, haben sich die technischen Möglichkeiten erheblich verbessert. Insbesondere die Anwendung elektrischer Meßelemente ermöglichte die Trennung von Meßwertgeber und Registriergerät.

Wie die Übersichten über die im Rahmen von Meßfahrten verwendeten Instrumente bei NÜBLER (1979, S. 22 f.) und ENDLICHER (1980a, S. 10) zeigen, wurden in jüngster Zeit als Meßwertgeber entweder Widerstandsthermometer (meist Platinwiderstandsthermometer (Pt 100)) oder Thermistoren benutzt. Thermistoren sind billig, unempfindlich und klein und besitzen eine äußerst geringe Trägheit. Die Widerstandsänderung, die im Gegensatz zu Metallen mit wachsender Temperatur abnimmt, ist pro °C um eine Zehnerpotenz größer. Dadurch wird eine hohe Meßgenauigkeit erreicht. Ein Nachteil der Thermistoren ist, daß für die einzelnen Exemplare meist Fertigungstoleranzen mit individuellen Eichkurven in Kauf genommen werden müssen. Bei neueren Meßwertgebern (z. B. KYT 11 von SIEMENS) scheinen die Probleme weitgehend beseitigt zu sein. Sollten sich derartige Fühler weiterhin bewähren, steht der Verwendung von Thermistoren für mobile Messungen nichts im Wege. Deshalb sollten neu entwickelte Meßapparaturen die nachträgliche Umrüstung auf Thermistoren ermöglichen.

Zum jetzigen Zeitpunkt bietet sich als Meßwertgeber das Platinwiderstandsthermometer an, zumal dieses neuerdings in eine Hartglasmasse eingeschmolzen werden kann, die gegenüber der bisher benutzten eine wesentlich geringere Masse besitzt. Bei gleicher Robustheit wird somit eine höhere Meßgenauigkeit erreicht. PT 100 werden in dem von FRANKENBERGER konzipierten ventilierten Psychrogeber verwendet (Beschreibung in Kap. 3.2.1). Das Meßprinzip bei Widerstandsthermometern beruht darauf, daß sich bei Platin die elektrische Leitfähigkeit zwischen 0° C und 100° C in Abhängigkeit von der Temperatur praktisch linear ändert. Widerstandsdrähte aus Platin haben eine sehr geringe Masse und spezifische Wärme. Da sie gewendelt sind, besitzen sie außerdem eine relativ große Oberfläche. Der Strahlungsfehler ist aufgrund der geringen Wärmekapazität vernachlässigbar klein. Daher ist eine hochauflösende Temperaturmessung möglich. Die Relaxationszeit, das heißt die Zeit, in der sich das Meßelement zu 50 bzw. 90 Prozent der Temperatur der umgebenden Luft anpaßt, ist mit < 1 sec sehr gering.

Frei exponierte Widerstandsdrähte, die eine höhere Meßgenauigkeit ergeben würden, sind aufgrund ihrer hohen Empfindlichkeit für mobile Messungen nicht brauchbar. Vielmehr hat es sich gezeigt, daß für den Geländeeinsatz robuste, gegen Erschütterungen unempfindliche Geräte notwendig sind. Deshalb werden die Drähte in Hartglas eingeschmolzen. Die Trägheit nimmt damit merklich zu. Sie ist aber wesentlich geringer als bei Quecksilberthermometern, jedoch höher als bei Thermistoren. Kurzfristige Temperaturschwankungen, die zum Beispiel bei rasch aufsteigenden Konvektionsblasen oder bei einer kurzfristigen Beschattung der Meßwertgeber auftreten, können mit einem derartigen Platinwiderstandsthermometer nicht mehr erfaßt werden. Dies ist jedoch auch gar nicht erwünscht, da solche Blasen die großräumige Temperaturerfassung stark beeinflussen. Es hat sich auch gezeigt, daß die aufgrund der geringen Trägheit der Thermistoren mögliche Erhöhung der Fahrgeschwindigkeit in der Praxis nur sehr selten nutzbar ist. Aus Sicherheitsgründen sollte beispielsweise bei Meßfahrten in Weinbergen in der Dunkelheit die Fahrtgeschwindigkeit 25 km $\cdot$ h^{-1} nicht überschreiten. Bei dieser Geschwindigkeit hat der Meßfühler PT 100 genügend Zeit, sich einer Temperaturänderung der Luft anzupassen.

Während mit Thermistoren und Platinwiderstandsthermometern geeignete Meßwertgeber zur Verfügung stehen, stellen die Registriergeräte die Schwachpunkte bei herkömmlichen Klimameßwagen dar. Kompensationspunktschreiber sind nicht nur teuer, sondern sie registrieren die Daten auch nur in analoger Form. Bei einer maximal 150minütigen Meßfahrt fallen, wenn bei der Verwendung von zwei Psychrogebern nach FRANKENBERGER beispielsweise alle zwei Sekunden eine Meßstelle registriert wird, etwa 4500 Meßdaten an. Ohne aufwendiges Übertagen auf Datenträger (z. B. Lochstreifen oder Lochkarten) oder die Eingabe über einen Bildschirm in den Speicher eines Computers ist eine elektronische Verarbeitung der Meßdaten nicht möglich. Die Berechnung komplexer Größen, zum Beispiel der relativen Feuchte, des Dampfdrucks, des Schwülemaßes, die Anwendung mathematischer oder statistischer Verfahren auf das Datenkollektiv ist erheblich erschwert und die Einpassung in Modellrechnungen unmöglich. Wird dagegen ein aufwendiges Registrierinstrumentarium verwendet, das die genannten Möglichkeiten einschließt, so ist die Apparatur sehr teuer. Das Fahrzeug kann dann aufgrund der meist viel Raum beanspruchenden Registriereinrichtung ausschließlich für den Einsatz als Klimameßwagen verwendet werden. Aus diesen Überlegungen ergeben sich für die Konzeption einer neuen Meßapparatur folgende Forderungen:

— Die positiven Erfahrungen mit dem Meßwiderstand PT 100 als Meßwertgeber lassen ihn im Augenblick als am besten geeignet erscheinen. Eine Umrüstung auf Thermistoren sollte aber möglich sein.
— Das Registriergerät muß robust sein und die Meßdaten EDV-kompatibel speichern.
— Es soll möglichst kostengünstig sein und aufgrund geringer Größe das kurzfristige Umrüsten eines herkömmlichen Fahrzeuges zu einem Klimameßwagen ermöglichen.

Auf der Basis dieser Überlegungen hat der Verfasser in Zusammenarbeit mit dem Elektroniklabor der Universität Trier das Gerät SEKAM entwickelt und gebaut. Dieses Gerät wurde auf der Grundlage der Mikroelektronik für die Datenerfassung, -speicherung und -verarbeitung in Klimameßwagen konzipiert.

Ausgegangen wurde dabei von einem Klimameßwagen, der mit zwei Psychrogebern nach FRANKENBERGER zur elektrischen Messung der Trocken- und Feuchttemperatur ausgerüstet ist. Diese Geräte sind an einem Eisenrohrgestell in 0,7 m und 2,0 m über Grund, 0,8 m vor der Wagenfront angebracht (Bild 2). Die Anordnung der Meßinstrumente entspricht einer Konzeption, die sich in der Praxis — zum Beispiel bei Untersuchungen in Freiburg und München — bewährt hat.

Bild 2: Klimameßwagen

SEKAM (Bild 3) ist mit den Abmessungen 28 x 24 x 10 cm und einem Gewicht von knapp 3 kg (ohne Akku) kleiner und leichter als ein Kompensationsschreiber. Diese Eigenschaften, verbunden mit hoher Robustheit, machen es möglich, das Gerät auf dem Beifahrersitz oder auf dem Armaturenbrett liegend mitzuführen. Die Stromversorgung kann während einer Meßfahrt wahlweise von einem 12 V-Akku (8) oder einer zweiten Autobatterie übernommen werden, die sich vom Bordnetz abkoppeln läßt.
Vier Dioden (6) geben durch Aufleuchten Auskunft darüber, welche Meßstelle abgefragt wird. Ein digitales Instrument (7) mit Leuchtziffern gibt die Temperaturwerte an (Auflösung: 1/10° C). Damit ist es auch bei Dunkelheit möglich, gerätetechnische Mängel, wie zum Beispiel den Ausfall eines Ventilators zu erkennen. Die vier Meßstellen werden in einem Intervall von 15 Sekunden abgefragt. Wahlweise kann auch ein 3-Minuten-Intervall eingestellt werden (4). Letzteres eignet sich besonders für stationäre, mehrere Tage dauernde Messungen (vgl. Kap. 5).
Die Speicherung der Meßwerte erfolgt während der Fahrt in einer Datenspeichereinheit. Diese besteht aus mehreren zusammengeschalteten RAMs, welche in einem mit Stecker versehenen Gehäuse untergebracht sind. Die Speichereinheit befindet sich während der Meßfahrt in dem dafür vorgesehenen Steckplatz (9). Nach beendeter Meßfahrt wird die Speichereinheit zur Sicherung der ansonst flüchtigen Daten in einer der mit Haltestrom versorgten Steckplätze aufbewahrt

Bild 3: SEKAM

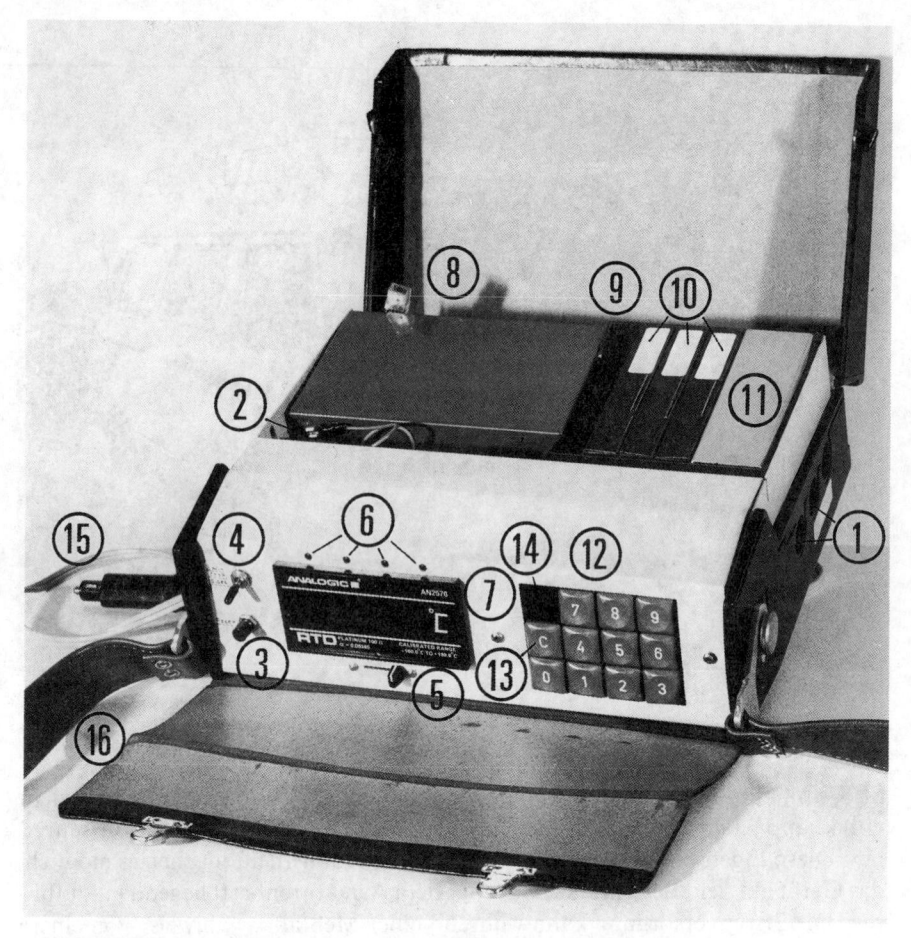

1 Eingänge für Meßkabel
2 Ein-/Aus-Schalter
3 Schalter zum Starten der Datenspeicherung
4 Schalter zur Wahl der Dauer des Meßzyklus
5 Schalter zur Wahl der zu erfassenden Meßstellen
6 Leuchtdioden
7 Digitales Anzeigeinstrument
8 Akku (12 V, 5,7 Ah)
9 Steckplatz für Datenspeichereinheit
10 Steckplätze zur Lagerung der Datenspeichereinheiten
11 Akku zur Haltestromversorgung der Steckplätze
12 Tastatur
13 Taste zur Zwischenspeicherung von eingegebenen Zahlenkombinationen
14 Leuchtanzeige zur Kontrolle eingegebener Zahlen
15 Anschluß zur Autobatterie
16 Tragegurt

(10) (11). Die Speichereinheiten sind von ihrer Kapazität her so ausgelegt, daß Meßwerte einer maximal 150minütigen Meßfahrt aufgenommen werden können. Diese Kapazität wurde deshalb gewählt, weil Meßfahrten sich nicht über einen längeren Zeitraum erstrecken sollten. Bei der Temperaturreduktion auf einen Zeitpunkt treten sonst zu große Fehler auf. Sollten dennoch längere Einsätze notwendig sein, ist es möglich, die Speichereinheiten innerhalb von etwa 10 Sekunden zu wechseln.

Wenn die Temperaturwerte der vier Meßstellen registriert sind, das heißt alle 10 Sekunden, kann 3 Sekunden lang eine zusätzliche Information aufgenommen werden. Sie besteht aus einer sechsstelligen Zahlenkombination, die über die Tastatur (13) eingegeben wird und zwischengespeichert vorliegt. Es können Angaben über die Art der Meßfahrt, die herrschende Großwetterlage, den Wetterverlauf, den Zeitpunkt des Meßbeginns und des Meßendes, Angaben über passierte Geländepunkte und Baukörperstrukturen, Informationen wie „Nebel", „Stau" und noch weitere mehr oder weniger kompakte Informationen eingegeben werden. Während einer Meßfahrt ist theoretisch die Eingabe von bis zu 600 „Kommentaren" möglich. Sehr wichtig ist, daß bei einer Fahrgeschwindigkeit von maximal 25 km $\cdot$ h^{-1} durch das Eingeben der einzelnen Geländepunkte eine zweifelsfreie Zuordnung von Meßwert und Standort bis auf ± 10 m gewährleistet ist. Wie kompakt die einzelnen Informationen sind, hängt von dem Computerprogramm ab, das die Zahlenkombinationen in Klartext umsetzt. Die Meßwerte lassen sich somit schon während der Meßfahrt hinsichtlich der sie beeinflussenden Faktoren strukturieren.

Aus der Speichereinheit erfolgt die Übertragung der Meßdaten in den Speicher eines Computers. Über einen Bildschirm werden die Daten kontrolliert, Fehleingaben entsprechend korrigiert und ergänzt. Der Ausdruck der Daten läßt sich anschließend über einen Drucker vornehmen. Anhand dieses „Rohdatenausdrucks" wird festgelegt, auf welchen Temperaturwert hin die Trockentemperaturen reduziert werden und in welchen Beträgen diese Reduktion erfolgt.

Die Reduktion gemessener Werte auf einen einheitlichen Zeitpunkt stellt ein zentrales Problem bei der Auswertung dar, worauf unter anderm NÜBLER (1979), ENDLICHER (1980a) und PARLOW (1983) hingewiesen haben. Diese Schwierigkeit resultiert daraus, daß sich während einer Meßfahrt die allgemeinen Temperaturverhältnisse entsprechend dem Tagesgang ändern. Nur über geeignete Verfahren sind quasi-synoptische Temperaturbedingungen herzustellen, wie sie zum Beispiel zum Zeitpunkt des Minimums herrschen. Dabei ist es notwendig, solche Zeiträume zu wählen, während derer die allgemeine tageszeitliche Temperaturänderung möglichst gering ausfällt.

Solche Zeitabschnitte geringer Änderung fallen mit den Eintrittszeiten der Extreme zusammen, also zur Zeit des Maximums am Mittag und zur Zeit des Minimums in der Kriechphase des nächtlichen Temperaturgangs kurz vor Sonnenaufgang. Im allgemeinen geht man davon aus, daß im Zeitraum 2 1/2 Stunden vor Sonnenaufgang bis Sonnenaufgang mit einer annähernd linearen Temperaturänderung zu rechnen ist. Dem Verfasser erschien die Annahme eines linearen Temperaturabfalls bei der Länge der Meßfahrt von 150 Minuten als zu ungenau. Beispielsweise nahm am 26. Mai 1982 die Temperatur in der ersten Hälfte der Meßfahrt um 0,6° C, in der zweiten um 1,0° C ab. Am 12. Juli 1982 betrugen die Temperaturänderungen – 1,9 °C und – 0,2°C, am 18. Juli 1982 – 0,7°C und 0,0° C. Deshalb wurde eine Temperaturreduktion in zwei Schritten durchgeführt. Voraussetzung dafür war, daß der Basismeßpunkt (vgl. Kap. 3.3.3) nach der ersten Hälfte der Meßfahrt angefahren wurde. Die Auswertung geschah dann wie folgt:

— Der Computer druckt alle gemessenen Temperaturen und die relative Luftfeuchtigkeit aus. Anhand der Temperaturwerte, die in 0,7 m über Grund gemessen wurden (Begründung: vgl. Kap. 3.3.2), kann der Temperaturgang in der ersten und in der zweiten Hälfte der Meßfahrt an dem Basismeßpunkt festgestellt werden. Die Temperaturabnahmen in 2,0 m und 0,7 m über Grund waren dabei immer gleich. Wenn beispielsweise die Temperaturänderung im ersten Teil der Meßfahrt 1,2° C (von 16,6° C auf 15,4° C) und im zweiten Teil 0,7° C (von 15,4° C auf 14,7° C) — also insgesamt 1,9° C betrug (Fig. 14) — verfährt der Computer wie folgt:

— Er unterteilt den ersten Teil des Datenkollektivs in 12 Datenblöcke (Anzahl der 1/10 Grade). Ist dabei die Anzahl der Meßwerte nicht ohne Rest durch 12 teilbar, so schlägt er diesen dem um den niedrigsten Temperaturwert reduzierten Datenblock zu. Da die Temperatur während der Meßfahrt um 1,9° C abnahm, reduziert er den ersten Datenblock um – 1,9° C, den zweiten um – 1,8° C, den dritten um – 1,7° C usw. Der zwölfte Datenblock wird um – 0,8° C reduziert. Den zweiten Teil des Datenkollektivs teilt der Rechner in 8 Datenblöcke (Anzahl der 1/10 Grade + 1; 15,4°C — 14,7°C = 0,7°C). Die Zahl ergibt sich, da der erste Block um – 0,7° C, der zweite um – 0,6° C, der dritte um – 0,5° C reduziert wird usw. Der vorletzte wird um – 0,1° C vermindert, der letzte und der bei der Division verbleibende Rest bleiben unverändert.

Auf diese Art und Weise ist auch eine Reduktion der Temperaturen auf den Zeitpunkt des Maximums möglich, selbst dann wenn das Maximum zu Beginn, in der Mitte oder am Ende der Meßfahrt eintritt. Voraussetzung ist, daß die Bearbeitung der Datenblöcke nach unterschiedlichen Reduktionsverfahren (Fig. 14, „B.-Faktor") erfolgen kann.

— Im nächsten Schritt werden die Werte der Trockentemperaturen als positive oder negative Abweichungen von der Basistemperatur, das heißt in diesem Falle von der am Ende der Meßfahrt eingetretenen Minimumtemperatur (14,7° C), angegeben und graphisch dargestellt. Diese Graphik ist dabei wesentlich übersichtlicher als der Ausdruck eines Punktschreibers. Zusätzlich werden die reduzierten Temperaturen als absolute Werte sowie die relative Luftfeuchtigkeit digital wiedergeben. (Der Betrag, um den die Temperatur während der Meßfahrt insgesamt abnahm (1,9° C), ist als „Correktur-Faktor" angegeben.) Durch die Angabe der Temperaturabweichungen von der Basistemperatur sind einzelne Meßfahrten miteinander vergleichbar, obwohl unterschiedliche Basistemperaturen auftreten. Dies ist ein in der Geländeklimatologie übliches Verfahren (vgl. NÜBLER 1979, ENDLICHER 1980a, PARLOW 1983), das sich auch in dieser Untersuchung bewährt hat.

Liegen die Ausdrucke vor, werden die Meßdaten auf Datenkassetten abgelegt und sind somit jederzeit wieder zugänglich. Die Daten können auch auf

Fig. 14: Datenausdruck: Klimameßwagen

```
MESS-JAHR.: 82    PROJEKT NR.: 1
STAT. TYP.: 3     STATION NR.: 1

    MESS-BEGINN   DAT.: 01.06
                  UHR.: 03.23
    MESS-ENDE     DAT.: 01.06
                  UHR.: 05.47
.-.-.-.-.-.-.-.-.-.-.-.-.-.-.-.-.-.-.-.-.-.-.-.-.-.-.-.-.-.-.-.
83 MESS-ZEILEN. / MINIMAL TEMP.= 14 GRD. /BEREICH = 14 - 17 GRD.
.-.-.-.-.-.-.-.-.-.-.-.-.-.-.-.-.-.-.-.-.-.-.-.-.-.-.-.-.-.-.-.
   CORREKTUR-FAKTOR EINGEBEN ? 1.9
   BASIS TEMPERATUR EINGEBEN ? 14.7

1.B-FAKT./> : 2.</B-FAKT. : 3.B+FAKT./< : 4.>/B+FAKT. : 5.GEM./< : 6.GEM./> : ? 1


---- 2MTR ----   ---- 70CM ----      VERGLEICH (%)T200 / (+)T070 / BASIS= 14.7 GRD.
TR.T FE.T RF    TR.T FE.T RF
START    .:  03.23
14.7 13.0 82    14.7 11.9 72              I0                       -0.0  -0.0
DATUM    .:  01.06
14.8 13.1 82    14.8 12.0 72              I0                       +0.1  +0.1
14.7 13.0 82    14.8 12.0 72              I%+                      -0.0  +0.1
14.7 13.0 82    14.6 12.0 74              +I%                      -0.0  -0.1
14.4 12.9 84    14.3 11.8 74             +%  I                     -0.3  -0.4
14.3 12.9 85    14.4 11.9 74             %+  I                     -0.4  -0.3
KRZ.PKT. .:  00.01
14.4 13.0 85    14.4 11.9 74              0 I                      -0.3  -0.3
14.4 12.9 84    14.2 12.0 77             + %  I                    -0.3  -0.5
14.2 12.9 86    14.1 11.8 76             +%   I                    -0.5  -0.6
14.2 12.8 85    14.0 11.8 77             + %  I                    -0.5  -0.7
KRZ.PKT. .:  00.02
14.3 12.9 85    14.1 11.8 76             + %  I                    -0.4  -0.6
KRZ.PKT. .:  00.03
14.6 13.1 84    14.6 12.1 75              0I                       -0.1  -0.1
14.7 13.1 83    14.8 12.0 72              %I+                      -0.0  +0.1
14.9 13.1 81    14.9 12.0 72              I 0                      +0.2  +0.2
STR.PKT. .:  00.01
15.2 13.3 81    15.3 12.3 70                 I  %+                 +0.4  +0.6
15.2 13.2 80    14.9 12.1 72                 I+   %                +0.5  +0.2
15.0 13.2 82    14.7 12.0 73                 I+ %                  +0.3  -0.0
15.0 13.1 81    14.0 11.8 77              +  I %                   +0.3  -0.7
15.1 13.0 79    14.3 11.8 74              +  I %                   +0.4  -0.4
15.0 13.1 81    14.0 11.7 76              +  I %                   +0.3  -0.7
14.5 12.9 83    14.2 11.8 75              + %I                     -0.2  -0.5
14.4 12.9 84    14.4 11.9 74              0 I                      -0.3  -0.3
14.4 12.9 84    14.4 11.9 74              0 I                      -0.3  -0.3
14.6 13.0 83    14.4 11.9 74              + %I                     -0.1  -0.3
STR.PKT. .:  00.02
14.5 12.8 82    14.5 12.0 74              0 I                      -0.2  -0.2
14.5 13.0 84    14.5 12.0 74              0 I                      -0.2  -0.2
STR.PKT. .:  00.03
14.8 13.2 83    14.9 12.2 73              I%+                      +0.1  +0.2
14.7 13.1 83    14.6 12.9 82              +I%                      -0.0  -0.1
14.5 13.0 84    14.6 12.1 75              %+I                      -0.2  -0.1
14.4 13.0 85    14.6 12.1 75              % +I                     -0.3  -0.1
14.6 13.1 84    14.6 12.1 75              0I                       -0.1  -0.1
14.8 13.2 83    14.6 12.3 76              +I%                      +0.1  -0.1
14.7 13.2 84    14.6 12.2 75              +I%                      -0.0  -0.1
14.9 13.2 82    14.3 12.1 77              +  I %                   +0.2  -0.4
14.8 13.2 83    14.1 12.0 78              +    I%                  +0.1  -0.6
```

Lochstreifen gestanzt oder auf einer Diskette gespeichert werden, um sie in einen Großrechner einzulesen.

3.3.2 Das Problem der Meßhöhe und der Anzahl der notwendigen Meßfahrten

Ein methodisches Problem stellt die Meßhöhe dar. Dieses ist eng verknüpft mit der Frage, ob die über Straßen, Wege oder Pisten gemessenen Werte repräsentativ sind für eine größere, sich auf das umliegende Kulturland erstreckende Fläche. BURCKHARDT (1963, S. 216) vermutet, daß bei mobilen Messungen „... der Untergrund, über dem die Messungen durchgeführt werden, nicht repräsentativ ist für den Standort der Kulturen." Darauf wies auch schon SCHMIDT (1930, S. 93) hin. Um den Einfluß des Untergrundes vernachlässigen zu können, berücksichtigte ENDLICHER (1980a) bei Meßfahrten im Kaiserstuhl die in 2,0 m über Grund am Fahrzeug gewonnenen Temperaturwerte; die in 0,7 m über Grund gemessenen dienen hauptsächlich zu Kontrollzwecken. ENDLICHER begründet dies damit, daß das Knospenniveau bei der im Kaiserstuhl üblichen Drahtrahmenerziehung wesentlich höher als 0,7 m liegt. Er verweist allerdings auch auf die Kartierungen von TANNER (1972), die dieser in einem Weinbaugebiet bei Dresden während der Strahlungsnacht des 11. Oktober 1962 durchgeführt hat. TANNER stellte nahezu identische Ergebnisse bei Messungen in 1,0 m und 2,0 m über Grund fest. Trotzdem erscheint ENDLICHER eine Meßhöhe von 2,0 m zur Charakterisierung des Bestandsklimas sinnvoller. Ein Vorteil dieser Meßhöhe ist die Möglichkeit des „Anschlusses" der mit dem Psychrogeber gemessenen Werte an die Daten einer Geländebasisstation, da eine den Höhenunterschied der Meßgeräte berücksichtigende Transformationskonstante entfällt.
Aus folgenden Gründen wurde in der vorliegenden Untersuchung die Meßhöhe 0,7 m über Grund berücksichtigt, die Meßhöhe 2,0 m über Grund dagegen nur zu Vergleichszwecken herangezogen: Im Anbaugebiet Mosel-Saar-Ruwer liegt das Knospenniveau im Vergleich zum Kaiserstuhl wesentlich niedriger, weil neben der Pfahlerziehung eine tiefere Drahtrahmenerziehung vorherrscht (BOURQUIN u. MADER 1977). Eine Höhe von 2,0 m wird von den Trauben nie erreicht. Deshalb werden auch die vom Wetteramt Trier durchgeführten Messungen, die einer Beurteilung der Frostgefährdung zugrunde liegen, in einer Höhe von 0,7 m über Grund vorgenommen. Diese in den „Richtlinien..." (SCHNELLE 1963a) vorgeschlagene Meßhöhe ist gewählt worden, um einerseits charakteristische geländebedingte Unterschiede im Niveau des Pflanzenbestandes zu erfassen und um andererseits die stark variierenden Einflüsse der Bodenoberfläche gering zu halten. Da ein Großteil des Weinbaugebietes an der Mosel hinsichtlich der Frostgefährdung bereits kartiert ist, sollte bei Meßfahrten ebenfalls die Meßhöhe 0,7 m über Grund betragen. Nur dann können sich die

Ergebnisse, die mittels beider Methoden (Thermometerhütten und Minimumthermometer einerseits und Klimameßwagen andererseits) gewonnen wurden, ergänzen.
Messungen in dieser Höhe sind auch deshalb vertretbar, weil Untersuchungen von LOMAS et al. (1969) gezeigt haben, daß in 0,5 m über Grund auf asphaltierten Straßen vor Sonnenaufgang gemessene Lufttemperaturen dann auch für benachbarte Agrarflächen repräsentativ sind, wenn die Straße nicht mehr als 1 m über dem Niveau des Kulturlandes verläuft. Die Untersuchungen von BJELANOVIC (1967) bestätigen dies. Da jede geländeklimatologische Untersuchung hinsichtlich der benutzten Methode auf das jeweilige Untersuchungsgebiet bezogen werden muß, ist es notwendig, allgemeine Ergebnisse, zum Beispiel das von LOMAS et al., auf ihre Anwendbarkeit in dieser Untersuchung zu überprüfen. Deshalb wurde die Übertragbarkeit der am Klimameßwagen in 0,7 m über Grund gemessenen Temperaturen auf das angrenzende Kulturland überprüft. Die Messungen fanden am 26. Mai 1982 und am 3. und 4. September 1982 in der Kriechphase der beiden Strahlungsnächte statt. Es wurden kombinierte Meßgänge und Meßfahrten durchgeführt. Da die Ergebnisse stark miteinander übereinstimmen, werden lediglich zwei Meßreihen beschrieben.
In der Strahlungsnacht des 4. September 1982 zwischen 4.21 und 5.31 Uhr (MEZ) fanden Messungen im Frohnbachtal statt. Dazu wurde ein Psychrogeber nach FRANKENBERGER in 0,7 m über Grund am Meßwagen über ein 50 m langes Meßkabel an das SEKAM-Gerät, das an einem Gurt getragen wurde, angeschlossen. Der zweite Eingang des Gerätes diente zum Anschließen eines Handmeßfühlers aus leichtem Kunststoffrohr mit einer Länge von zirka 40 cm. An dessen Ende befanden sich die beiden gleichen Metallhülsen, die auch am Psychrogeber verwendet wurden. Der Meßwertgeber ist ein Pt 100. Wie Kontrollmessungen in Thermokonstantschränken ergaben, zeigen beide Instrumente aufgrund der gleichen Geber und des gleichen Strahlungsschutzes gleiche Temperaturwerte an. Darüberhinaus ist es möglich, nur den Handmeßfühler anzuschließen und damit Meßgänge durchzuführen. Dieser Vorteil der Überprüfbarkeit der am Meßwagen gemessenen Temperaturen auf die angrenzenden Flächen mit Hilfe des SEKAM-Gerätes ist gegenüber herkömmlichen Aufzeichnugsgeräten ein wesentlicher Vorteil.
Auf einer zuvor vermessenen Strecke wurde bei den Messungen Schrittempo gefahren. Die Stromversorgung übernahm ein 12 Volt-Akku. Angaben über die passierten Geländepunkte wurden auf ein Handdiktiergerät gesprochen und gleichzeitig kodiert über die Tastatur des Gerätes eingegeben. Damit war eine zweifelsfreie Zuordnung von Meßpunkt und Meßwert möglich. Während der Meßwagen teils auf einer asphaltierten Straße, teils auf einem Feldweg fuhr, wurden in einer Entfernung von bis zu 35 m vom Fahrzeug die Temperaturen über einer Wiese, einem Stoppelfeld und in einem Weinberg registriert. Es zeigte sich dabei, daß die mit dem Handmeßfühler registrierten Temperaturen um + 0,2 bis − 0,3° C von den über der Straße und dem Feldweg gemessenen Werten abwichen, wenn der Höhenunterschied zwischen Straße und angrenzendem Kulturland nicht mehr als 2,0 m betrug. Waren die Höhendifferenzen größer (zirka 3,0 m), trat eine maximale Temperaturdifferenz zum Meßwagen von 0,7° C auf. Zumindest im unteren Frohnbachtal können somit die über befahrenen

Strecken gemessenen Temperaturen auf die angrenzenden Flächen übertragen werden, ohne daß die unterschiedliche Landnutzung ausschlaggebende Bedeutung erlangt. Die Temperaturschwankungen von ca. 0,3° C sind auf mikroturbulenten Massenaustausch zurückzuführen.

Um eine Vorstellung über den Betrag der „Temperaturböigkeit" in der Kriechphase in höhergelegenen Geländeteilen zu erhalten, wurden am Basismeßpunkt in der Strahlungsnacht des 26. Mai 1982 zwischen 5.18 und 5.33 Uhr (MEZ) die Temperaturen in 0,7 und 2,0 m über Grund aufgezeichnet. Innerhalb von 14 Minuten schwankte die Temperatur in 0,7 m um maximal 1,6° C, in 2,0 m um maximal 0,9° C. Der Betrag der Amplitude entsprach damit an diesem Standort annähernd dem allgemeinen Temperaturabfall während einer 150minütigen Meßfahrt. Auch Meßgänge bestätigten, daß die Temperaturunruhe an diesem Standort wesentlich größer war als im Frohnbachtal. In Nähe der Talböden, die im Einflußbereich stärkerer, relativ gleichmäßiger Kaltluftadvektion liegen, sind die Temperaturunterschiede zwischen benachbarten Flächen und die im Intervall von 5—10 Minuten auftretenden Temperaturschwankungen wesentlich geringer als an den Meßpunkten, die weiter oberhalb liegen.

Zu beantworten sind jedoch die Fragen, ob sich Veränderungen des Fahrbahnuntergrundes bei Morgenmeßfahrten an Strahlungstagen in 0,7 m über Grund bemerkbar machen und wieviele Meßfahrten notwendig sind, um eine ausreichende Beurteilungsgrundlage für die Kaltluft- und Frostgefährdung zu erhalten. Zur Klärung der letzten Frage dient das Profil Waldhaus — Frohnbach (Fig. 15; Darstellung der Meßstrecke auf topographischer Karte: Fig. 28; Legende: vgl. S. 76). Das Profil gibt die Mittelwerte der Temperaturen wieder, die auf dieser Meßstrecke aufgrund von sieben und dreizehn Meßfahrten ermittelt wurden. Die Mittelwerte differieren um maximal 0,3° C. Dies bedeutet, daß eine Anzahl von sieben Meßfahrten eine ausreichend genaue Datengrundlage liefert. Da einige Meßstrecken nur fünfmal befahren wurden, muß überprüft werden, welche mittleren Abweichungen von der Basistemperatur nach diesen fünf Meßfahrten, die 1983 durchgeführt wurden, und welche Abweichungen nach sieben Meßfahrten, die 1982 stattfanden, auftraten.

Es ergaben sich als mittlere Temperaturabweichung:
— am Kreuzpunkt K 2
   nach 5 Meßfahrten – 0,3° C
   nach 7 Meßfahrten – 0,2° C
— am Kreuzpunkt K 5
   nach 5 Meßfahrten – 1,4° C
   nach 7 Meßfahrten – 1,2° C
— am Kreuzpunkt K 6
   nach 5 Meßfahrten – 1,9° C
   nach 7 Meßfahrten – 1,9° C
— am Kreuzpunkt K 19
   nach 5 Meßfahrten – 3,4° C
   nach 7 Meßfahrten – 3,1° C

(Lage der Meßpunkte: Fig. 23; Erklärung von Kreuzungs-, Strecken- und Wendepunkten in Kap. 3.3.3)
Selbst auf der Basis von fünf Meßfahrten wurde somit eine ausreichende Daten-

Fig. 15: Profil Waldhaus — Frohnbach
Morgenmeßfahrten bei Wettertyp S

Abweichungen von der Basistemperatur

– – – arithmetisches Mittel aus 13 Meßfahrten
(mittlere Basistemperatur 13,7 °C)

——— arithmetisches Mittel aus 7 Meßfahrten
(mittlere Basistemperatur 14,6 °C)

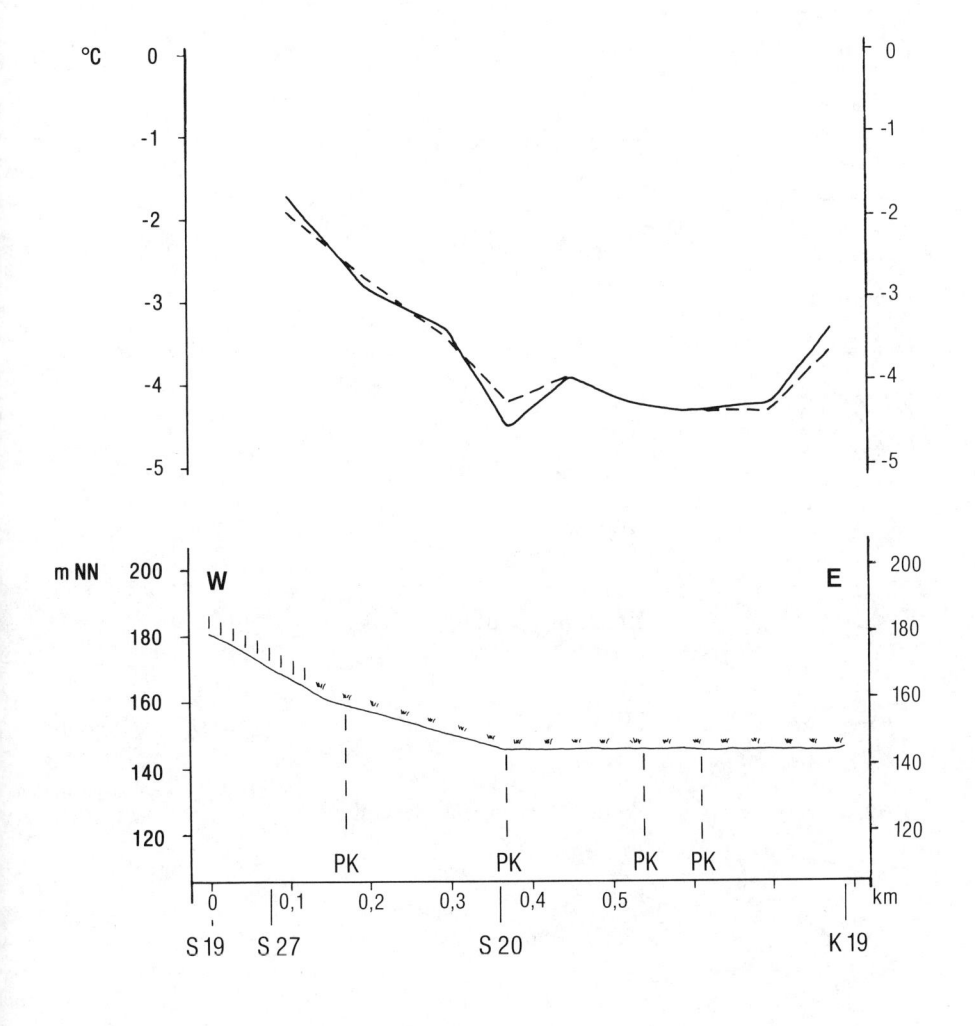

Entwurf: J. Alexander
Zeichnung: M. Alexander

Legende zu den Figuren 15 bis 44

Meßstrecken		Profile
▦	ausschließlich Weinbau	‖ ‖ ‖ ‖
▦	Weinbau dominierend	
▦	Wald	🌳🌳🌳
▭	Acker- und Grünland	⸱⸱⸱⸱
▭	Öd- und Brachland	⌢ₒ ₒ⌢ₒₒ
▓	Gärten	
▨	Ortschaften	🏠 🏠
↯	Umsetzer	↯
⑨	Kreuzungspunkt	K 9
9	Streckenpunkt	S 9
W3, X3	Wende- bzw. Geländepunkt	W3, X3

grundlage geschaffen. Die Vergleichbarkeit der einzelnen Temperaturprofile bzw. der in verschiedenen Strahlungsnächten gewonnenen mittleren Werte der Temperaturabweichung ist damit gewährleistet. Die Genauigkeit der ermittelten Temperaturwerte beträgt im Profil Waldhaus — Frohnbach 0,3° C. Deshalb ist die gewählte Temperaturspanne von 0,7° C, die der Klassenbildung der relativen Kaltluftgefährdung zugrunde liegt (vgl. Kap. 3.3.5), gerechtfertigt. Die Zuverlässigkeit der gemessenen Temperaturen steigt mit Annäherung an die Geländeteile, die durch einen kontinuierlichen advektiven Kaltluftfluß beeinflußt sind. Die Temperaturschwankungen nehmen zu, wenn die Meßstrecke oberhalb der im Bereich des Talbodens strömenden Kaltluft verläuft und diese Strecke in Dellen und Riedel angelegt ist. Diese Verhältnisse sind besonders deutlich anhand des Profils Veldenz — Gornhausen (Fig. 17) zu beobachten. Die mit (H) gekennzeichnete Temperaturkurve stellt die mittleren Temperaturabweichungen bei der Auffahrt bis zum Wendepunkt (W 2) dar, die mit (R) gekennzeichnete Temperaturkurve gibt die entsprechende Abweichung wieder, die bei der Rückfahrt nach Veldenz gemessen wurde. Bei dieser Meßstrecke wird die größte Höhendifferenz überwunden, von 180 m NN bis auf 460 m NN. Die Meßstrecke hat den Vorteil, daß beim Passieren der Geländepunkte, die an Riedeln verlaufen, eine relativ ungestörte Messung der großräumigen, über dem Tal herrschenden Temperaturverhältnisse möglich ist. (Jedoch darf in der Regel von Messungen am Hang nicht auf die vertikale Temperaturverteilung zwischen den Talhängen geschlossen werden.)

Die Temperaturschwankungen im Hangbereich und die Unterschiede zwischen den beiden Temperaturkurven (H) und (R) kommen zustande, weil an Riedeln zwar einerseits annähernd die über dem Talraum herrschenden, relativ hohen Temperaturen auftreten, andererseits sich aber auch die in den Hangdellen abfließende Kaltluft bemerkbar macht. Da die Kaltluftbewegung vermutlich nicht laminar abläuft, sondern eher in Form einzelner Kaltluftlawinen, tritt ein Temperaturunterschied zwischen den in Dellen und Riedeln liegenden Meßpunkten auf. Deshalb schwanken auch die Temperaturen in den Dellen stark. Folglich weisen beide Temperaturkurven Differenzen von bis zu 0,7° C auf. Die zur Berechnung der relativen Kaltluftgefährdungsstufe und der Frostgefährdungsstufe herangezogenen Werte bei der Auffahrt (Temperaturkurve (H)) streuen also wesentlich stärker als die im Bereich der bodennahen Kaltluftströmung im Frohnbachtal gemessenen Werte. Die Zahl der Meßfahrten braucht aber deshalb nicht höher zu sein, da das Ziel der Untersuchung sich auf die tieferliegenden Geländeteile richtet.

Eine Beeinflussung der thermischen Bedingungen in 0,7 m über Grund durch eine Veränderung der Fahrbahnverhältnisse konnte nicht festgestellt werden. Anhand des Profils Geisberg (Osthang) (Fig. 24; Darstellung der Meßstrecke auf topographischer Karte: Fig. 23) ist dies nachweisbar. Auf folgenden Streckenabschnitten treten anstelle der sonst überwiegend asphaltierten Straßen nichtasphaltierte Feldwege auf: Profil 1 von S 4 bis zur Einmündung auf Profil 3, Profil 2 von S 12 bis zur Einmündung auf Profil 3, Profil 4 von K 8 bis auf die Höhe von K 2 und Profil 5 von K 16 bis S 6.

Auf diesen Streckenabschnitten lassen sich keine oder nur unbedeutende Veränderungen der Temperaturen feststellen, die zudem nicht in eindeutiger Abhän-

gigkeit von Veränderungen des Fahrbahnuntergrundes gesehen werden können (vgl. Interpretation dieses Profils in Kap. 4.1.4).
Für die Interpretation der Temperaturprofile ist es daher gerechtfertigt, ausschließlich die in 0,7 m über Grund gemessenen Werte der Trockentemperatur heranzuziehen. Die Anzahl der Meßfahrten reicht aus, und die Temperaturprofile lassen sich, obwohl sie zu unterschiedlichen Terminen befahren wurden, miteinander vergleichen. Die einzelnen Kaltluftgefährdungsklassen umfassen jeweils einen Temperaturbereich, der in der Regel so gewählt wurde, daß signifikante Temperaturänderungen in der veränderten Einschätzung der relativen Kaltluftgefährdung ihren Ausdruck finden.

3.3.3 *Anlage und Beschreibung der Meßstrecken*

Die naturräumliche Ausstattung des Untersuchungsgebietes ist eine wichtige Grundlage bei der Auswahl der Meßstrecken. Darüberhinaus müssen weitere Überlegungen, die zum Teil auch schon NÜBLER (1979), ENDLICHER (1980a) und PARLOW (1983) bei der Anlage ihrer Meßstrecken angestellt hatten, berücksichtigt werden:
— Meßfahrten sollen ein möglichst genaues Abbild der Temperaturverhältnisse eines Landschaftsausschnittes zeigen. Nur bei einer hohen Anzahl von Meßpunkten sind Fehlerquellen bei der Inter- und Extrapolation von Meßwerten vermeidbar. Deshalb müssen die Meßstrecken eine geeignete Länge aufweisen.
— Die Fahrtzeit soll nicht länger als 150 Minuten betragen, da sonst eine sinnvolle, den Tagesgang der Temperatur ausgleichende Reduktion der Meßwerte auf einen Zeitpunkt und damit die Schaffung quasi-synoptischer Verhältnisse nicht möglich ist.
— Die Fahrgeschwindigkeit muß der meßtechnischen Genauigkeit sowie den Strecken- und Wetterverhältnissen angepaßt sein. Die Fahrgeschwindigkeit betrug bei diesen Meßfahrten höchstens 25 km $\cdot$ h^{-1}. In 150 Minuten wurde eine Meßstrecke von maximal 60 km zurückgelegt.
— Die Meßstrecke wird in Form von Schleifen und Achten angelegt (GEIGER 1961, S. 480 und S. 512; BÖER 1964b, S. 136 f.; NÜBLER 1979), um an möglichst vielen Geländepunkten Angaben über die allgemeine Temperaturentwicklung während der Meßfahrt zu erhalten. Darüberhinaus sollen zur Ermittlung möglicher Fehlerquellen einige Streckenabschnitte während einer Meßfahrt mehrmals befahren werden.
— Wichtig ist, die Zahl der jeweils von Meßpunkt zu Meßpunkt variierenden Einflußgrößen möglichst bis auf eine konstant zu halten. Dies geschieht in dieser Untersuchung beispielsweise durch das Befahren nahezu isohypsenparallel verlaufender Strecken an unterschiedlich exponierten Hängen mit relativ einheitlichen Hangneigungen und möglichst einheitlicher Landnutzung, zum Beispiel mit Wein (vgl. Fig. 23).
— Die Meßgeräte müssen sich an der hangabgewandten Seite des Fahrzeugs

befinden, um zum Beispiel die Strahlung von hohen Mauern weitgehend auszuschalten. Im Zweifelsfall ist es zur Fehlererkennung notwendig, Fahrten in beiden Fahrtrichtungen durchzuführen.

— Am Anfangs- und Endpunkt einer jeden Meßfahrt soll eine Wetterhütte, möglichst nach den Richtlinien des Deutschen Wetterdienstes, aufgestellt werden (Basismeßpunkt). Er dient zum Anschluß der im Gelände gewonnenen Relativergebnisse an eine Bezugsklimastation mit einer langjährigen Meßreihe. Basismeßpunkt ist die Geländebasisstation auf dem Geisberg. Die Lage des Basismeßpunktes ist auf den Figuren, die die Profile und Meßstrecken darstellen, nicht angegeben, da seine Lage mit der des Umsetzers annähernd identisch ist. Der Umsetzer ist in den Darstellungen berücksichtigt. (Die Wahl des Standortes sowie die instrumentelle Ausstattung behandelt Kap. 3.1.)

Um eine möglichst genaue Zuordnung von Meßpunkt und Meßwert zu erreichen, wurden sogenannte Kreuzungspunkte (K 1 bis K 39), Streckenpunkte (S 1 bis S 44) und Wendepunkte (W 1 bis W 3) festgelegt. Kreuzungspunkte sind diejenigen Punkte im Gelände, die während einer Meßfahrt mehr als einmal angefahren wurden. Streckenpunkte wurden in der Regel nur einmal passiert.

Im Frühjahr 1982 wurden die Meßstrecken Geisberg (Fig. 23), Geisberg — Veldenz (Fig. 25), Veldenz — Gornhausen (Fig. 16), Veldenz — Burgen (Fig. 21), Burgen — Waldhaus und Waldhaus — Frohnbach (Fig. 28) sowie Mülheim — Elisenberg (Fig. 18) festgelegt. Die Meßdaten, die auf diesen Strecken gewonnen wurden, dienten zur Erfassung der Temperaturverhältnisse am Geisberg und in dessen Umgebung. Im Frühjahr 1983 wurden die Meßstrecken Veldenzer Bach-Tal (Fig. 18), Frohnbachtal (Fig. 31), Liesertal (Fig. 34) und Brauneberg (Fig. 36) ergänzt. Sie sollten Aufschluß über die Temperaturen in den meist neuen Reblagen im Umlauftal und am Brauneberg geben.

Die Meßstrecken Geisberg haben zusammen eine Länge von 23,8 km. Sie umfassen die Profile Geisberg (Osthang) (Fig. 24, 39, 41, 43) und Geisberg (Westhang) (Fig. 30, 40, 42, 44); sie lagen, unter Beibehaltung der Höhenlage, in einem oberen Geländeniveau (K 1 — K 2 — K 3 — S 1 — S 2 — S 3 — S 4 — S 5 / K 9 — K 10 — K 1), einem unteren Niveau (K 14 — K 15 — K 5 — K 6 — K 16 — S 6 — K 17 — K 18 — S 7 — S 8 — K 19 — S 9 — K 13 — K 14) und einem mittleren Niveau (S 10 — S 11 — S 12 — K 4 / K 7 — K 8 — K 9 — K 10 — K 1 (W 1) — K 17a — S 44 — S 13 — S 14 — K 13 — K 14 — S 10). Dabei wurden zur Überprüfung der Meßdaten die Meßstrecken K 1 — K 2 — K 3 im oberen Niveau und K 5 — K 6 — K 7 — K 8 — K 9 — K 10 — K 1 im mittleren bzw. im oberen Niveau zweimal in derselben Fahrtrichtung, die Strecke K 1 — K 2 — K 3 — K 11 — K 12 — K 13 während einer Meßfahrt zweimal in entgegengesetzter Richtung abgefahren. Neben diesen Meßprofilen wurden die „Vertikalprofile" K 3 — K 11 — K 12 — K 13 und K 4 — K 5 — K 6 zweimal während einer Meßfahrt, ersteres in entgegengesetzten Fahrtrichtungen, aufgenomen.

Die Meßstrecke Geisberg — Veldenz (Fig. 25) verläuft vom Basismeßpunkt aus über K 1 — K 2 — S 5 — K 4 — K 5 — K 6 nach Veldenz. Ab Veldenz führt die Meßstrecke Veldenz — Gornhausen (Fig. 16) in einer teilweise in Serpentinen angelegten Straße bis auf das Trogniveau (K 20 — K 21 — K 22 — K 23 — K 24 — K 25 — K 26 — W 2). Bei etwa 360 m NN wurde der höchstgelegene Meßpunkt kurz vor der Abfahrt nach Gornhausen erreicht. Dort ist der Wendepunkt, von wo aus zurückgefahren wurde. Daran schlossen sich die Meßstrecken Veldenz — Burgen (K 20 — K 15 — K 14 — S 16) (Fig. 21), Burgen — Waldhaus (S 17 — S 18 — S 19) (Fig. 28) und Waldhaus — Frohnbach (S 19 — S 27 — S 20 — K 19) (Fig. 28) an. Bei diesen drei Meßstrecken stand die Temperaturaufnahme in den oberen Teilen des Umlauftals im Vordergrund.

Zwei weitere Meßstrecken führten von Mülheim über die Moselbrücke auf den Brauneberg (259 m NN). Dort war ein Wendepunkt, von dem aus wiederum über Mülheim (K 21 — K 27 — K 32 — K 33 — K 34 — K 35 — W 3) (Fig. 18: Meßstrecke Mülheim — Elisenberg) zum Elisenberg unterhalb des Wischkopfes gefahren wurde. Der Wendepunkt W 3 lag in einer Höhe von 260 m NN. Beide Strecken dienten neben der Erfassung der Temperaturen in der Ortschaft Mülheim der Analyse der vertikalen Temperaturschichtung. Die Auswertung der auf der Strecke Mülheim — Brauneberg gewonnenen Daten wird in Kapitel 4.1 nicht dargestellt, da am Brauneberg zusätzlich zwei Meßstrecken (Fig. 36) angelegt wurden. Die beim Befahren dieser Strecken ermittelten Daten sind aussagekräftiger.

Die Meßstrecken Frohnbachtal (S 20 — S 22 — S 23 — S 24 — S 25 — S 26 — S 27 — S 20) (Fig. 31), Veldenzer Bach-Tal (S. 28 — S 29 — K 36 — K 37 — S 33 — S 32 — S 31 — S 30 — K 37 — K 36 — S 34 — S 35) (Fig. 18), Brauneberg (Nordhang) (K 38 — K 39 — S 41 — S 42 — S 43 — K 39 — K 38) (Fig. 36) und Brauneberg (Südhang) (X 2 — S 37 — S 38 — S 40 — X 1) (Fig. 36) führten durch hauptsächlich jung angelegte Reblagen. Mit den beiden letztgenannten Meßstrecken und den Meßstrecken Geisberg wurden damit Rebflächen in vier verschiedenen Expositionen befahren. Zusätzlich sollten der thermische Einfluß der Mosel und der aus dem Liesertal fließende Kaltluftstrom erfaßt werden (Fig. 34: Meßstrecke Liesertal). Die Geländepunkte X 1 und X 2 dienen ergänzend dazu, die Lage der Meßpunkte auf dieser Strecke und auf der Meßstrecke Brauneberg (Südhang) deutlich zu machen. Die Entfernung zwischen den einzelnen Meßstrecken wurde mit abgeschalteten Meßwertgebern und höherer Fahrgeschwindigkeit zurückgelegt. Damit war es möglich, während einer insgesamt 150minütigen Meßfahrt mehrere Meßstrecken nacheinander zu befahren. In Tabelle 7 ist angegeben, welche Meßstrecken zu welchen Zeiten befahren wurden.

3.3.4 Meßtermine

Den Tagen, an denen mittägliche Meßfahrten stattfanden, wurde ihrem Wetterverlauf entsprechend nach den in Kapitel 3.2.4 aufgeführten Kriterien ein Wettertyp zugeordnet. Auch die zu den Meßterminen vor Sonnenaufgang auftretenden Wetterbedingungen wurden entsprechend der Klassifikation nach WILMERS bestimmt. WILMERS (1976a, S. 230) unterscheidet drei Nachttypen: „den windschwachen Typ der wolkenlosen Strahlungsnacht (S), den Typ der wolkenbedeckten trüben Nacht (T) mit geringer Windstärke und den Typ der Windnacht (W), in der alle anderen Einflußgrößen durch höhere Windstärken

Tab. 7: Verzeichnis der Meßfahrten

Datum der Meßfahrt	Meßstrecken (1)	Beginn und Ende der Meßfahrt (MEZ)	Basistemperatur (°C)	Subreg. Wettertyp	Großwetterlage (2)	Luftmasse (3)	Windrichtung (36teilige Skala) 0-1/10-11	1-2/11-12	2-3/12-13	3-4/13-14	4-5/14-15	5-6/15-16	Windgeschwindigkeit (m sec^{-1}) 0-1/10-11	1-2/11-12	2-3/12-13	3-4/13-14	4-5/14-15	5-6/15-16	Gesamtbed. (Achtel) 10	11	12	13	14	15	16	Untergrenze des niedrigsten Wolkenstockwerks (m über Grund) (4)	Wolkengattung/Wolkenart	SA* (MEZ)
26.5.82	15, 17, 19, 22, 26, 29, 30	2.02 — 4.33	9,1	S	BM	cTp	05	04	03	03	06	04	1,9	2,2	1,8	2,2	2,0	2,0	0	0	0	0	0	1	1	7500	Ci fib	4.33
27.5.82	15, 17, 19, 22, 26, 29, 30	2.12 — 4.30	11,7	S	BM	cTp	17	18	13	03	02	01	1,2	1,0	0,5	0,9	1,5	1,7	0	0	0	0	0	0	0	—	—	4.32
1.6.82	15, 17, 19, 22, 26, 29, 30	2.23 — 4.47	14,7	S	HM	cT	12	22	32	19	18	23	1,3	0,7	0,2	0,4	0,4	0,4	3	1	1	1	2	3	2	3000	Ac len	4.28
12.7.82	15, 17, 19, 26, 29	3.35 — 4.45	14,0	S	HFa	cTp	04	05	05	04	04	05	3,7	4,3	3,6	3,2	3,5	1,1	0	0	0	0	0	0	0	—	—	4.36
14.7.82	15, 17, 19, 22, 24, 26, 29, 30	2.29 — 4.48	17,7	S	HFa	cTp	04	04	04	03	03	04	3,9	3,4	3,3	4,5	5,4	5,5	0	0	0	0	1	3	3	3000	Ac tr, Ci fib	4.38
18.7.82	15, 17, 19, 22, 24, 26, 29, 30	2.14 — 4.51	13,4	S	BM	mPt	03	03	04	04	04	05	3,9	3,9	3,2	2,6	3,4	3,8	1	1	1	0	1	1	2	900	Cu hum	4.42
12.8.82	15, 17, 19, 22, 24, 26, 29, 30	2.52 — 5.26	13,0	S	Wa	cTp	14	11	04	03	03	05	0,2	0,5	1,4	1,4	1,0	0,7	0	0	1	0	0	0	1	1500	Sc str	5.16
13.8.82	15, 17, 19, 22, 24, 26, 29, 30	2.41 — 5.23	15,4	T	Wa	cTp/mT	24	26	22	23	25	22	1,2	1,7	1,1	1,8	2,0	1,8	3	5	3	1	6	6	7	900	Ci fib, Ac str Cu hum	5.18
19.5.83	43, 44	12.00 — 14.40	15,3	BS	TB	mPt	23	22	23	24	24	23	5,1	6,3	5,5	5,9	5,4	6,1	7	5	7	5	5	5	5	1050	Cu med/con Sc str	—
20.5.83	39, 40	2.15 — 4.42	7,3	T	TB	mPt	12	06	05	01	05	03	0,3	1,4	0,9	0,9	1,6	1,7	5	1	2	3	5	5	6	7500	Ci fib	4.40
22.5.83	43, 44	12.00 — 13.42	13,9	Z	TrW	cTp/mTs/mPt	24	26	26	24	29	31	2,3	2,4	2,9	2,7	2,3	1,7	4	6	7	7	7	8	8	750	Cu med, Ac str Ci fib	—
23.5.83	39, 40	2.18 — 4.42	7,5	T	TrW	mPt	04	04	03	06	07	05	2,0	2,2	2,8	1,8	2,1	1,9	7	8	7	7	5	4	7	1350	Sc str, Ac str Ci fib	4.37
26.5.83	41, 42	13.24 — 14.34	25,6	S	BM	mPt	32	32	32	32	32	31	3,2	2,6	2,9	3,9	3,1	3,0	1	1	1	1	2	2	2	8000	Ci fib	—
1.6.83	27, 32, 35, 37, 38	2.25 — 4.41	13,3	S	SWa	cTp	13	11	08	03	06	20	1,7	1,8	1,4	1,3	1,4	1,6	2	4	5	5	5	7	7	3000	Ac tr, Ci fib	4.28
3.6.83	24, 27, 30, 32, 35, 37, 38	2.00 — 4.41	7,9	S	SWa	mPt	14	05	01	08	2	02	1,0	0,9	1,8	1,3	1,3	1,3	3	2	1	1	2	4	6	3000	Ac len, Ci fib	4.27
5.6.83	27, 32, 35, 37, 38	2.00 — 4.41	15,4	S	SWa	cTp/mTs	05	04	04	05	05	04	3,2	3,3	3,3	3,1	3,5	4,6	1	1	2	3	3	4	3	4000	Ac len, Ci fib	4.26
7.6.83	27, 32, 35, 37, 38	3.27 — 4.44	13,2	S	HM	cTp	06	05	05	04	04	05	4,6	5,3	6,1	6,2	6,1	6,0	0	0	0	0	0	0	0	—	—	4.25
11.7.83	41, 42	13.14 — 14.34	31,4	S	HM	cTp/mTp	03	04	03	04	03	04	2,5	3,5	3,0	3,1	3,5	4,0	1	0	0	0	0	0	0	—	—	—

* Sonnenaufgang

(1) Angegeben ist die Nummer der Figur, in der die Meßstrecken und Temperaturprofile dargestellt sind.
(2) Großwetterlage nach HESS u. BREZOWSKY (1977) (Quelle: Monatlicher Witterungsbericht des Deutschen Wetterdienstes)
(3) Luftmasse nach SCHERHAG (1948) (Quelle: Monatlicher Witterungsbericht des Deutschen Wetterdienstes)
(4) Wetterverhältnisse während der Meßfahrt an der Station Trier-Petrisberg, Windverhältnisse als stündliche Mittelwerte aus den Anemographenregistrierungen; Bewölkungsverhältnisse nach den stündlichen, synoptischen Beobachtungen; Wolkengattung und Wolkenart sind in der beim Deutschen Wetterdienst üblichen Verschlüsselung angegeben. Die Uhrzeiten 0—6 h (MEZ) gelten für die Morgenmeßfahrten, die Uhrzeiten 10—16 h (MEZ) für die Mittagmeßfahrten.

überlagert werden." Die Auswahlkriterien für die drei Wettertypen, gewonnen im Rahmen der synoptischen Beobachtungen an den Terminen 18, 21, 0, 3, 6 h UTC, lauten:
— Wettertyp S: Gesamtbedeckung an drei Terminen höchstens 4/8; Windgeschwindigkeit in 10 m über Grund an fünf Meßterminen höchstens 5 m · sec^{-1}
— Wettertyp T: Gesamtbedeckung an drei Terminen mindestens 7/8; Windgeschwindigkeit in 10 m über Grund an höchstens einem Termin mehr als 5 m · sec^{-1}
— Wettertyp W: Gesamtbedeckung an höchstens fünf Terminen 0/8 bis 8/8; Windgeschwindigkeit in 10 m über Grund an mindestens zwei Terminen mindestens 5 m · sec^{-1}

Die Kriterien für den Wettertyp S wurden entsprechend den „Richtlinien..." verschärft: An den fünf synoptischen Terminen 1, 2, 3, 4, 5 h UTC sollte eine Gesamtbedeckung von höchstens 3/8 und eine Windgeschwindigkeit von höchstens 5 m · sec^{-1} in 2 m über Grund auftreten. Unmittelbar vor Antritt und nach Abschluß einer Meßfahrt wurden die Bewölkungsverhältnisse in Trier und am Geisberg überprüft. Die Messung der Windgeschwindigkeit erfolgte mittels eines Schalenkreuzanemometers am Basismeßpunkt in 2 m über Grund.

Die Meßfahrten endeten oft nicht mit dem Eintritt des astronomisch möglichen Sonnenaufgangs, sondern einige Minuten später. Dies ist zulässig, da für alle Meßpunkte, einschließlich des Basismeßpunktes, aufgrund der Horizontüberhöhung der Sonnenaufgang etwa 20 Minuten später eintrat. Dieses Vorgehen ist auch nach den „Richtlinien..." erlaubt (vgl. auch SCHNEIDER 1965, S. 25).

Tabelle 7 stellt ein Verzeichnis der Meßfahrten unter Berücksichtigung der herrschenden Wetterbedingungen dar (vgl. auch NÜBLER 1979 und ENDLICHER 1980a). Insgesamt wurden die Meßwerte von 18 Meßfahrten ausgewertet: 14 Morgenmeßfahrten und vier Mittagsmeßfahrten. Von vierzehn Morgenmeßfahrten wurden elf in Strahlungsnächten (vgl. Kap. 4.1), drei in trüben Nächten (vgl. Kap. 4.2) durchgeführt, von vier Mittagmeßfahrten fanden zwei bei Wettertyp S (vgl. Kap. 4.3), eine bei Wettertyp BS und eine bei Wettertyp Z (vgl. Kap. 4.4) statt.

Im Spätsommer und im Herbst gibt es keinen Meßtermin, da die Spätfrostgefährdung, gerade bei schon sehr früh einsetzendem Austrieb, größere Beachtung verdient (vgl. Kap. 2.3). Wie die Untersuchungen von BJELANOVIC (1967) und ENDLICHER (1980a) zeigen, bestehen hinsichtlich der räumlichen Verbreitung der stärkeren Fröste im Frühjahr und Herbst relativ hohe Übereinstimmungen. Aus diesen Gründen führt auch das Wetteramt Trier entsprechende Kartierungen nur im Frühjahr und Frühsommer durch. Auf die Zweckmäßigkeit, Messungen im Zeitraum vom mittleren Austrieb der Süßkirschenblüte an (22. April) bis zum 31. Juli vorzunehmen, hat BJELANOVIC (1967) hingewiesen. Die bei den Kartierungen des Wetteramtes Trier und bei den Meßfahrten gewonnenen Meßdaten und die Ergebnisse sind allerdings nicht unmittelbar miteinander vergleichbar (FRIES 1983). ENDLICHER (1980a) führte Messungen zur Spätfrostkartierung in der Zeit vom 7. April bis 30. Juni durch, stellte aber gleichzeitig fest, daß auch Messungen in sommerlichen Strahlungsnächten Auskunft über die Kaltluftverteilung in den Übergangsjahreszeiten geben und somit zur Mittelwertbildung verwendbar sind. Die Brauchbarkeit der sommerlichen Meßfahrten bestätigen auch die „Richtlinien...", v. EIMERN (1955 und 1968b), FRANKEN (1955a) und HARTMANN et al. (1959). Auch BURCKHARDT (1956) hat sich in diesem Sinne geäußert. Im Rahmen dieser Untersuchung zeigte sich, daß Messungen zur Beurteilung der Kaltluft- bzw. der Spätfrostgefährdung bis Anfang August sinnvoll sind.

3.3.5 Datenauswertung und -darstellung

Um über eine statistische Absicherung der Meßwerte zu klimatologischen Endaussagen zu gelangen, erfolgt die Auswertung der Meßdaten auf folgende Weise:
— Damit die Temperaturen unabhängig von den absoluten Werten miteinander vergleichbar sind, werden die Meßwerte durch ein entsprechendes Reduktionsverfahren auf den Zeitpunkt des Maximums bzw. Minimums bezogen und somit quasi-synoptische Verhältnisse hergestellt. Weiterhin wird jeder Temperaturwert als positive oder negative Abweichung von der Basistemperatur dargestellt (vgl. Kap. 3.3.1). Die Lage des Basismeßpunktes (Geländebasisstation) erweist sich als günstig, da der Großteil des Untersuchungsgebietes und der weinbaulich genutzten Flächen unterhalb des Basismeßpunktes liegen. Die relativen Temperaturabweichungen lassen sich damit unter Verwendung desselben Vorzeichens angeben und sind gut miteinander vergleichbar.
— In einem zweiten Auswertungsschritt werden — in Anlehnung an eine Methode von FRANKEN (1955a), die ENDLICHER (1980a) angewendet hat — die Temperaturabweichungen in acht Temperaturklassen eingeteilt. Ausgegangen wird von der größten mittleren negativen Abweichung von − 4,1 ° C (bei S 20) und von der größten mittleren positiven Abweichung von + 1,4° C (bei K 26) von der Basistemperatur. Bei einer Darstellung mit Isanomalen würde dies einem „Abstand" der Isolinien von 0,7° C entsprechen. Die positiven Abweichungen oberhalb der Basistemperatur (0,0° C) bis einschließlich + 0,7° C gehen in die Temperaturklasse 1 ein, die von + 0,8 bis + 1,4° C gehören der Klasse 0 an. Die Temperatur am Basismeßpunkt bis − 0,6° C sind zur Klasse 2, die von − 0,7 bis − 1,3° C zur Klase 3 zu zählen usw.

Mit Hilfe der Klassifizierung der Temperaturabweichungen wird zu jedem Meßpunkt die relative Kaltluftgefährdung gegenüber der Basistemperatur angegeben. Dies erfolgt bei der Darstellung mehrerer Strecken- und Temperaturprofile in einer Figur durch die Angabe der mittleren relativen Kaltluftgefährdungsstufe. Diese ergibt sich bei einem Geländepunkt aus dem arithmetischen Mittel der einzelnen, bei den jeweiligen Fahrten gemessenen Relativabweichungen (vgl. Fig. 24: Profil Geisberg (Osthang)). Ist nur ein Temperatur- und Geländeprofil dargestellt, so ist die Häufigkeitsverteilung auf die einzelnen Temperaturklassen wiedergegeben (vgl. z. B. Fig. 17: Profil Veldenz — Gornhausen). Die mittlere Kaltluftgefährdungsstufe zu jedem Geländepunkt ist unterstrichen. Es kann vorkommen, daß die Temperaturabweichung der Klasse, die die mittlere Abweichung charakterisiert, also unterstrichen ist, nie gemessen wurde. Dies liegt daran, daß der Klasseneinteilung von den mittleren Temperaturabweichungen aller Kreuzungs- und Streckenpunkte ausgegangen wurde. Die Temperaturen an den Punkten mit der stärksten negativen (S 20) und positiven Abweichung (K 26) dienten als Grundlage für die Klasseneinteilung. Temperaturabweichungen von nicht mehr benannten Geländepunkten blieben unberücksichtigt. An diesen konnten bei einzelnen Meßfahrten Temperaturabweichungen auftreten, die unter $-4,1°$ C oder über $+1,4°$ C lagen. Sie werden den Temperaturklassen 7 bzw. 0 zugeschlagen. Zur Ermittlung der mittleren relativen Kaltluftgefährdungsklasse werden aber die tatsächlich gemessenen Temperaturen herangezogen.

Die Temperaturklassen werden wie folgt charakterisiert:

Temperaturklasse 0: geringe positive Abweichung von der Basistemperatur; im Vergleich zu den Geländeabschnitten, denen die Temperaturklassen 5 bis 7 zugeordnet wurden, besteht keine (relative) Kaltluftgefährdung.

Temperaturklasse 1: extrem geringe positive Abweichung von der Basistemperatur; im Vergleich zu den Geländeabschnitten, denen die Temperaturklassen 5 bis 7 zugeordnet wurden, besteht keine (relative) Kaltluftgefährdung.

Temperaturklasse 2: keine oder extrem geringe negative Abweichung von der Basistemperatur; im Vergleich zu den Geländeabschnitten, denen die Temperaturklassen 5 bis 7 zugeordnet wurden, besteht keine (relative) Kaltluftgefährdung.

Temperaturklasse 3: geringe negative Abweichung von der Basistemperatur; im Vergleich zu den Geländeabschnitten, denen die Temperaturklassen 5 bis 7 zugeordnet wurden, besteht eine geringe (relative) Kaltluftgefährdung.

Temperaturklasse 4: mäßig negative Abweichung von der Basistemperatur; im Vergleich zu den Geländeabschnitten, denen die Temperaturklassen 5 bis 7 zugeordnet wurden, besteht eine mäßige (relative) Kaltluftgefährdung.

Temperaturklasse 5: mittlere negative Abweichung von der Basistemperatur; im Vergleich zu den Geländeabschnitten, denen die Temperaturklassen 0 bis 4 zugeordnet wurden, besteht eine starke (relative) Kaltluftgefährdung.

Temperaturklasse 6: hohe negative Abweichung von der Basistemperatur; im Vergleich zu den Geländeabschnitten, denen die Temperaturklassen 0 bis 4 zugeordnet wurden, besteht eine sehr starke (relative) Kaltluftgefährdung.

Temperaturklasse 7: extrem hohe negative Abweichung von der Basistemperatur; im Vergleich zu den Geländeabschnitten, denen die Temperaturklassen 0 bis 4 zugeordnet wurden, besteht eine extrem starke (relative) Kaltluftgefährdung.

Aus einem weiteren Grund war es sinnvoll, einen Temperaturbereich von $0,7°$ C für die einzelnen Frostgefährdungsstufen zu wählen. Die Messungen bestätigten, daß sich die Temperaturschwankungen mit zunehmender Höhenlage der Meßpunkte verstärken (vgl. Kap. 3.3.2). In jenen Geländeteilen, die stark kaltluftgefährdet sind, gibt es eine Ungenauigkeit der gewonnenen Mittelwerte der Temperaturabweichung von maximal ± 0,4° C. Eine Änderung der relativen Kaltluftgefährdungsstufe bedeutet in diesen Geländeteilen eine signifikante Temperaturänderung. Die Angabe der mittleren Kaltluftgefährdungsstufe erweist sich bei der Interpretation als hilfreich. Wie die Interpretation der Profile Veldenz — Gornhausen (Fig. 17) und Mülheim — Elisenberg (Fig. 19) zeigen wird, gibt es Streckenabschnitte in relativ hoher Lage, in denen die Temperaturverhältnisse nur mit einer Genauigkeit von ± 0,7° C zu ermitteln waren.

— Im dritten Schritt werden die Meßdaten an die Bezugsklimastation angeschlossen (vgl. auch LANG 1984). Dies geschieht anhand folgender Formel:

$$K \text{ bzw. } R = \frac{\sum_{n=1}^{n=N} (T_{tn} - T_{tn}')}{N} + \frac{\sum_{n=1}^{n=N} (T_{tn}' - T_{fn}) - T_{fn}'}{N}$$

T_{tn} = Temperatur gemessen mit einem Thermohygrographen in der Wetterhütte (2 m über Grund) der Bezugsklimastation Trier-Petrisberg
T_{tn}' = Temperatur gemessen mit einem Thermohygrographen in der Wetterhütte (2 m über Grund) der Geländebasisstation Geisberg (Basismeßpunkt)
T_{fn} = Temperatur gemessen mit einem Psychrogeber nach FRANKENBERGER (2 m über Grund) am Klimameßwagen an der Geländebasisstation (Basismeßpunkt)
T_{fn}' = Temperatur gemessen mit einem Psychrogeber nach FRANKENBERGER (0,7 m über Grund) am Klimameßwagen an der Geländebasisstation (Basismeßpunkt)
n = eine Strahlungsnacht der Meßreihe
N = Anzahl der Strahlungsnächte

Der erste Ausdruck auf der rechten Seite der Gleichung gibt die mittleren Temperaturunterschiede zwischen der Bezugsklimastation und der Geländebasisstation wieder. Dieser Teil stellt somit den makroklimatischen Teil der Transformationskonstanten dar (BJELANOVIC 1967, S. 139 f.). Es erwies sich als besonders vorteilhaft, daß diese mittlere Transformationskonstante (K), ermittelt in den Zeiträumen April bis Juni 1982 und April bis September 1983, nur 0,07° C betrug und damit vernachlässigt werden konnte. Der zweite Ausdruck (R) berücksichtigt die instrumentell bedingte Transformationskonstante (T_{tn}'—T_{fn}) und den geländeklimatischen Teil der Transformationskonstanten als Differenz zwischen den beiden Psychrogebern am Meßwagen. Die mittlere Differenz zwischen dem Thermohygrographen und dem Psychrogeber in 2 m über Grund betrug - 0,20° C. Diese Differenz kann ebenfalls vernachlässigt werden, da die Meßungenauigkeit des Thermohygrographen diesen Betrag übersteigt. Als mittlere Differenz zwischen 2 m und 0,7 m über Grund am Meßwagen wurde ein Betrag von - 0,23° C bei 14 Meßfahrten ermittelt. Aus den drei zu berücksichtigenden Transformationskonstanten ergibt sich somit ein Reduktionswert zwischen der an der Bezugsklimastation gemessenen mittleren Minimumtemperatur (2 m über Grund) und der am Basismeßpunkt registrierten (0,7 m über Grund) von – 0,23° C. Mit Hilfe dieses Reduktionswertes wurde die Eintrittswahrscheinlichkeit von Spätfrösten anhand des an der Station Trier-Petrisberg gewonnenen Beobachtungsmaterials berechnet. Entsprechend den „Richtlinien..." beträgt die „kritische Temperatur" (WEGER 1955, S. 132) – 2,0° C bzw. – 4,0° C (Tab. 8).

Tab. 8: Eintrittswahrscheinlichkeit von Spätfrösten (22. April bis 31. Juli) am Geisberg (Bezugsklimastation Trier-Petrisberg) (1953—83)

Mittlere Temperaturabweichung von der Geländebasisstation (Basismeßpunkt) (° C)	– 4,0	– 3,0	–2,0	– 1,0	0,0	+ 1,0	+ 2,0
Anzahl der Jahre mit – 2,0/– 4,0° C	28/14	20/12	14/3	11/0	3/0	3/0	0/0
Frostgefährdung (in %)	90/45	65/39	45/10	35/0	10/0	0/0	0/0

Quelle: DWD, WA Trier

Die relative Kaltluftgefährdung und die absolute Frostgefährdung werden unter den gezeichneten Gelände- und Temperaturprofilen angegeben. Jedem Geländepunkt läßt sich somit ein Temperaturwert, eine mittlere relative Kaltluftgefährdungsstufe und ein Frostgefährdungsgrad zuordnen (Tab. 9).
Die Geländeprofile orientieren sich an dem Streckenverlauf, damit zwischen den Temperaturwerten so wenig wie möglich interpoliert werden muß. Das der Meßstrecke durch Profilknicke angepaßte Geländeprofil entspricht damit den tatsächlichen Geländeverhältnissen. Rückschlüsse auf die Länge der Meßstrecke sind also möglich. Um eine Lokalisierung der Geländepunkte bzw. der gemessenen Temperaturwerte zu erleichtern, sind die Kreuzungs-, Strecken- und Wendepunkte in den Ausschnitten der betreffenden topographischen Karten dargestellt. Als Grundlage dienten entweder die DGK 1:5000 oder die Vergrößerung der TK 1:25 000 im Maßstab 1:10 000 mit acht- bzw. vierfacher Überhöhung. Da die Meßstrecken annähernd parallel zueinander verliefen, konnten auf einer Darstellung mehrere Gelände- und Temperaturprofile zusammen berücksichtigt werden. Damit wird eine Einsicht in die vertikale Differenzierung der Temperaturverhältnisse erleichtert. In den Darstellungen entsprechen die mit P 1 bis P 5 gekennzeichneten Temperaturprofile den entsprechend gekennzeichneten Geländeprofilen sowie den Angaben über die Kaltluft- und Frostgefährdung.

Tab. 9: Frostgefährdungsstufen

Gefähr-dungsstufe	Signatur	Bedeutung nach SCHNELLE (1963a)	Gefährdungs-grad	Eintrittswahr-scheinlichkeit der kritischen Temperaturen (– 2,0° C bzw. – 4,0° C) (%)
0		Fröste sehr selten	ungefährdet	0 — 2
1		Fröste selten, in 1 Menschen-alter 1- bis 2mal	schwach gefährdet	2 — 8
2		Fröste in 1 Jahr-zehnt 1- bis 2mal	mäßig gefährdet	8 — 20
3		Fröste sehr häufig	stark gefährdet	20 — 50
4		Fröste fast in jedem Jahr	sehr stark gefährdet	50 — 100

Als Interpretationshilfe sind zusätzlich zu einigen Geländeprofilen der örtliche Talgrund und/oder die Höhenlage der jeweils höchsten Geländepunkte angegeben. Die Landnutzung und die Ortschaften längs der Profile sind schematisch wiedergegeben. Da sich bei den Meßfahrten keine signifikanten Unterschiede hinsichtlich der klimatischen Wirkung zwischen unterschiedlich hohen Getreidebeständen und Grünland feststellen ließen, wurden beide Nutzungsarten in den Temperatur- und Geländeprofilen mit gleicher Signatur berücksichtigt (Legende zu den Figuren 15 bis 44: S. 76).

4. ERGEBNISSE DER MESSFAHRTEN

4.1 MORGENMESSFAHRTEN BEI WETTERTYP S

4.1.1 *Profil Veldenz — Gornhausen*

Morgenmeßfahrten bei Strahlungswetter auf den Strecken Veldenz — Gornhausen (Fig. 17) und Mülheim — Elisenberg (Fig. 19) geben Aufschluß über die Höhenlage der Inversionsobergrenze. In beiden Profilen stellt die mit (H) gekennzeichnete Temperaturkurve die mittleren Temperaturabweichungen bei der Auffahrt bis zu den Wendepunkten dar, die mit (R) gekennzeichnete Temperaturkurve gibt die entsprechende Abweichung bei der Rückfahrt wieder. (Begründung in Kap. 3.3.2; auch die Problematik der Temperaturmessung an Hängen ist dort angesprochen.)
Die Gliederung des Hanges in Dellen und Riedel und die starke Hangneigung führen zu einer teilweise serpentinenartigen Anlage der Strecke von Veldenz nach Gornhausen. Die relativ hohen Temperaturunterschiede zwischen den Meßpunkten in annähernd gleicher Höhenlage resultieren aus dem schubweisen Abfluß der Kaltluft in den Erosionsrinnen (vgl. NITZE 1936, REIHER 1936 und AICHELE 1953a). Der Abstand zwischen den einzelnen Abflußereignissen beträgt nach NITZE und REIHER 12 bis 15 Minuten, der Abfluß dauert 4 bis 5 Minuten. An Riedeln dagegen können — weitgehend unbeeinflußt — die relativ hohen Temperaturen im Talraum gemessen werden. Etwa 100 bis 200 m unterhalb von K 26 ist an der Stelle ein Kaltluftabfluß festzustellen, wo am Oberhang sowohl bei der Auffahrt als auch bei der Abfahrt in einer Hangdelle ein Temperaturrückgang von 0,5° C eintritt. Dieser Temperaturabfall wird auch durch die stauende Wirkung einer Baumreihe verursacht. Er macht sich in der Veränderung der Klasse der mittleren relativen Kaltluftgefährdung bemerkbar.
Wie PARLOW (1983) und GOSSMANN (1984) nachweisen konnten, gilt der Wald trotz seiner hohen nächtlichen Oberflächentemperatur als Kaltluftproduzent. Die trockenadiabatische Erwärmung der im Wald abfließenden Kaltluft wird durch Austauschprozesse als Folge des Kontakts mit den ausstrahlenden Flächen überkompensiert. Neben der thermischen Wirkung des Waldes kommt auch ein dynamischer Effekt zum Tragen: die abschirmende Wirkung der Blattmasse verhindert einen Austausch mit der hangfernen Warmluft. Somit entfallen ein dynamisch-turbulenter Massenaustausch und die Bildung einer warmen

Fig. 16: Meßstrecke Veldenz — Gornhausen

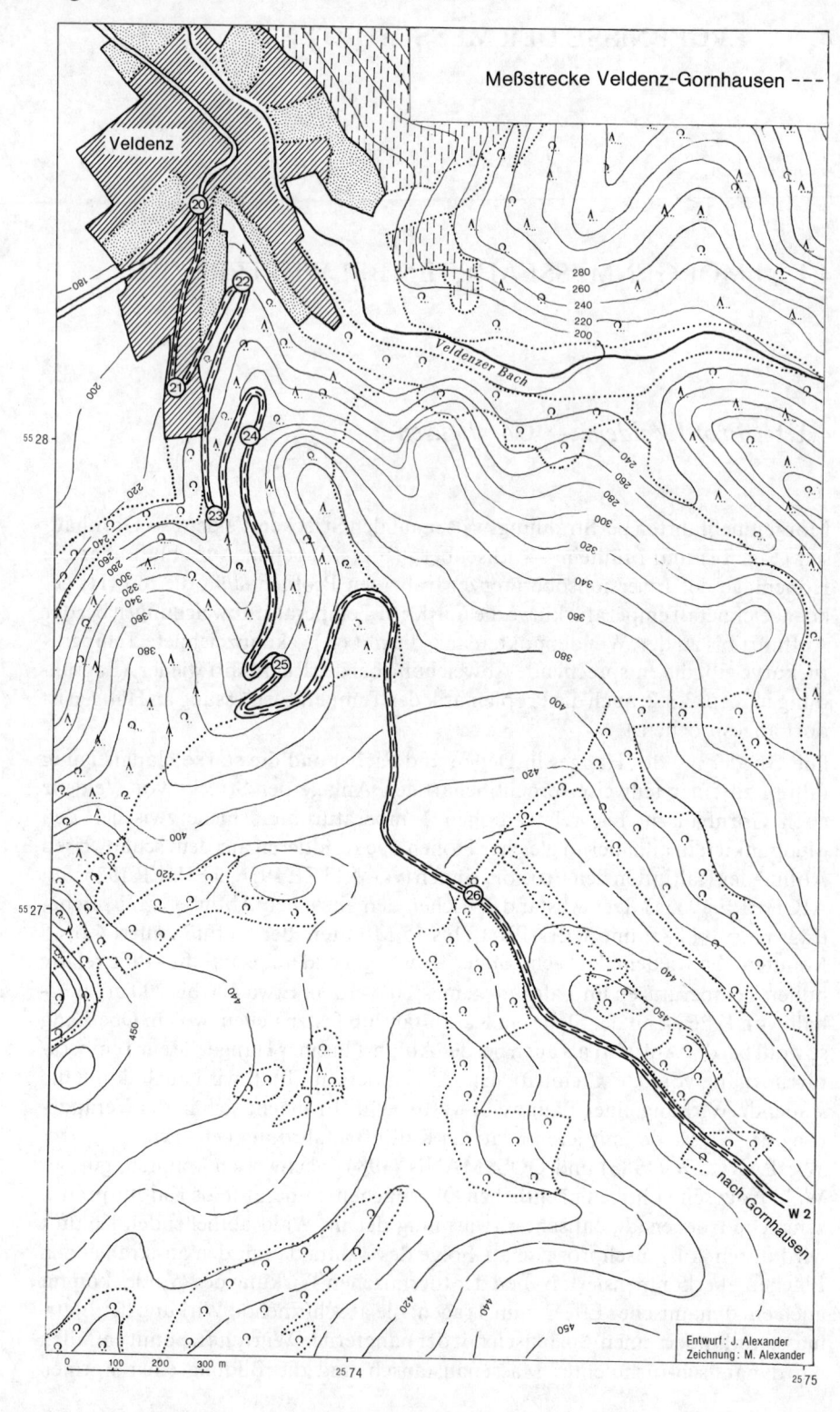

Fig. 17: Profil Veldenz — Gornhausen
Morgenmeßfahrten bei Wettertyp S (außer 13. 8. 1982)

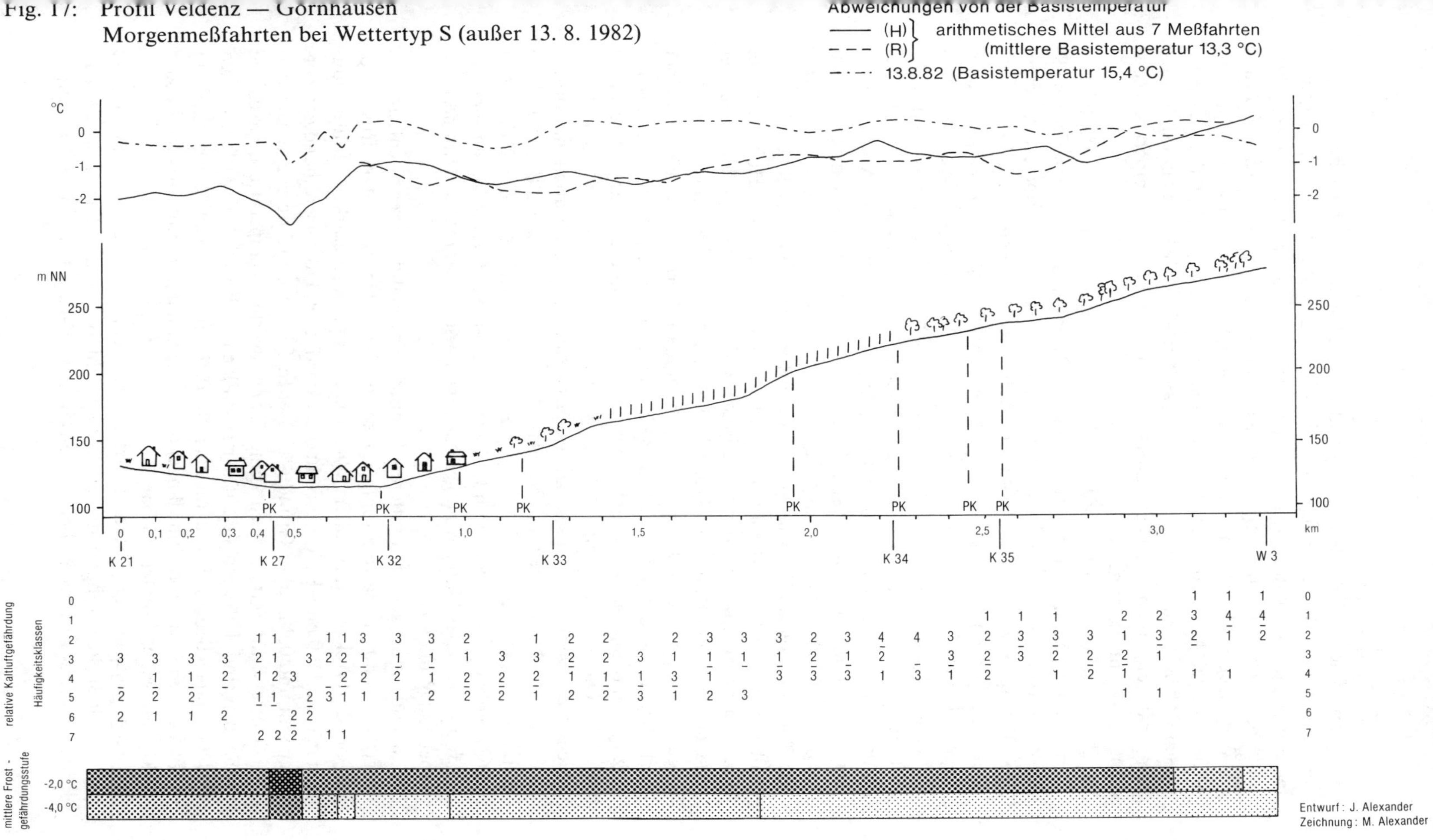

Abweichungen von der Basistemperatur
— (H) } arithmetisches Mittel aus 7 Meßfahrten
– – (R) (mittlere Basistemperatur 13,3 °C)
– · – 13.8.82 (Basistemperatur 15,4 °C)

Entwurf: J. Alexander
Zeichnung: M. Alexander

Hangzone. Die nach allgemeiner Ansicht vor Kaltluft schützenden bzw. Kaltluft neutralisierenden Waldstreifen oberhalb von Weinbauflächen auf stark geneigten Hängen bedürfen deshalb hinsichtlich ihres thermischen Effekts einer Überprüfung. Wie vor allem auf flacher geneigten Hängen die dynamische Wirkung der Waldstreifen als Hindernis für den Kaltluftabfluß beurteilt werden kann, ist noch nicht geklärt. In diesem Zusammenhang ist es aber wichtig darauf hinzuweisen, daß bei Gasen — nicht wie bei Flüssigkeit — die Viskosität mit sinkenden Temperaturen abnimmt. Die Kaltluft wird mit sinkender Temperatur zwar dichter, aber nicht „zäher".

Bei der Betrachtung des Profils Veldenz — Gornhausen fällt auf, daß am Wendepunkt W 2 die Temperaturen um 1,1° C höher sind als an dem Basismeßpunkt auf dem Geisberg. Dies bedeutet, daß der vertikale Temperaturgradient einen Betrag von ca. 0,5° C/100 m aufweist. Offensichtlich ist die Inversionsobergrenze jedoch noch nicht erreicht. Über dem Flußbett der Mosel liegt damit eine mindestens 350 m mächtige Kaltluftschicht. KRAMES (1982) geht von einer Höhenlage der Inversionsobergrenze von ca. 600 m über dem Moseltal aus. Die auftretende Häufigkeitsverteilung bei den einzelnen Klassen der Kaltluftgefährdung macht allerdings deutlich, daß diese Angabe ein statistischer Mittelwert ist. Am 14. Juli und am 18. Juli 1982 lag die Inversionsobergrenze niedriger, bei ca. 300 bzw. 330 m NN, am 12. Juli 1982 war es in 460 m NN am Wendepunkt W 2 3,4° C wärmer als am Basismeßpunkt. Erwartungsgemäß läßt sich kein Zusammenhang zwischen dem Betrag des Vertikalgradienten bzw. der Höhenlage der Inversionsobergrenze und dem Termin der Meßfahrt und damit der Dauer der Ausstrahlungsperiode und der Höhe der Basistemperatur herstellen. Das am 13. August 1982 gemessene Temperaturprofil gibt die Verhältnisse während einer Nacht wieder, in der gegen 3.30 h MEZ eine geschlossene Schichtbewölkung aufzog, ohne daß der Wind auffrischte und die Periode starker Ausstrahlung beendete. Diese Veränderung der synoptischen Bedingungen läßt die Kaltluftschicht nicht weiter anwachsen. Die Folge ist eine Temperaturabnahme, die bei ca. 350 m NN oberhalb der annähernd isotherm geschichteten Kaltluft mit einem Betrag von etwa - 2,5° C/100 m einsetzt. Wie KREUTZ und SCHUBACH (1963) beobachteten, bilden sich Bodeninversionen nicht nur in klaren windstillen, sondern auch in klaren windigen Nächten sowie bei bedecktem Himmel ohne Nebel und Wind aus.

Auffallend ist an den die mittleren Temperaturverhältnisse repräsentierenden Kurven (H) und (R), daß die Temperaturen der Hochflächen nicht niedriger sind, obwohl dort Äcker und vor allem Wiesen vorkommen, die starke Kaltluftproduzenten sind. Daß eine Kaltluftproduktion stattfindet, läßt sich anhand der zwischen 2 m und 0,7 m über Grund gemessenen Temperaturdifferenzen nachweisen. Während im Hangbereich keine nennenswerten Temperaturunterschiede vorhanden sind, betragen sie auf der Hochfläche 0,3 bis 0,4° C. Offensichtlich findet in den Dellen, die bis auf die nach Norden geneigte Hochfläche reichen, ein Abfluß der Kaltluft statt. Eine länger dauernde Stagnation mit fortschreitender Abkühlung ist nicht nachweisbar.

Inwiefern innerhalb der Ortschaft Veldenz ein nennenswerter Wärmeinseleffekt auftritt, läßt sich anhand dieses Profils nicht beurteilen. Die Kaltluft- und Forstgefährdung ist in dem befahrenen Geländeabschnitt nicht von Bedeutung.

4.1.2 Profil Mülheim — Elisenberg

Dieses Meßprofil bestätigt die Überlegungen über Meßdaten, die an unterschiedlich gegliederten Hängen, gewonnen wurden (vgl. Kap. 3.3.2 u. 4.1.1). Die räumliche Veränderlichkeit der Meßwerte ist dort am stärksten, wo die Meßstrecke ab etwa 500 m unterhalb des Punktes K 34 bis K 35 in Serpentinen aufwärts führt. Die mittlere relative Kaltluftgefährdungsstufe wechselt von Meßpunkt zu Meßpunkt. Der Kaltluftabfluß an den Hängen hat zur Folge, daß die Temperaturen im allgemeinen niedriger sind als in vergleichbaren Höhenlagen am Geisberg (vgl. Kap. 4.1.4 u. 4.1.5). In 250 m NN, etwa 500 m unterhalb von W 3, tritt am Elisenberg die mittlere Kaltluftgefährdungsstufe 3, am Geisberg in gleicher Höhe nur die Stufe 2 auf. Die relativ hohen Temperaturen am Wendepunkt W 3 sind auf die Lage dieses Meßpunktes, einem kleinen Parkplatz auf einem Hangvorsprung, zurückzuführen. Offensichtlich stellen die Kaltluftadvektion aus den höher gelegenen bewaldeten Hangteilen und die Konzentration des Abflusses in den Hangdellen am Elisenberg die Ursache für die thermischen Unterschiede zum Geisberg dar.

Wie am Profil Veldenz — Gornhausen beobachtet, läßt sich ein positiver vertikaler Temperaturgradient feststellen. Ebenso bestätigt sich die Annahme, daß die Inversionsobergrenze immer über 300 m NN liegt. Dagegen nimmt jedoch am 13. August 1982 außerhalb der Ortschaft die Temperatur mit zunehmender Höhe geringfügig ab. Innerhalb der Ortschaft Mülheim herrschen relativ hohe Temperaturunterschiede. Parallel zur Tiefenlinie im Gelände verläuft eine Straße bis zur Ortsmitte. Sie stellt eine Leitlinie für den Kaltluftabfluß dar. Deshalb treten zwischen K 27 und K 32 Abweichungen zur Basistemperatur von fast – 3,0° C auf, die Frostgefährdung ist entsprechend stark (Stufe 4 für – 2,0° C, Stufe 3 für – 4,0° C). In den übrigen Ortsteilen wird durch den stauenden Effekt der engen Bebauung und durch die Ausbildung einer Wärmeinsel eine starke Kaltluftbeeinflussung verhindert. Lediglich zwischen K 21 und K 27 liegen die Temperaturen um 2,0° C unter der Basistemperatur. Offensichtlich begünstigt dort die relativ lockere Bebauung ein Eindringen der Kaltluftströme aus dem Veldenzer Tal und aus dem Frohnbachtal.

Fig. 18: Meßstrecken Mülheim — Elisenberg und Veldenzer Bach-Tal

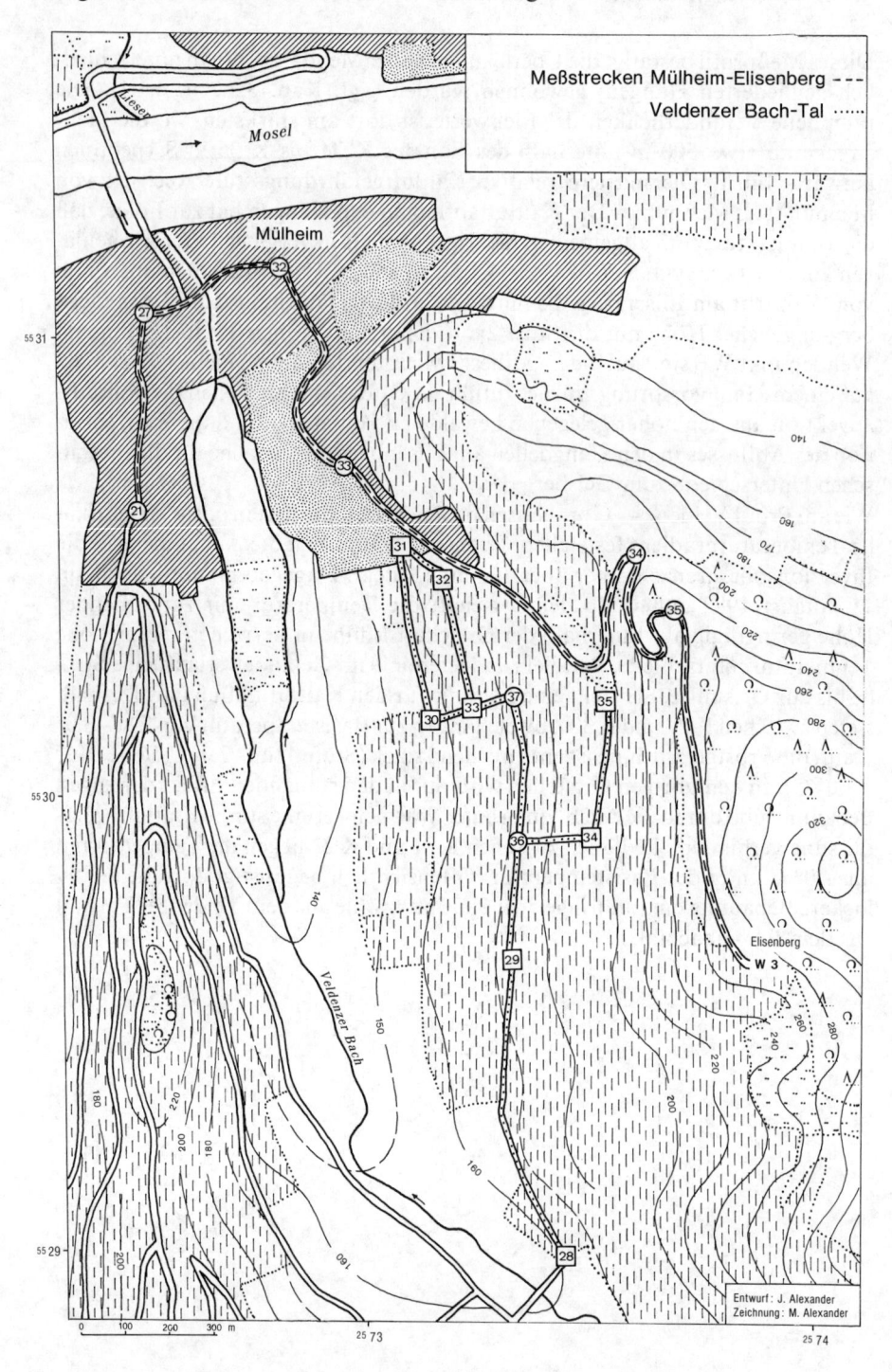

Fig. 19: Profil Mülheim — Elisenberg
Morgenmeßfahrten bei Wettertyp S (außer 13. 8. 1982)

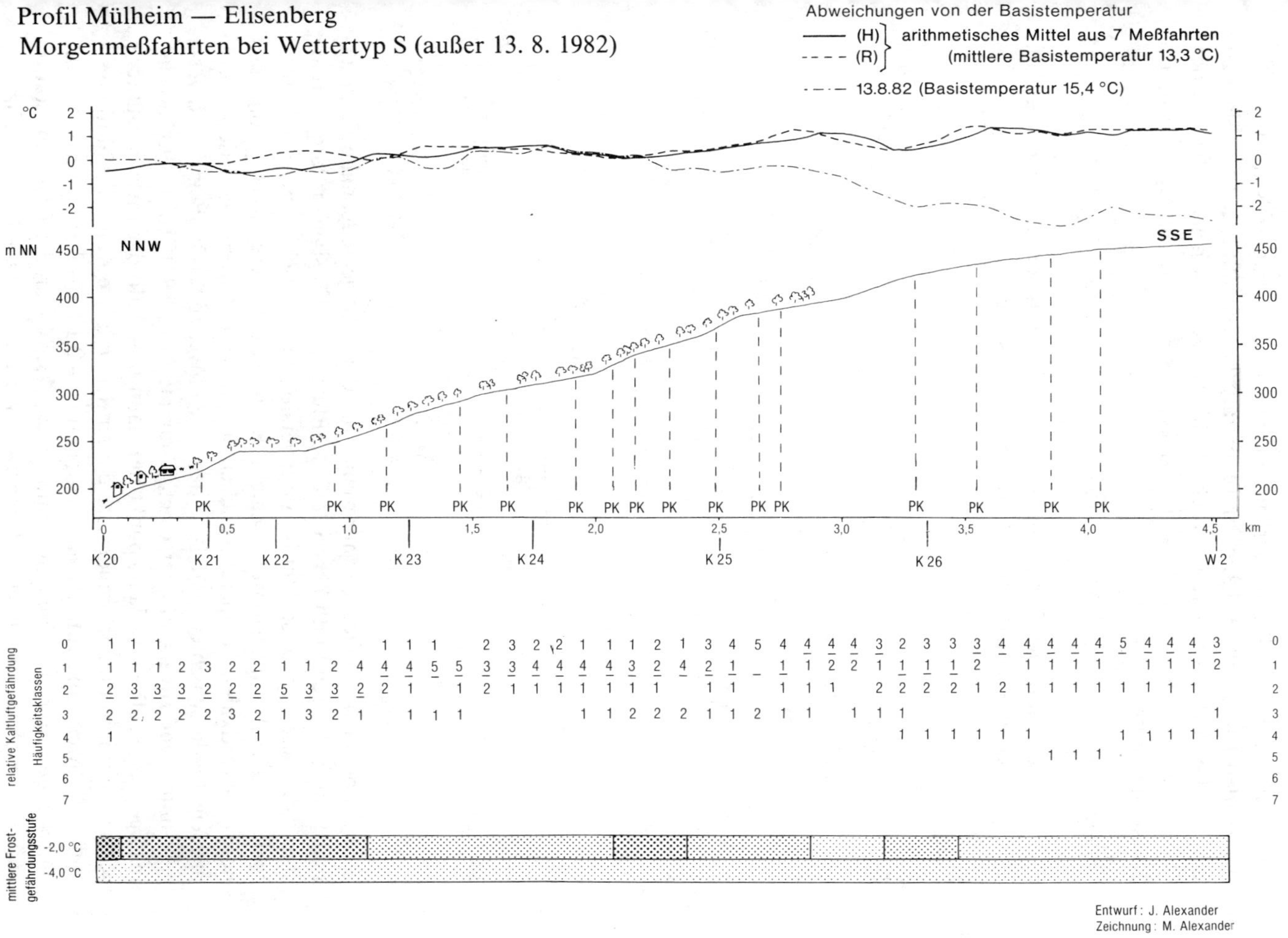

4.1.3 Profil Veldenz — Burgen

Das Profil Veldenz — Burgen verläuft im Oberteil des Umlauftals auf der Höhe des lokalen Talbodens. Anhand der Temperaturkurven läßt sich die in Figur 20 dargestellte, auch auf andere Talabschnitte übertragbare, schematische Lage der Isanomalen im Talquerschnitt nachvollziehen (als Referenztemperatur dient die Basistemperatur.):

Fig. 20: Schematische Darstellung der vertikalen Temperaturschichtung und der Inversionsober- und Inversionsunterschicht

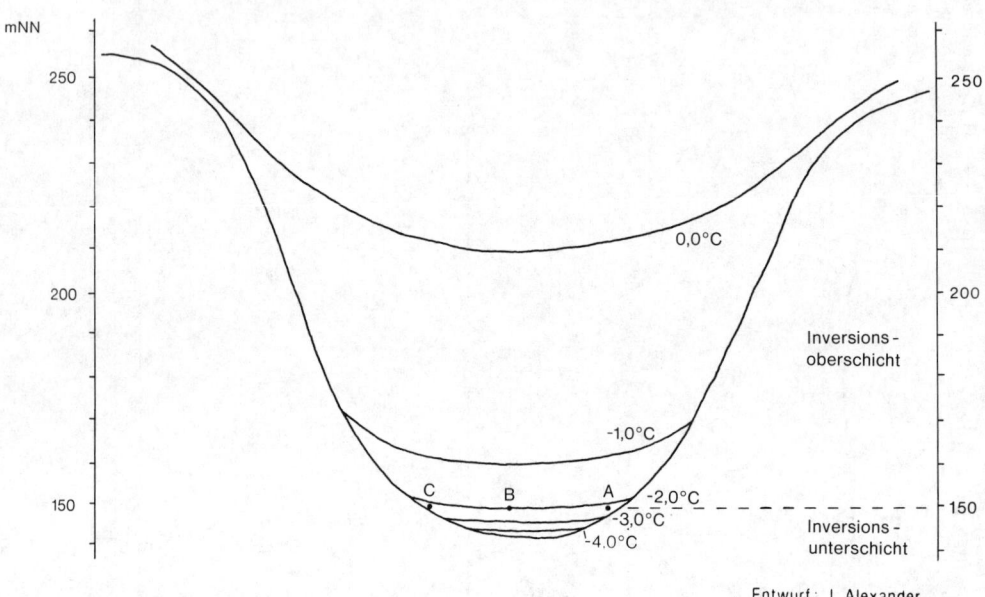

Entwurf: J. Alexander
Zeichnung: M. Alexander

Dem Talboden liegt eine meist nur wenige Meter mächtige bodennahe Kaltluftschicht auf, in deren Einflußbereich die Kaltluft- bzw. Frostgefährdung extrem stark ist. Diese Kaltluftschicht ist die Inversionsunterschicht. Über der Unterschicht lagert die Inversionsoberschicht. Sie weist einen wesentlich geringeren positiven vertikalen Temperaturgradienten auf. Um Mißverständnisse zu vermeiden: Beide Schichten sind Teile der Bodeninversion. (Die Begriffe „Inversionsunter- und Inversionsoberschicht" stammen von BROCKS 1949.) Zweckmäßigerweise soll ein Geländepunkt nur dann innerhalb der Inversionsunterschicht liegen, wenn dort mindestens die mittlere relative Kaltluftgefährdungsstufe 5 (Abweichung von der Basistemperatur: − 2,1 bis − 2,7° C) herrscht. An einem Meßpunkt, der eine Abweichung von − 2,1° C von der Basistemperatur aufweist, tritt Spätfrost bei einer Temperatur von mindestens − 4,0° C sehr häufig auf (Frostgefährdungsstufe 3). Unter der Voraussetzung, daß im Talquerschnitt an einem Meßpunkt am Unterhang (A) die Abweichung von der Basistemperatur genau so groß ist wie die an einem beliebigen Punkt (B, C) zwischen den

Fig. 21: Meßstrecke Veldenz — Burgen – – –

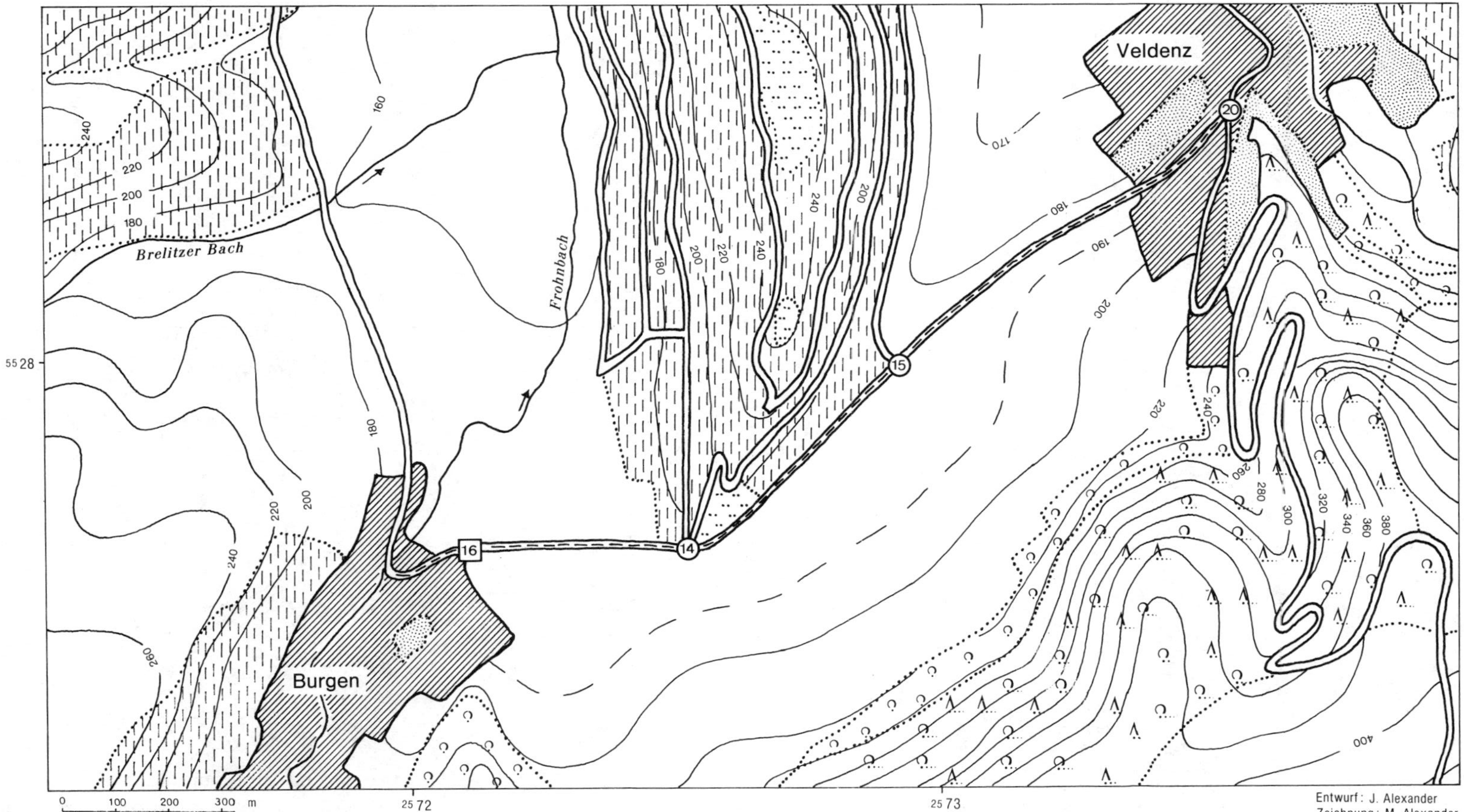

Fig. 22: Profil Veldenz — Burgen
Morgenmeßfahrten bei Wettertyp S (außer 13. 8. 1982)

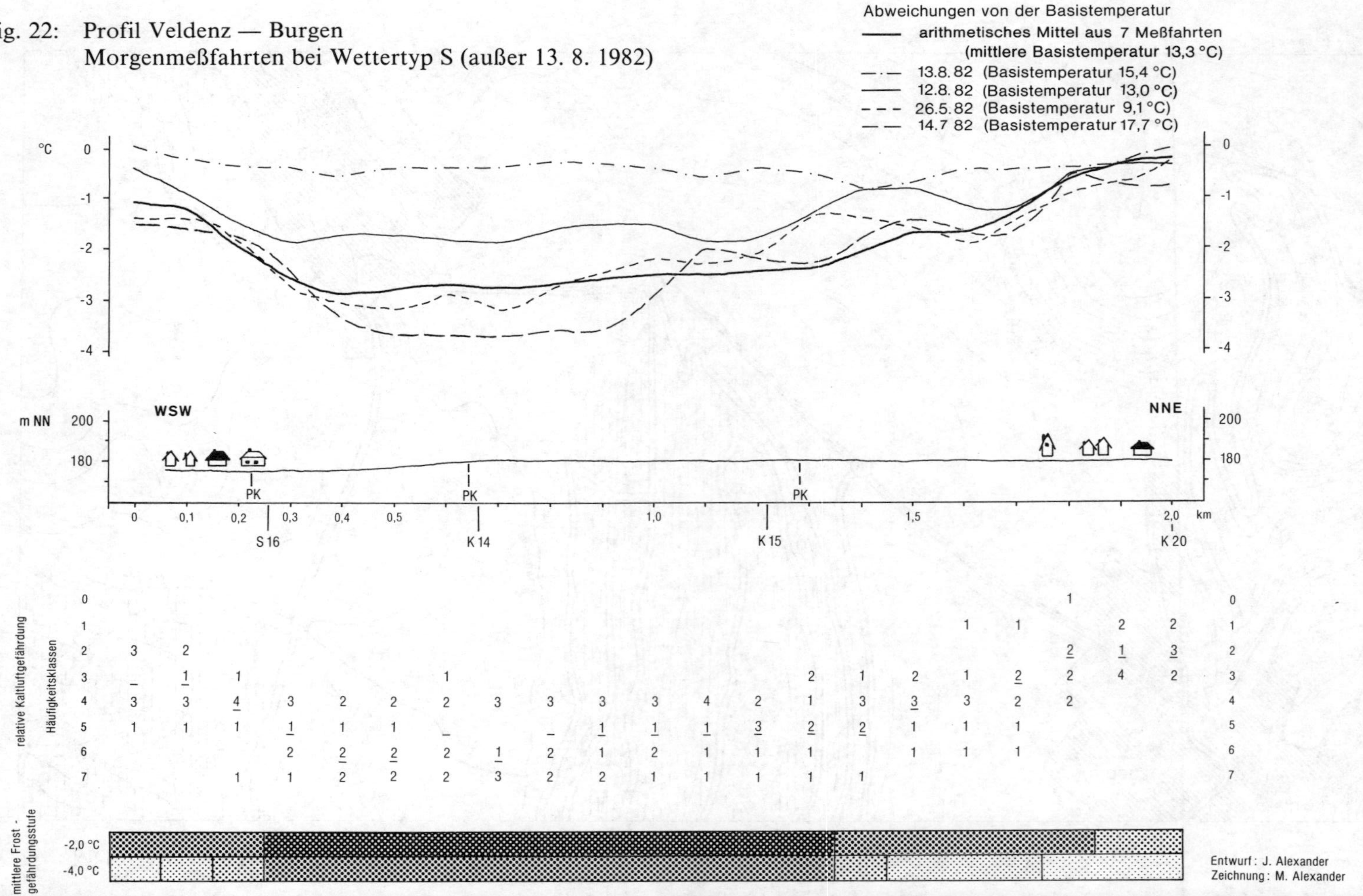

Talhängen in gleicher Höhenlage, läßt sich die vertikale Mächtigkeit der Inversionsunterschicht folgendermaßen abschätzen: Neben dem Meßpunkt A, für den aus den Temperaturwerten die mittlere Kaltluftgefährdungsstufe 5 errechnet wurde, liegt in derselben Höhenlage benachbart ein Meßpunkt mit der mittleren Kaltluftgefährdungsstufe 4. Somit ist gewährleistet, daß der Punkt A an der Obergrenze der Inversionsunterschicht liegt. Der Betrag der Höhendifferenz des Meßpunktes A zum lokalen Talboden stimmt zahlenmäßig mit der vertikalen Mächtigkeit der Inversionsunterschicht annähernd überein.

Die Voraussetzung gleicher Temperaturverhältnisse an einem Meßpunkt am Hang und an allen Punkten mit gleicher Höhenlage zwischen den Talhängen ist nur erfüllt, wenn steile Hänge wie am Geisberg vorherrschen. Dies wird in den folgenden Kapiteln diskutiert. Auf Flachhängen liegt eine dünne, sehr kalte Luftschicht, die mit ihrer Basis in der Inversionsunterschicht fußt. Im Talraum treten in gleicher Höhenlage wesentlich höhere Temperaturen als am Flachhang auf. (vgl. Kap. 4.1.9).

Obwohl sich die gesamte Meßstrecke auf demselben Höhenniveau befindet (Fig. 21), zeigt sich eine deutliche thermische Differenzierung in den beiden Teilen des Umlauftals. Die Temperatur liegt in der Ortschaft Veldenz nahe der Basistemperatur, die auf dem Geisberg erst in einer rund 70 m höheren Lage erreicht wird. Während der Wärmeinseleffekt dieser Ortschaft deutlich ist, ist die relative Temperaturerhöhung in der Ortschaft Burgen vergleichsweise gering. Die Temperaturen liegen um mehr als $1,0°$ C tiefer. Diese selbst bei kleinen Siedlungen festgestellte Überwärmung wurde schon mehrmals nachgewiesen (u. a. FEZER 1976 zit. nach GEIGER 1977 und WEISE 1980).

Als Gründe für die unterschiedlich starke Kaltluftgefährdung in den beiden Ortschaften kommen deren Größe, Bebauungsdichte und Baukörperstruktur nicht in Frage, da sie sich weitgehend ähneln. Auch ist die Lage auf einem Schwemmfächer an der Einmündung zweier Täler in das Umlauftal gleich. Vielmehr scheinen die aus dem Frohnbachtal oberhalb von Burgen und die aus dem Veldenzer Bach-Tal oberhalb von Veldenz ausfließenden Kaltluftströme unterschiedliche Temperaturen aufzuweisen. Dafür sprechen auch die tiefen Temperaturen zwischen S 16 und K 14. Im Raum zwischen K 15 und K 20 sind sie etwa um $1,0°$ C höher. Diese Unterschiede sind aufgrund der Streckenführung und der Geländeverhältnisse nicht erklärbar. Auch die Bodenbedeckung scheidet als Einflußgröße aus. Für einen kühleren und auch laminarer fließenden Kaltluftstrom aus dem Frohnbachtal sprechen die westlich von Veldenz auftretenden Temperaturschwankungen. Offensichtlich wird dieser Raum stärker von den einzelnen hangabwärtsfließenden Kaltluftlawinen beeinflußt.

Anhand der Temperaturkurven der einzelnen Meßfahrten ist keine Abhängigkeit der gemessenen Temperaturabweichungen von der Höhe der Basistemperatur festzustellen. Wie das am 14. Juli 1982 aufgenommene Temperaturprofil zeigt, treten die größten negativen Abweichungen an diesem Termin mit der kürzesten Ausstrahlungszeit und der höchsten Basistemperatur auf. Die Ausstrahlungsverhältnisse sind demnach primär von den synoptisch-meteorologischen Bedingungen abhängig. Da die Meßstrecke über fast ebenem Gelände verlief, kann nicht überprüft werden, ob am 13. August 1982 der vertikale Temperaturgradient erst ab 300 m NN (vgl. Profil Veldenz — Gornhausen,

Fig. 17) oder bereits ab einer geringern Höhe negativ ist (vgl. Profil Mülheim — Elisenberg, Fig. 19).
Mit den folgenden Profilen sollen die Problematik der im Frohnbachtal und im Veldenzer Bach-Tal unterschiedlichen Kaltluftbeeinflussung und die dadurch bedingten möglichen Konsequenzen für den Weinbau näher untersucht werden.

4.1.4 Profil Geisberg (Osthang)

Anhand der Temperaturkurven P 1, P 2 und P 3 bestätigt sich, daß eine Differenzierung der Kaltluft in eine Unter- und Oberschicht vorliegt. Auf dem Profil P 3, auf halber Höhe zwischen den Meßpunkten K 15 und S 11, liegen die Temperaturen um etwa 2,5° C niedriger als oberhalb auf dem Profil P 2, obwohl letzteres nur etwa 20 m über der Strecke P 3 verläuft. Die Inversionsunterschicht erweist sich als geringmächtig, wenn man die Höhenlagen der beiden Meßpunkte zwischen K 15 und K 11 auf dem Profil P 3 vergleicht, denen die mittlere relative Kaltluftgefährdungsstufe 5 bzw. 4 zugeordnet ist. Die Unterschicht erreicht in diesem Streckenteil eine Mächtigkeit von kaum mehr als 5 m. Oberhalb dieser Schicht herrschen auf den Strecken P 1 und P 2 annähernd isotherme Temperaturverhältnisse, wobei die Werte auf der Höhe von S 11 nur geringfügig unter der Basistemperatur liegen. Aus den Temperaturwerten der Profile P 1 und P 2 ist ersichtlich, daß in diesen Streckenabschnitten lediglich die mittlere relative Kaltluftgefährdungsstufe 2 auftritt. Die Spätfrostgefährdung ist entsprechend gering.
Nördlich von S 11 bis K 5 nimmt die Temperatur auf dem Profil P 3 sehr schnell um 1,0° C zu, obwohl die Strecke leicht abschüssig ist. Dies kann nur durch das im Vergleich zur Meßstrecke stärkere Gefälle des Talbodens am Ostfuß des Geisberges erklärt werden, woraus letztlich eine zunehmende relative Höhenlage der Meßstrecke resultiert. Es empfiehlt sich, zur Beurteilung der Kaltluftgefährdung einer Weinbaulage nicht die absolute Höhenlage eines Meßpunktes, sondern die Höhendifferenz zwischen dem Meßpunkt und dem in der Fallinie liegenden lokalen Talboden anzugeben.
Die Mächtigkeit der Inversionsunterschicht nimmt talabwärts zu. Auf dem Profil P 4, in Höhe des Kreuzungspunktes K 7, erreicht sie ca. 10 m, auf dem Profil P 5, in Höhe des Kreuzungspunktes K 10, mindestens 25 m. Die Obergrenzen der Kaltluft- und Frostgefährdungszonen liegen damit am Nordteil des Osthanges wesentlich höher.
Folgende Ursachen sind dafür verantwortlich:
— Der Baukörper von Mülheim und die Öd- und Brachlandflächen (vgl. Fig. 23 u. Fig. 18) wirken stauend auf die unteren Schichten des Kaltluftstroms. Der Raum südlich der Öd- und Brachlandflächen ist als Anstauraum anzusehen. Lediglich in den breiten Straßenzügen kann die Kaltluft in den Ort einströmen. Auf die sich unter anderem ergebenden thermischen Differenzierungen innerhalb von Mülheim wurde bereits bei der Interpretation des Profils Mülheim — Elisenberg (Kap. 4.1.2) eingegangen. Durch die Ab-

Fig. 23: Meßstrecken Geisberg

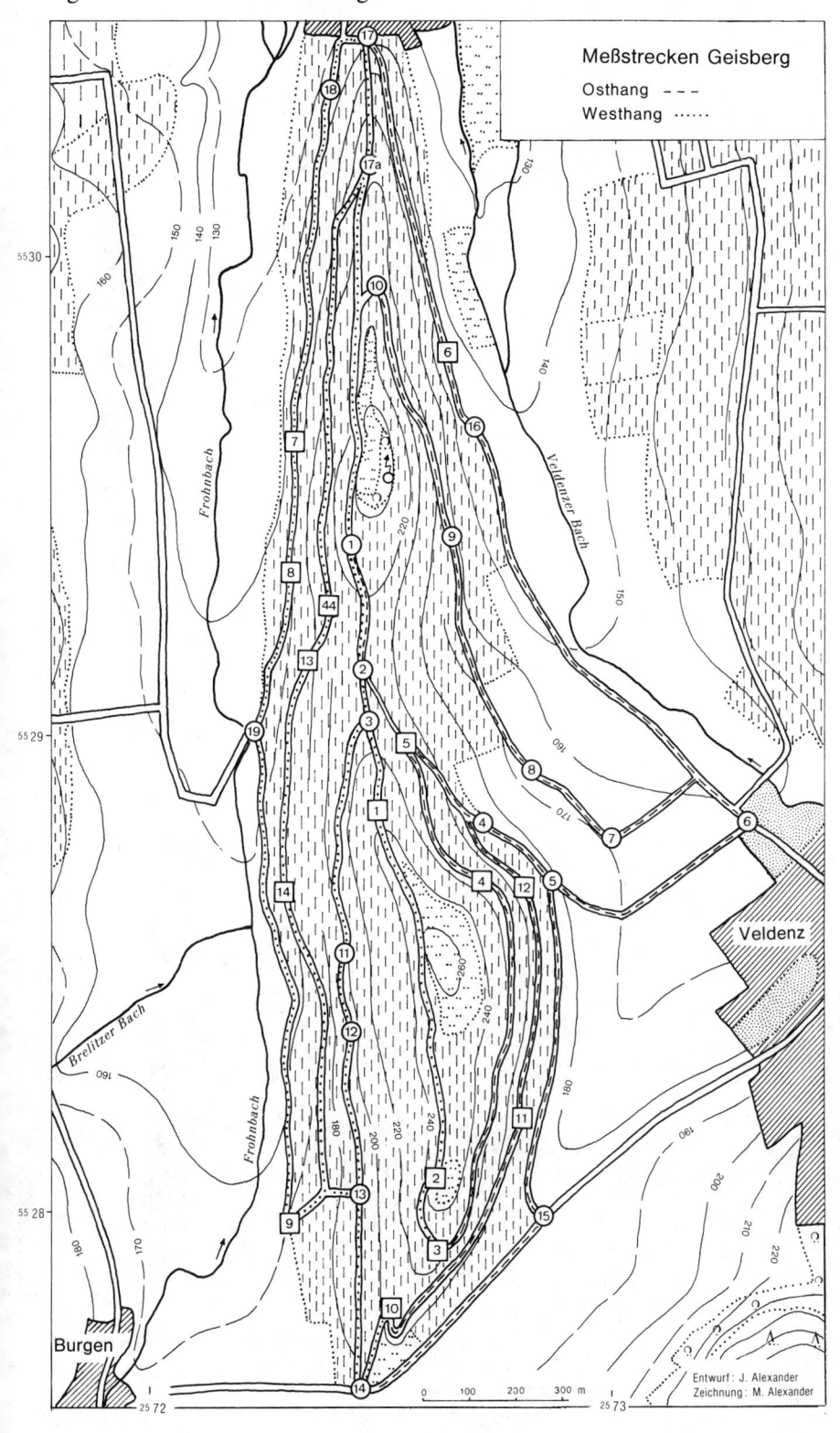

Fig. 24: Profil Geisberg (Osthang)
Morgenmeßfahrten bei Wettertyp S

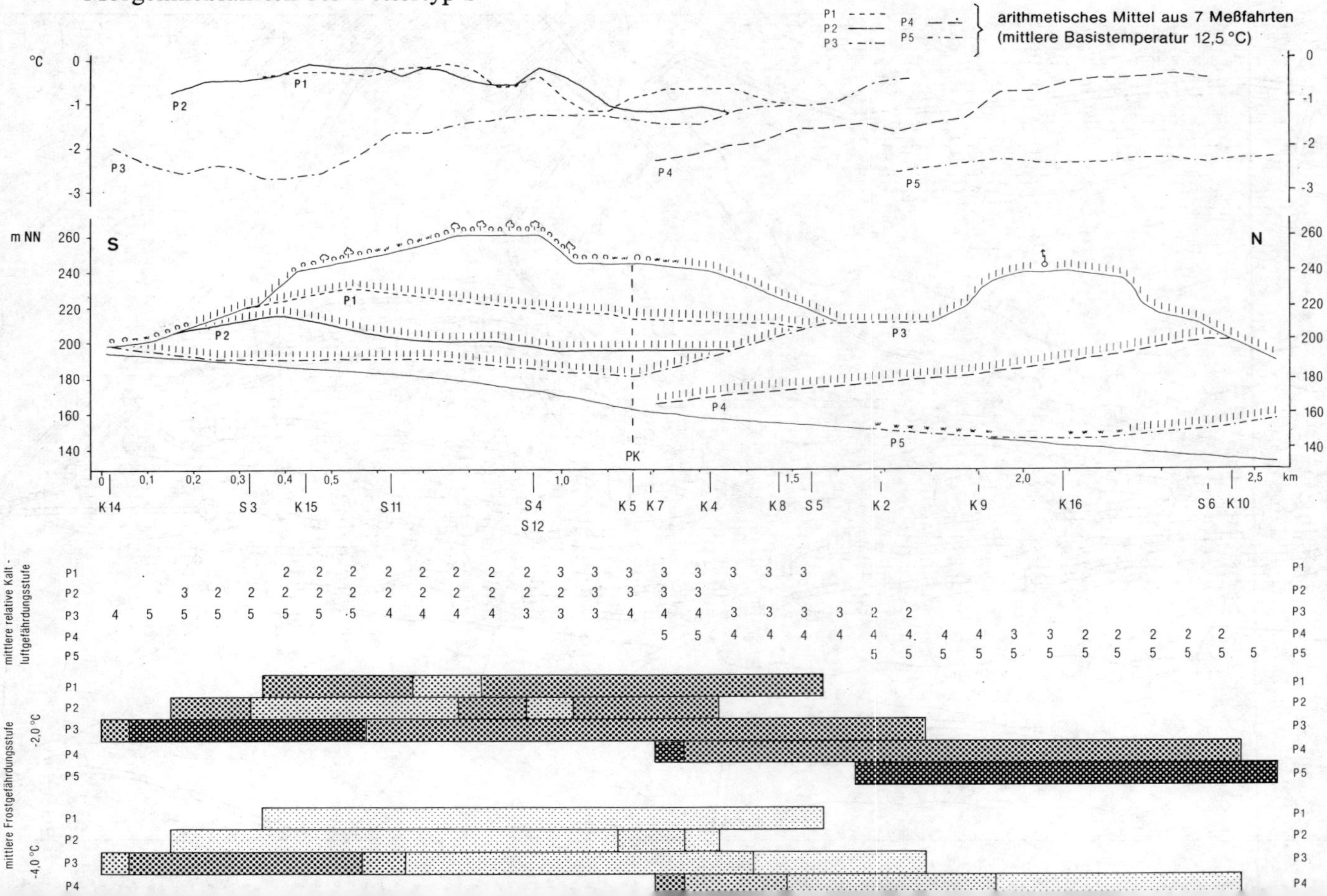

bremsung der Kaltluftströmung im Anstaubereich vermindert sich der turbulente Wärmeaustausch.
— Dies führt in Verbindung mit der intensiven Kaltluftproduktion der Öd- und Brachlandflächen sowie der Acker- und Wiesenflächen, die den übrigen Talboden einnehmen, zur weiteren Abkühlung der advektiv herangeführten Kaltluft.
— Eine leichte Verengung des Talquerschnitts südlich von Mülheim im Bereich der Talsohle mag ebenfalls einen, wenn auch geringen, Einfluß ausüben.

Inwiefern ein verstärkter Kaltluftzufluß von den Hängen die Kaltluftgefährdung noch erhöht, zeigt die Interpretation des Profils Veldenzer Bach-Tal (Fig. 27). Die Zunahme der vertikalen Mächtigkeit der Inversionsunterschicht bleibt nicht ohne Folge für die Höhenlage der darüberliegenden Kaltluftschichten. Bei einem Vergleich der Höhenlage der Geländepunkte auf den Temperaturprofilen P 2 und P 4, denen die mittlere Kaltluftgefährdungsstufe 2 zugeordnet wurde, wird die talabwärts zunehmende Höhendifferenz zum lokalen Talboden deutlich.

Die Profile P 1 und P 2 zeigen, daß die Temperatur oberhalb der Inversionsunterschicht nicht kontinuierlich zunimmt. Vielfach liegen die auf dem Profil P 2 gemessenen Temperaturen leicht über oder nahe bei den auf dem Profil P 1 gemessenen Werten. Die Abweichungen von der Basistemperatur sind allerdings nicht so groß, daß daraus eine unterschiedliche Einschätzung der Kaltluftgefährdung resultiert. Deshalb ist es sinnvoll, von vertikal isothermen Schichtungsverhältnissen zu sprechen.

Fraglich ist, ob die von den höhergelegenen Hangteilen abfließende Kaltluft die Temperaturen auf den Profilen P 1 und P 2 beeinflussen. Oberhalb dieser Meßstrecken, etwa auf der Höhe von K 7, wird der Oberhang teilweise von einem kleinen Brach- und Ödlandareal eingeommen (vgl. Fig. 23). Aufgrund der dichten, fast mannshohen Vegetation, ist tagsüber eine Erwärmung des Unterbodens auszuschließen. Folglich findet nachts wegen mangelnden Energienachschubs eine intensive Abkühlung der Luft an der Oberfläche der Vegetation statt. Aufgrund der Hangneigung staut sich die Kaltluft nicht hoch auf, sondern fließt relativ früh und damit relativ warm ab.

Die Auswirkungen dieses Kaltluftabflusses auf die thermischen Verhältnisse entlang der Meßprofile werden jedoch nur an zwei Teilstrecken auf den Profilen P 1 und P 2 deutlich: Zwischen S 11 und K 15 und südlich und nördlich von S 4/S 12 gibt es eine Temperaturerniedrigung. An diesen Stellen befinden sich betonierte Abflußgräben von über 2 m Breite, die an der Obergrenze des Rebareals ansetzen. Sie dienen offensichtlich als kleine Kaltluftabflußbahnen. Ob die Temperaturen auf dem Profil P 1 auf der gesamten Länge von der abfließenden Kaltluft betroffen sind, muß anhand des Profils Geisberg (Westhang) (Kap. 4.1.8) diskutiert werden.

Es gibt jedoch einen Hinweis darauf, daß selbst in Dellen, die normalerweise als „Sammeladern" der Kaltluft fungieren, bei stärkerer Hangneigung, bei Vorhandensein von Tonschieferverwitterungsböden und der Nutzung als Rebflächen die Frage der Hanglänge und damit die Größe der kaltluftproduzierenden Flächen oberhalb eines Meßpunktes von geringer Bedeutung ist. Zwischen K 2 und K 5 liegt eine leichte Hangdelle. In ihr müßte ausschließlich von den Rebflächen produzierte Kaltluft abfließen. Anhand der Temperaturprofile P 1 bis P 3 läßt sich das aber nicht nachweisen. Offensichtlich ist die Kaltluftproduktivität des Osthangs gering. Dies hängt ursächlich unter anderem mit der Hangneigung zusammen. Die produzierte Kaltluft fließt nicht nur in einem frühen „Abkühlungsstadium" und damit relativ warm ab, sondern die Neigung führt auch zu einem turbulenten Abfluß und somit zur Durchmischung mit hangfernerer Warmluft. Oberhalb der Inversionsunterschicht entsteht eine warme Hangzone. Daraus resultieren die bereits festgestellten Temperaturdifferenzen zwischen gleich hoch gelegenen Meßpunkten am Geisberg und am Elisenberg (vgl. Kap. 4.1.2).

Die an den steilen Hängen des Osthangs produzierte Kaltluft trägt folglich kaum zur Erhöhung der Kaltluft- bzw. Frostgefährdung bei. Wegen ihrer im Vergleich zu der Inversionsunterschicht relativ hohen Temperatur kann die am Hang produzierte Kaltluft nicht bis zum Talboden durchgreifen (vgl. BERG 1951, WEISE 1957 u. KRAMES 1982).

4.1.5 *Profil Geisberg — Veldenz*

Das Profil Geisberg — Veldenz gibt neben den im Mittel der sieben Meßfahrten auftretenden Temperaturabweichungen zusätzlich die bei der Meßfahrt am 12. Juli 1982 registrierten Werten an. An diesem Meßtermin traten die am stärksten vom Mittelwert aus den sieben Meßfahrten abweichenden Temperaturen auf. Anhand der Temperaturprofile ist die Differenzierung der Bodeninversion in eine Inversionsunter- und Inversionsoberschicht gut nachzuvollziehen. Innerhalb der dem Talboden unmittelbar auflagernden Unterschicht von etwa 5 bis 6 m Mächtigkeit nimmt die Temperatur zwischen K 5 und K 6 noch einmal um ca. 1,5° C ab. Die Temperaturdifferenzen zwischen 2,0 und 0,7 m über Grund sind mit durchschnittlich 0,7° C sehr hoch. Die Acker- und vor allem die Wiesenflächen wirken hier als intensive Kaltluftproduzenten. Die Stabilität der Schichtung wird dadurch erhöht. Das Auftreten der mittleren Kaltluftgefährdungsstufe 5 in Höhe des lokalen Talbodens steht in Einklang mit der in Kap. 4.1.3 und Kap. 4.1.4 getroffenen Feststellung, daß die Inversionsunterschicht nicht nur geringmächtig, sondern daß die Luft auch — zumindest im Bereich des Talbodens bei K 6 — nicht so kalt ist wie die auf der Höhe von Burgen im oberen Frohnbachtal abfließende Kaltluft. Hinzu kommt, daß die Siedlung Veldenz mit ihrem thermisch positiven Einfluß die Produktion autochthoner Kaltluft in dem unterhalb der Ortschaft sich anschließenden Bereich des Talbodens vermindert. In der Ortschaft Veldenz liegen die Temperaturen aufgrund des Wärmeinseleffekts deutlich höher. Im Mittel 0,5 bis 1,0° C über der Basistemperatur.

Am 12. Juli 1982 lag das Temperaturniveau deutlich unter dem der Mittelwertkurve aus den sieben Meßfahrten. Es fällt auf, daß die Temperaturdifferenzen zwischen den einzelnen Geländepunkten vergleichbare Beträge aufweisen. Daraus wird die hohe Aussagekraft von Meßwerten, die in Strahlungsnächten ohne jegliche Bewölkung gemessen werden, ersichtlich.

Fig. 25: Meßstrecke Geisberg — Veldenz – – –

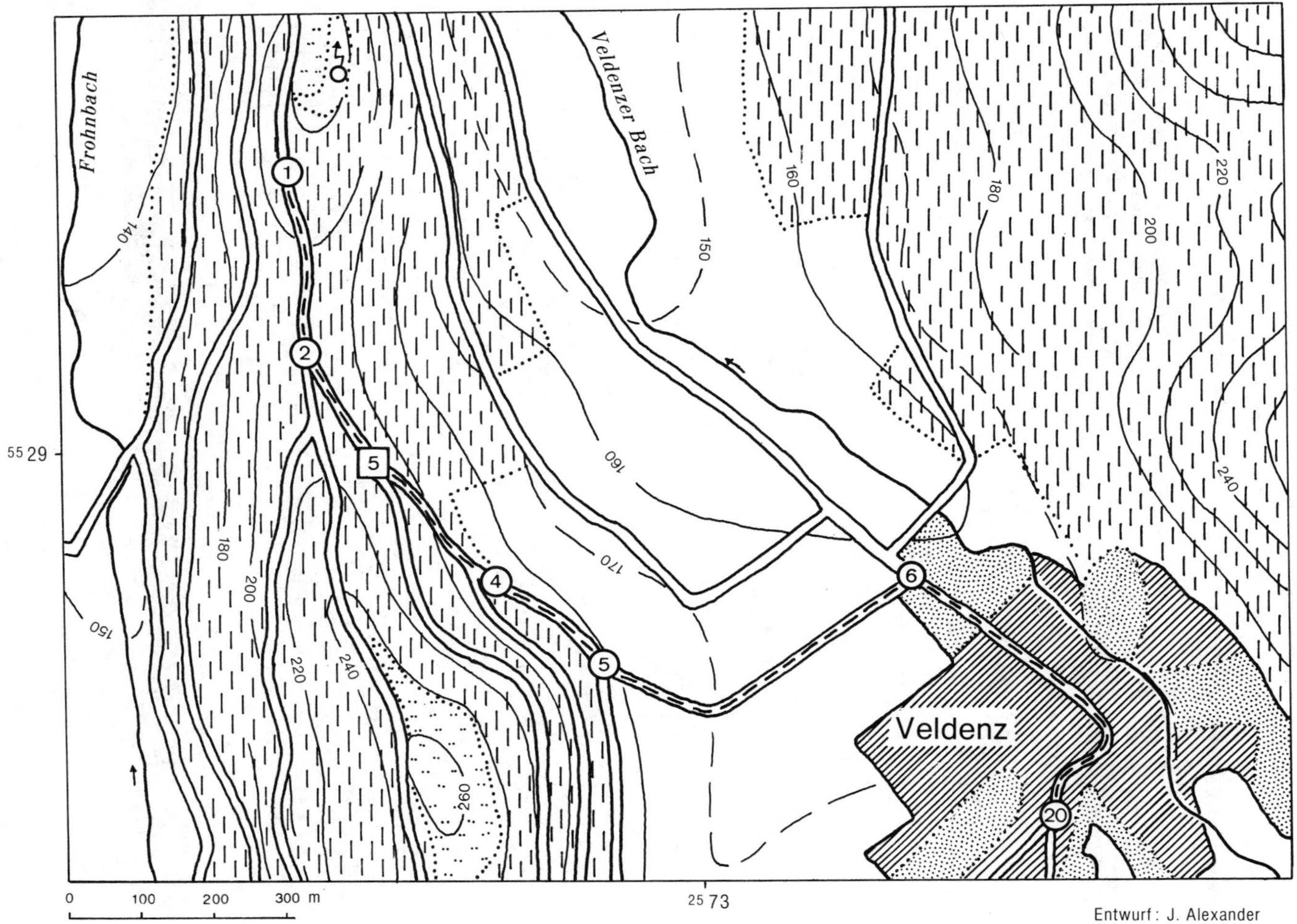

Fig. 26: Profil Geisberg — Veldenz
Morgenmeßfahrten bei Wettertyp S

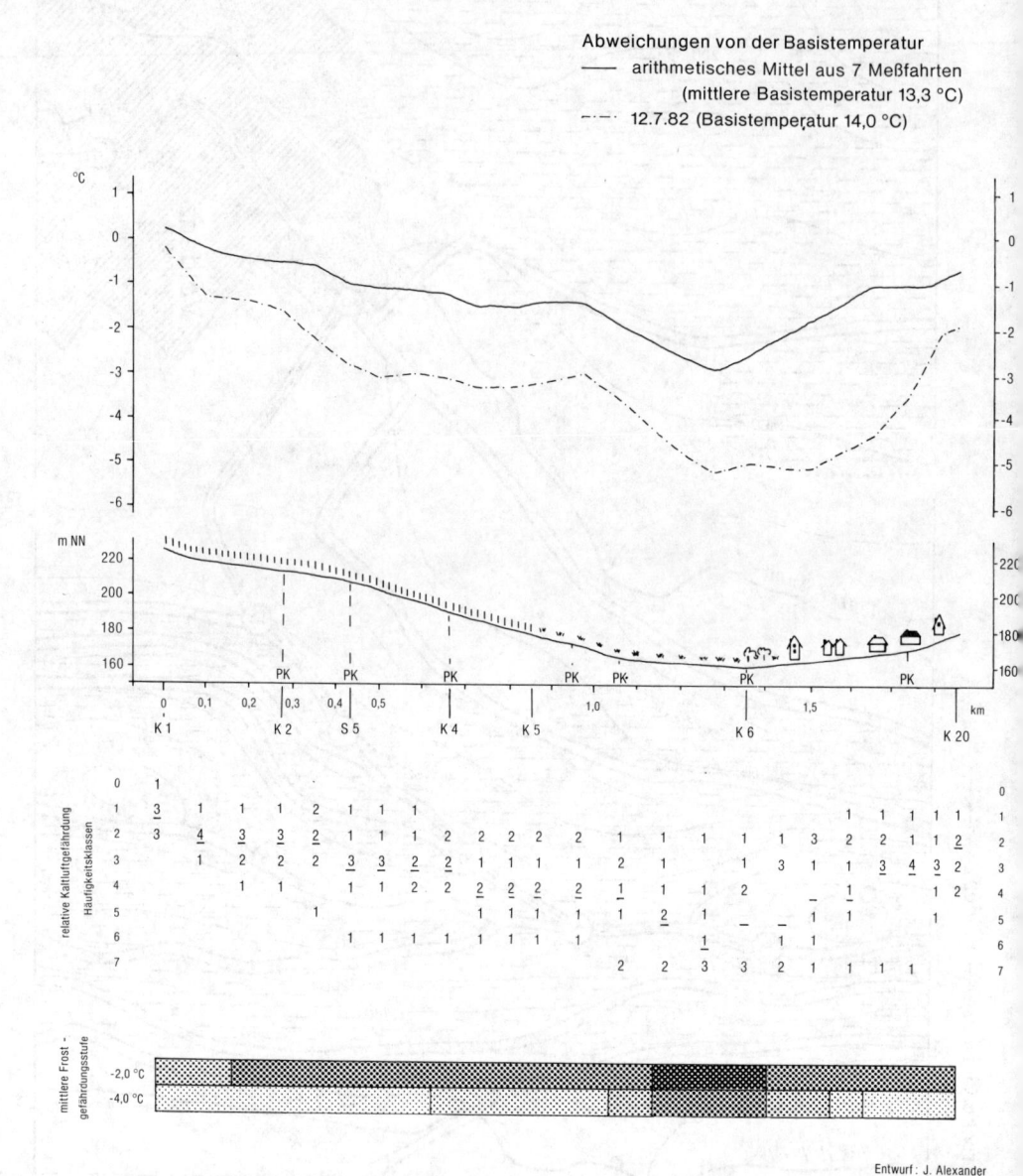

4.1.6 Profil Veldenzer Bach-Tal

Das Profil P 2 bestätigt das bereits beim Profil Geisberg (Osthang) (Fig. 24) gewonnene Ergebnis, daß unterhalb von K 6 für die Einschätzung der Kaltluftgefährdung die Höhenlage des Meßpunktes über dem lokalen Talboden nicht allein entscheidend ist. Vielmehr macht sich ein Ansteigen der einzelnen Kaltluftgefährdungszonen bemerkbar. Die Höhenlagen der Stufe 4 an diesem leicht geneigten Westhang (vgl. Fig. 18) und am Osthang des Geisbergs entsprechen einander. Die Hangdelle zwischen S 28 und S 29 erweist sich als unbedeutende Kaltluftabflußbahn, obwohl die Hänge eine größere Länge als am Geisberg besitzen. Analog den geschilderten Auswirkungen steiler Hänge auf das Beharrungsvermögen der in Reblagen gebildeten Kaltluft und deren Abflußcharakter ist anzunehmen, daß die Temperatur der Kaltluft, die vor allem von den oberhalb der Meßstrecke liegenden Rebflächen am steilen Hang produziert wird, relativ hoch ist. Diese Kaltluft kann nicht bis zum lokalen Talboden abfließen, sondern ist im wesentlichen am Aufbau der Inversionsoberschicht beteiligt. Wahrscheinlich greift auch die aus dem Veldenzer Bach-Tal und die von den hauptsächlich bewaldeten Hängen abströmende Kaltluft aufgrund ihrer relativ hohen Temperatur nicht bis auf die Talsohle durch, sondern fließt über die sich wesentlich langsamer bewegende, teilweise stagnierende und sich hochstauende Kaltluft im Bereich des unteren Talabschnitts hinweg. Schwach begünstigend auf eine Zunahme der Kaltluftmächtigkeit wirkt sich auch die bereits angesprochene Verengung des Talquerschnitts aus.

Die Temperaturdifferenzierung im Veldenzer Bach-Tal resultiert aus folgenden Einflußfaktoren:
— Die Advektion extrem kalter Luft aus dem Talraum oberhalb von Veldenz ist gering.
— Daraus ergibt sich eine geringe relative Kaltluft- und Frostgefährdung im oberen Teil des östlichen Umlauftals.
— Die geringmächtige, im wesentlichen autochthon gebildete bodennahe Kaltluftschicht wird am Abfluß gehindert und staut sich auf. Öd- und Brachland produzieren zusätzlich extrem kalte Luft.
— Daraus ergibt sich für den unteren Talbereich eine höhere relative Kaltluft- und Frostgefährdung.

Neben der physikalischen Struktur des Untergrundes und der Bodenbedeckung einer Fläche (Intensität der Kaltluftproduktion und Lagerungsstabilität infolge der Rauhigkeit), ihrer Größe (Einzugsgebiet der Kaltluft) und ihrer Ausprägung als Delle oder Riedel (Konvergieren oder Divergieren der Strömungslinien) entscheidet der Grad der Hangneigung darüber, welche Temperatur eine am Hang abfließende Kaltluft aufweist, denn die Hangneigung beeinflußt das Beharrungsvermögen der Kaltluft und über die Fließgeschwindigkeit ihren Abflußcharakter und damit den mikroturbulenten Massenaustausch.

Anhand von Meßprofilen im Frohnbachtal soll geprüft werden, ob sich die angedeuteten Unterschiede hinsichtlich der Kaltluftadvektion in beiden Tälern bestätigen, ob sich im Frohnbachtal ebenfalls ein Anstau der kälteren bodennahen Luftschichten feststellen läßt und welche geländeklimatischen Konsequen-

Fig. 27: Profil Veldenzer Bach-Tal
Morgenmeßfahrten bei Wettertyp S

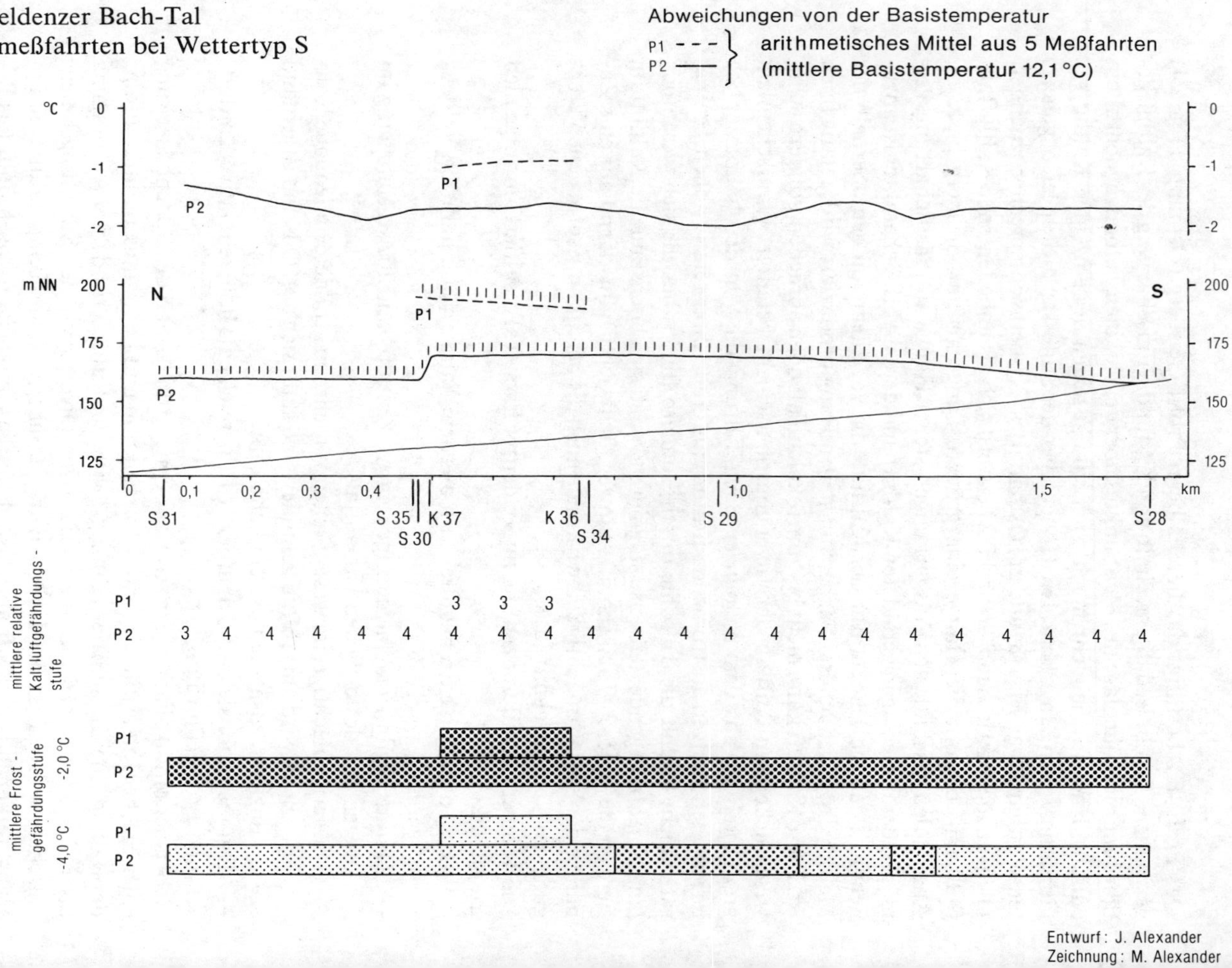

zen aus dem Vorhandensein stärkerer Neigungen am Westhang und geringerer Neigungen am Osthang des Frohnbachtals erwachsen.

4.1.7 Profil Burgen — Waldhaus

In dieser Darstellung sind die mittleren Abweichungen von der Basistemperatur auf der Grundlage von sieben Morgenmeßfahrten bei Strahlungswetter wiedergegeben. Zusätzlich berücksichtigt sind die beiden Termine, an denen die von der Mittelwertkurve am stärksten abweichenden Werte auftraten.

Wie beim Profil Veldenz — Burgen ist die Wärmeinsel der Ortschaft Burgen schwach ausgeprägt. Nördlich der Ortschaft tritt keine abrupte Abnahme der Temperaturen auf, da die Wärmeinsel talwärts verschoben ist. Die bei S 18 auffällig tiefen Temperaturen — die mittlere Temperaturabweichung von der Basistemperatur beträgt $-3{,}0°$ C, und es wird im Mittel die mittlere relative Frostgefährdungsstufe 6 erreicht — wurden 15 m oberhalb des eigentlichen Talbodens gemessen. Mit Sicherheit wirkt sich an dieser Stelle ein beträchtlicher Kaltluftstrom aus dem Brelitzer Bach-Tal aus, der aufgrund seiner niedrigen Temperaturen auf der Höhe des Talbodens in den bereits nachgewiesenen Kaltluftstrom aus dem oberen Frohnbachtal einmündet. Im Einzugsgebiet des Kaltluftstromes aus dem Brelitzer Bach-Tal dominieren Wiesen und Äcker auf schwach geneigten Flächen. Daraus resultiert die Produktion von extremer Kaltluft mit einer hohen Schichtungsstabilität.

Nördlich von S 18 wird die Abweichung von der Basistemperatur geringer, da die Meßstrecke gegenüber dem lokalen Talboden ansteigt und keine großen Kaltluftabflußbahnen vorhanden sind (Fig. 28). Die Inversionsunterschicht reicht am Osthang des Frohnbachtals bis in eine Höhe von 30 m über den lokalen Talboden. Das obere Frohnbachtal ist folglich wesentlich stärker kaltluftgefährdet als das obere Veldenzer Bach-Tal. Die Mächtigkeit der Inversionsunterschicht im Frohnbachtal ist viel höher. Die Temperaturabweichungen gegenüber dem Punkt K 6 im Veldenzer Bach-Tal (vgl. Fig. 26) und die Werte, die zwischen S 19 und K 19 (vgl. Fig. 15: Profil Waldhaus — Frohnbach) ermittelt wurden, ergeben einen Temperaturunterschied von über $1{,}0°$ C. Die Beträge der Temperatuabweichungen auf dem Meßprofil Burgen — Waldhaus erweisen sich anhand der Daten vom 12. und 18. Juli 1982 als primär von den synoptisch-meteorologischen Bedingungen abhängig. Das Profil Veldenz — Burgen (Kap. 4.1.3) hat gezeigt, daß die Dauer der Ausstrahlungsperiode und die Höhe der Basistemperatur nicht von Bedeutung sind.

Die beiden folgenden Profile sollen Auskunft darüber geben, welche Auswirkungen der Abfluß dieses beträchtlichen Kaltluftstromes auf die talabwärts gelegenen Geländebereiche hat und ob, ähnlich wie im Veldenzer Bach-Tal, der Kaltluftabfluß gehemmt ist.

Fig. 28: Meßstrecken Burgen — Waldhaus – – –
Waldhaus — Frohnbach •••••

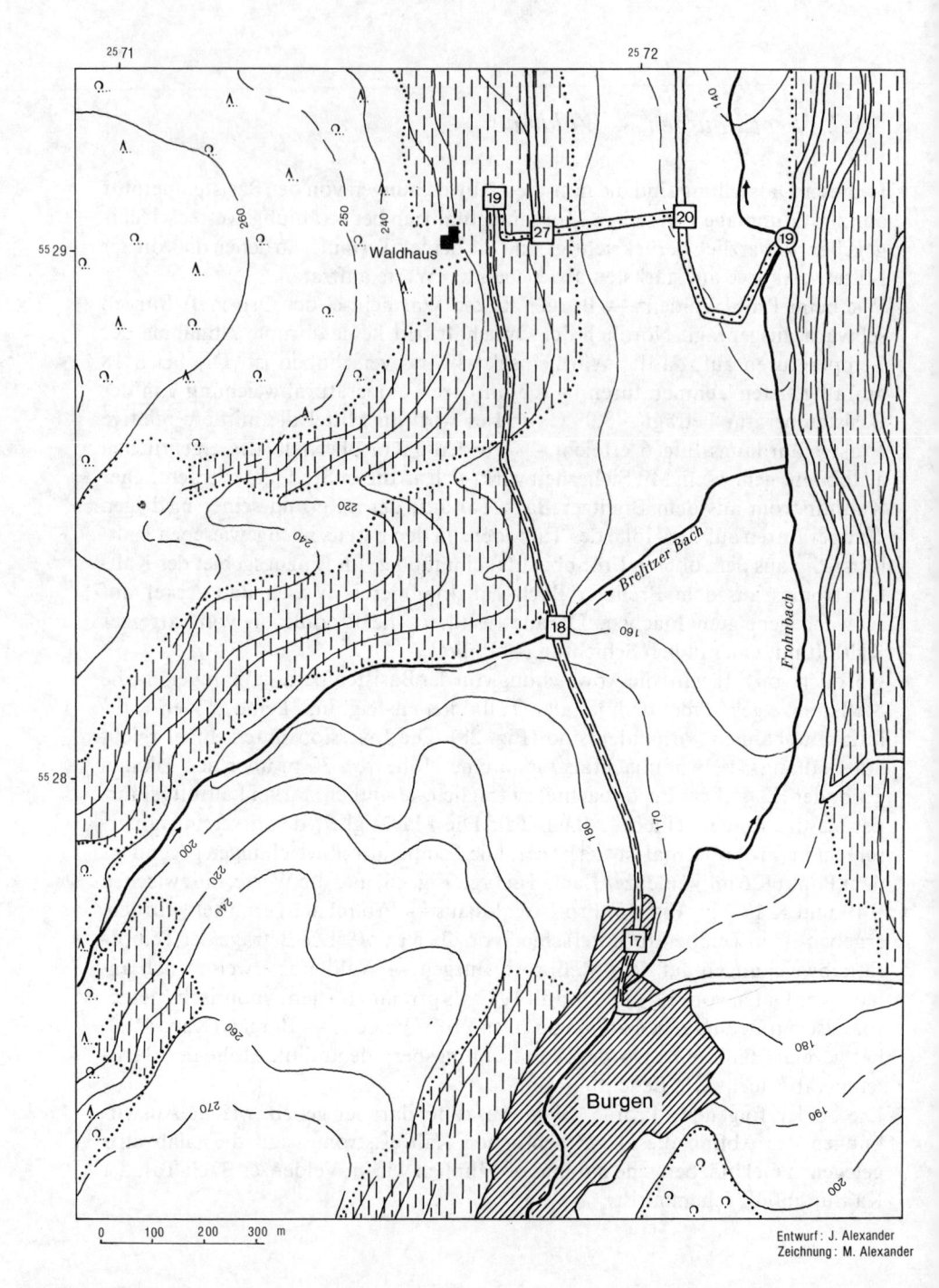

Fig. 29: Profil Burgen — Waldhaus
Morgenmeßfahrten bei Wettertyp S

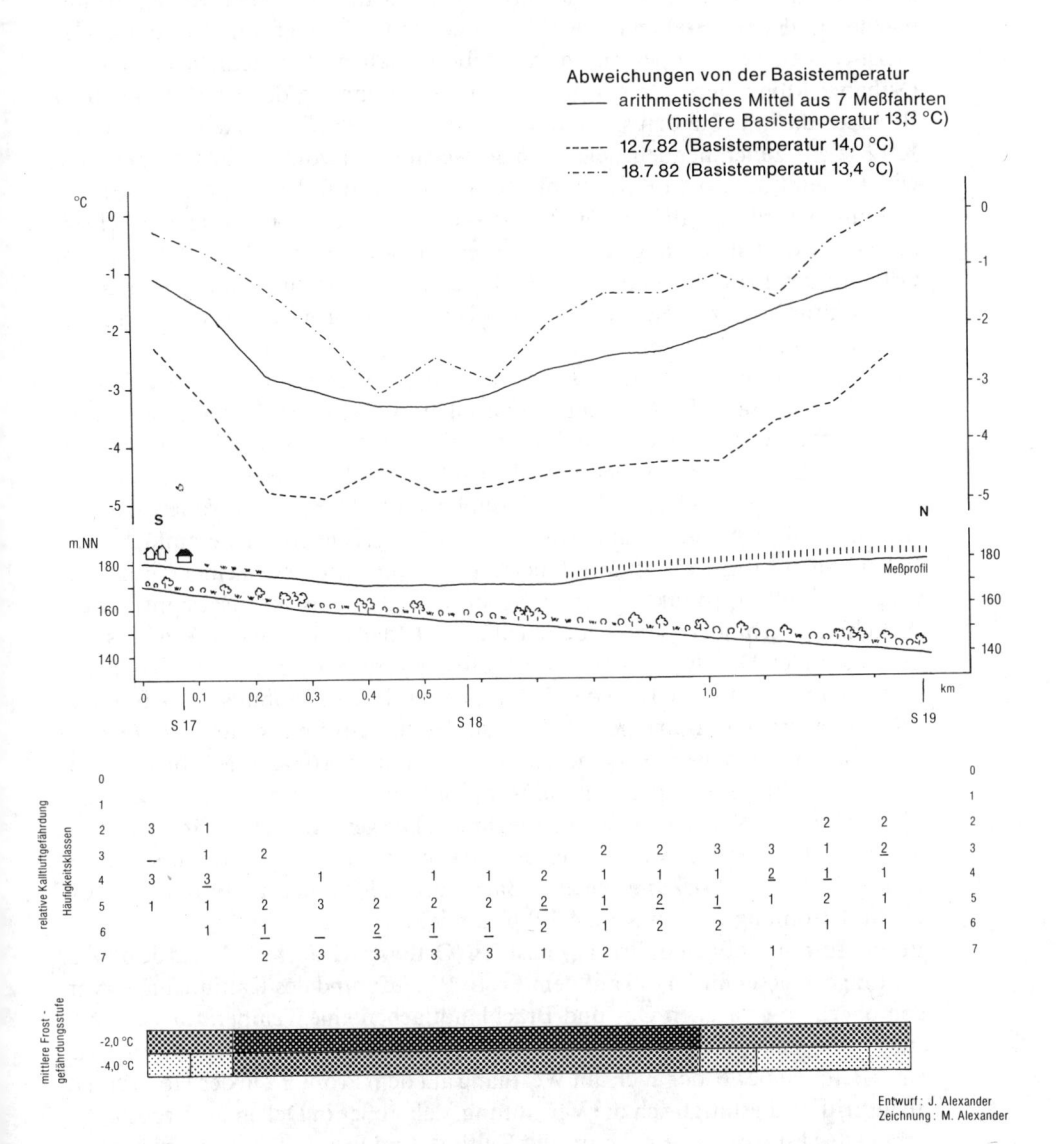

4.1.8 Profil Geisberg (Westhang)

Der wesentlich höheren Advektion bodennaher Kaltluft aus dem oberen Frohnbachtal und dem Brelitzer Bach-Tal entsprechend treten am Westhang des Geisbergs tiefere Temperaturen in der bodennahen Unterschicht auf als am Osthang. Möglicherweise spiegelt sich die Einmündung der Kaltluft aus dem Brelitzer Bach-Tal in den schwankenden, auf dem Profil P 2 zwischen S 3 und K 12 leicht zunehmenden negativen Abweichungen von der Basistemperatur wider. Talaufwärts von K 19 dominiert auf dem Profil P 3 die mittlere relative Kaltluftgefährdungsstufe 6. Die Inversionsunterschicht erreicht eine Mächtigkeit von etwa 20 m und liegt damit mit ihrer Obergrenze einige Meter tiefer als am Osthang des Frohnbachtals. Oberhalb der Inversionsunterschicht nimmt die Temperatur rasch zu. Dies geht aus dem Temperaturprofil P 3 jenseits von S 7 in Richtung auf K 19 hervor.

Ein Ansteigen der mittleren relativen Kaltluftgefährdungsstufe nach Norden wie im Veldenzer Bach-Tal ist nicht festzustellen, obwohl der Osthang im Frohnbachtal relativ viel Kaltluft liefert (vgl. Kap. 4.1.9). Offensichtlich sind die Abflußverhältnisse wesentlich günstiger. Die Talsohlen besitzen mit etwa 10° zwar das gleiche Gefälle, im unteren Frohnbachtal fehlen jedoch größere Öd-und Brachlandflächen und vor allem auf dem stärker geneigten Schwemmfächer die Bebauung, die den Kaltluftabfluß hemmen. Damit wird neben einer Verminderung der Kaltluftproduktion eine Stagnation und damit eine insgesamt weitere Abkühlung verhindert. Dies bedeutet aber auch, daß kein Aufstau vom Moseltal her stattfindet. Durch das ungestörte Abfließen gerade in jenem Bereich höheren Gefälles und die Verbreitung des Talraumes wird eine Erhöhung der Abflußgeschwindigkeit und damit eine höhere Turbulenz der Strömung induziert. Gleichzeitig hat eine Flächendivergenz die Abnahme der vertikalen Mächtigkeit der Kaltluft zur Folge. Entsprechend müssen die Kaltluft- und die Frostgefährdung am Nordteil des Westhanges leicht abnehmen. Die geringere Hanglänge spielt — wie noch zu zeigen sein wird — bei der starken Hangneigung keine ausschlaggebende Rolle. Die Wirkung der den Bachlauf begleitenden Baumreihe auf die Kaltluftströmung wird in Kap. 4.1.9 behandelt.

Bei der Interpretation des Profils Geisberg (Osthang) (Kap. 4. 1. 4) wurde bereits die Frage angeschnitten, ob auf dem Profil P 1 aufgrund des Kaltluftflusses von den oberhalb gelegenen Öd- und Brachlandflächen eine Temperaturbeeinflussung festzustellen ist. Sieht man von dem Temperaturabfall durch den Abfluß in einer Betonrinne ab, der auch am Westhang auf dem Profil P 2 in der Höhe von K 10 auftritt, so bestätigt sich die Vermutung, daß außer in Dellen die Produktion sehr kalter Luft, die zur Erhöhung der Kaltluft- und Frostgefährdung im unteren Talraum führt, an rebbestandenen Steilhängen mit skelettreichen Tonschieferverwitterungsböden gering ist. Anhand des Profils P 1 zwischen S 1 und S 3 ist nämlich keine Erhöhung der Temperatur festzustellen, obwohl oberhalb dieses Streckenabschnitts keine kaltluftproduzierenden Flächen liegen. Als Begründung gelten der relativ kleine Zeitraum der Abkühlung eines Luftvolumens durch die ausstrahlende Oberfläche, die aufgrund der Hangneigung abnehmende Stabilität der thermischen Schichtung und der hohe Wärmeaustausch infolge des

Morgenmeßfahrten bei Wettertyp S

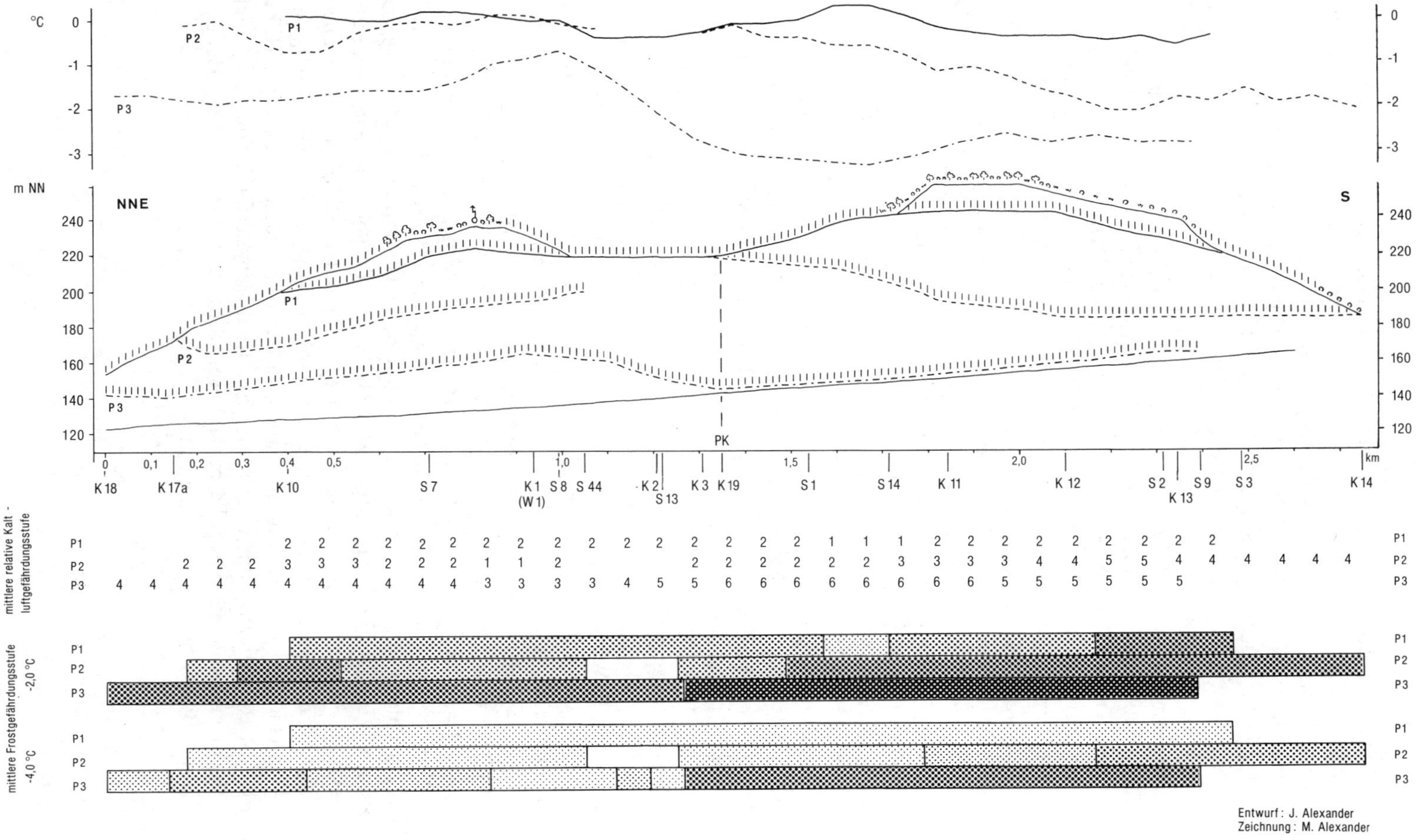

turbulenten Abflusses. Dabei kann es zur Ausbildung einer „echten warmen Hangzone" (KOCH 1961) kommen, da eine sehr turbulente Absinkbewegung einsetzt, die auch noch die darüberliegenden, also wärmeren Luftschichten miteinbezieht (vgl. WEISE 1957). Dies deckt sich auch mit Untersuchungen an der Wolfer Moselschleife (KRAMES 1982 und MORGEN 1958, S. 42).
Steile Hänge tragen insbesondere dann, wenn sie eine hohe Wärmespeicherfähigkeit aufweisen und die Ausstrahlungsperiode relativ kurz ist, nicht zur Erhöhung der Kaltluft- und Frostgefährdung in den tieferen Geländeabschnitten bei. Es hat den Anschein, daß advektiv von höhergelegenen Geländeteilen herangeführte Kaltluft — wenn es sich dabei um eine geringe Menge handelt — an steilen Reblagen am Geisberg durch den turbulenten Abfluß und die Vermischung mit hangfernerer Warmluft „vernichtet" wird.
Die Frage der Hanglänge ist damit von untergeordneter Bedeutung (vgl. KING 1973). Dies stimmt teilweise mit den Ergebnissen von BERG (1951) überein. Er stellte im Hohen Venn eine sich unabhängig von der bodennahen Kaltluft bildende eigene Zirkulation fest. Ein solcher Fall kann bei einer geschlossenen Hohlform, zum Beispiel einer Doline, auftreten. Die Ergebnisse BERGs hat aber KRAMES (1982) auf das Moseltal übertragen. Bei der Breite und Offenheit des Moseltals zu den Nebentälern und aufgrund des fehlenden Anstaus der Kaltluft vom Haupttal her ist das jedoch nicht wahrscheinlich (vgl. KING 1973).
Beim Befahren der Meßstrecke K 9 — K 10 — K 1 steigen die mittleren Temperaturen bei K 10 (das ist der Punkt, an dem der Osthang endet und der Westhang beginnt) durchschnittlich um 0,5° C an. Da sich zwischen K 10 und K 1 auch eine Stützmauer befindet, kann daraus nicht auf eine unterschiedliche Wärmekapazität des West- und des Osthangs geschlossen werden.
ALEXANDER (1978) konnte an einem W-SW-exponierten steilen Rebhang im unteren Ruwertal nachweisen, daß der Boden bei Strahlungswetter bis zum Eintritt des Minimums in der Lage ist, die im wesentlichen vom Blattwerk verursachte Abkühlung der Luft teilweise zu kompensieren. Nach LEHMANN (1952, S. 116) beträgt die Temperaturdifferenz der Blattoberfläche gegenüber der Luft der näheren Umgebung – 3,2° C. Von WEISE (1956) durchgeführte Temperaturmessungen ergaben eine Differenz von 5 bis 8° C zwischen der Luft des Weinbergs in 2 m und dem Inneren der Rebe. Auf die Bedeutung des an der Mosel üblichen „Schieferns" für die nächtliche Temperaturentwicklung weisen auch WEGER (1951) und MORGEN (1958) hin. Obwohl eine entsprechende expositionsbedingte Differenzierung der Minimumtemperaturen im Rahmen dieser Untersuchung nicht möglich war, kann aufbauend auf die Erfahrung der Winzer allgemein angenommen werden, daß Kaltluft, die sich am Hang in Höhe der Blattoberfläche bildet, durch den von der Bodenoberfläche ausgerichteten negativen Strom fühlbarer Wärme labilisiert wird. An SW-exponierten Hängen ist der Bodenwärmestrom am größten.

4.1.9 Profil Frohnbachtal

Das Temperaturprofil P 2 (Fig. 31) zeigt die äußerst starke Kaltluft- und Frostgefährdung im Frohnbachtal. Es tritt die mittlere Kaltluftgefährdungsstufe 7 auf. Mit zunehmender Höhe der Meßstrecke über dem lokalen Talboden nimmt zwar die Kaltluft- und Frostgefährdung leicht ab, dennoch erreicht die Inversionsunterschicht bei S 24 am Hang eine Höhenlage von mindestens 50 m, das heißt sie liegt etwa dreimal höher als am Westhang des Geisbergs. Die beiden Hänge des Frohnbachtals weisen somit in den unteren Teilen eine deutliche thermische Asymmetrie auf. Dies ist weniger deshalb der Fall, weil ein Kaltluftsee „schräg" im Tal liegt. Vielmehr erstreckt sich am Osthang eine „Kaltlufthaut" in die Höhe, die mit ihrer Basis in der Inversionsunterschicht fußt. Für die Existenz einer solchen Kaltlufthaut spricht die hohe mittlere Temperaturdifferenz zwischen 2,0 m und 0,7 m über Grund von 0,5 bis 0,7° C. Bei S 20 dagegen sind die Differenzen nicht größer als 0,2° C. In gleicher Höhe herrschen somit in einiger Entfernung von dem Flachhang höhere Temperaturen. Eine Höhenlage der Inversionsunterschicht läßt sich deshalb nicht ermitteln (vgl. Kap. 4.1.3).
Für diese hohe Kaltluft- und Frostgefährdung der Reblagen am Osthang kommen all jene Gründe, die für die relativ hohen Temperaturen am Westhang des Geisbergs genannt wurden, mit „umgekehrtem Vorzeichen" in Frage.
Der thermische Charakter des Osthangs ergibt sich, setzt man die gleiche Rauhigkeit (weinbauliche Nutzung) voraus, aus der Superposition folgender Faktoren:

— Verminderte Einstrahlung auf den schwach geneigten Flächen, frühes Erreichen des vergleichsweise niedrigen Tagesmaximums, hohe Verdunstung der skelettarmen Lößlehmböden und geringere Wärmeleitfähigkeit bewirken, daß der nächtliche Energieverlust durch Ausstrahlung nicht durch einen entsprechenden Bodenwärmestrom wenigstens teilweise kompensiert werden kann. Daraus resultiert eine intensivere Kaltluftproduktion auch der Bodenoberfläche.

— Durch die Länge des Hanges, die nun aufgrund der relativ geringen Neigung an Bedeutung gewinnt, die höherliegenden kaltlufterzeugenden Wiesen-, Acker- und Waldflächen ist die Menge der produzierten Kaltluft groß und die Möglichkeit der Konzentration des Kaltluftabflusses in den Hangdellen möglich. Infolge einer längeren Verweildauer an den ausstrahlenden Flächen wird die thermische Stabilität der hangnahen Luftschicht weiter erhöht und ein weniger turbulentes Abflußverhalten gefördert. Damit ist der Austausch mit hangfernerer Warmluft sehr gering.

Ein relatives Temperaturminimum auf der Höhe von S 22 auf dem Temperaturprofil P 1 und noch deutlicher zwischen S 24 und S 23 auf den beiden Temperaturkurven deuten darauf hin, daß die talabwärts strömende Kaltluft nicht unter dem Einfluß der höheren Reibung in Hangnähe stagniert und sich abkühlt. Es findet vielmehr ein Fluß hangabwärts statt und die am Osthang produzierte Kaltluft mündet entsprechend ihrer Temperatur in Schichten mit vergleichbaren Temperaturverhältnissen, das heißt in die bodennahe Kaltluft, ein. Die Ausrichtung der Dellenachsen zeigt am Osthang des unteren Frohnbachtals eine NE-Ab-

Fig. 31: Meßstrecke Frohnbachtal – – –

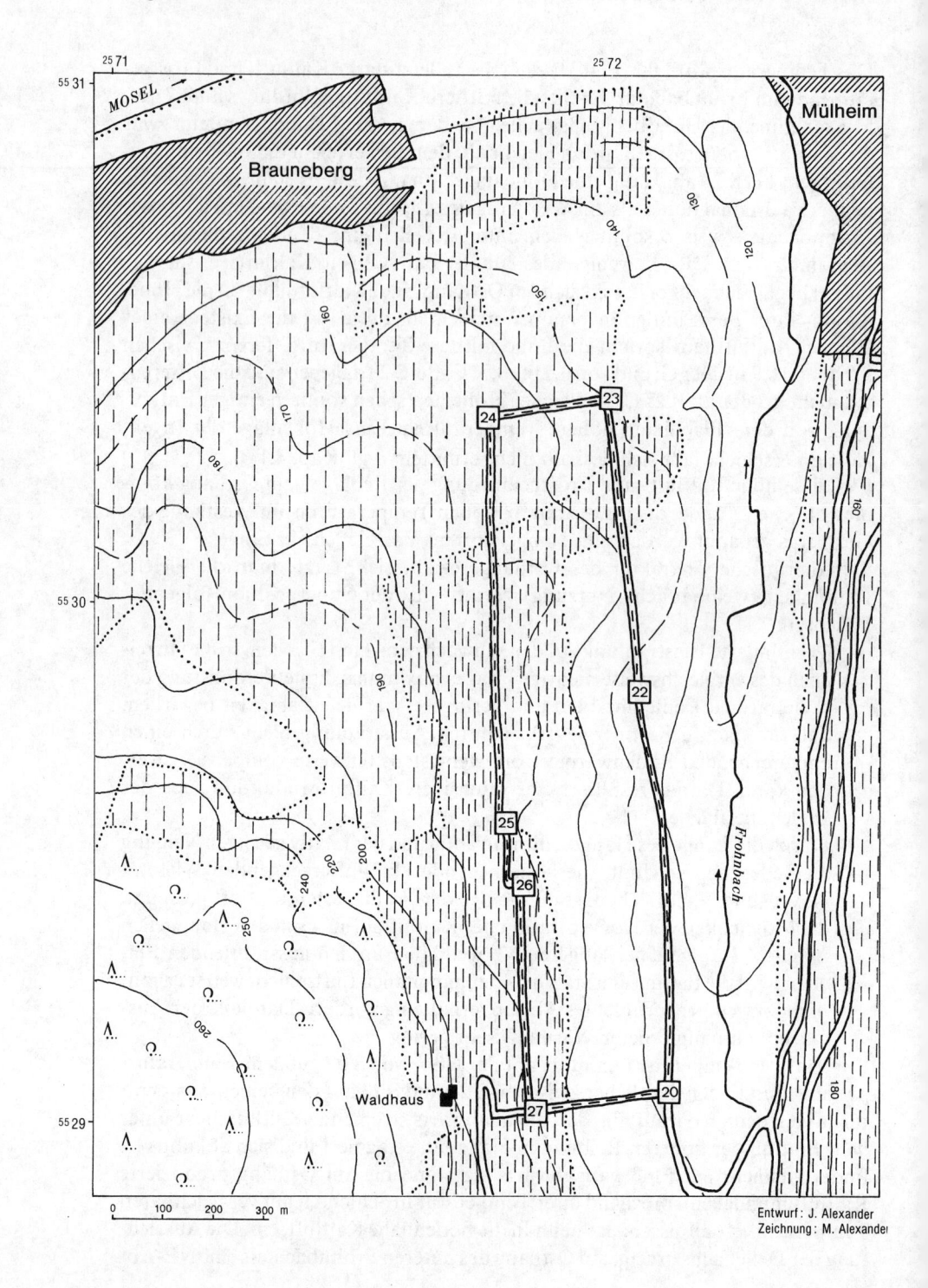

Fig. 32: Profil Frohnbachtal
Morgenmeßfahrten bei Wettertyp S

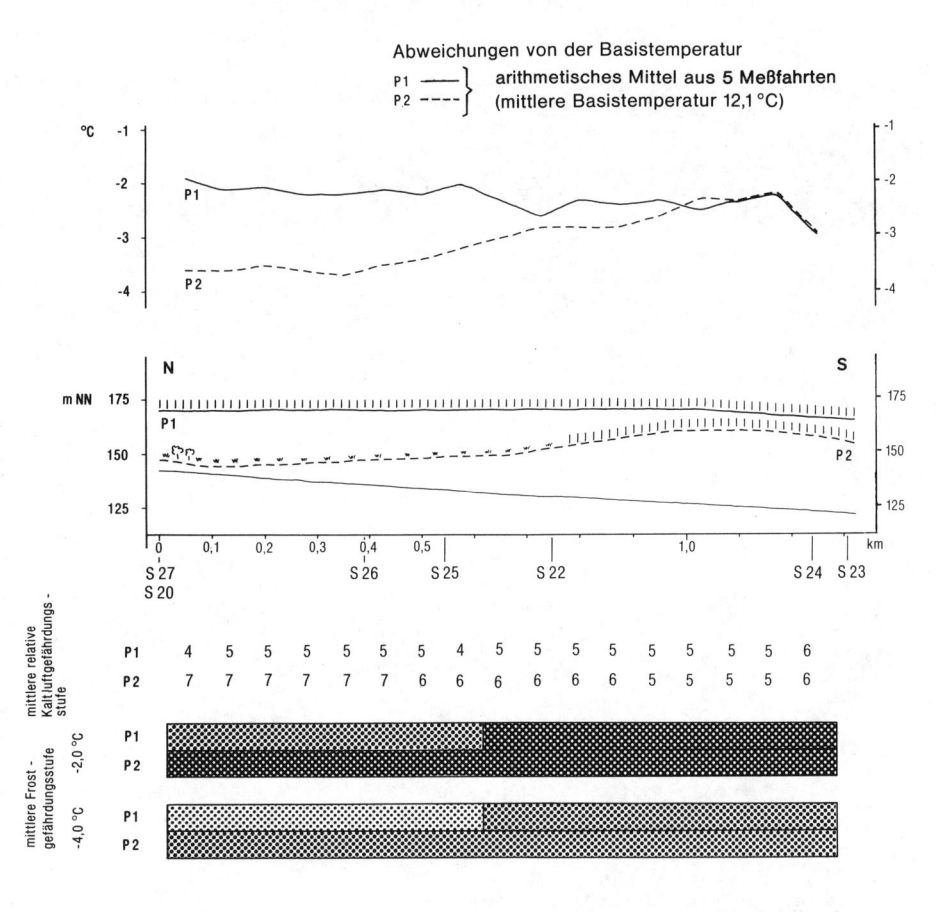

flußrichtung an. Dadurch wird ein großer Teil der Kaltluft nicht mehr direkt im Frohnbachtal wirksam. Die den Bach begleitende Baumreihe verhindert zudem ein Vordringen der am Osthang produzierten Kaltluft bis zum Westhang des Geisbergs.

Es blieb die Frage offen, weshalb die Kaltluftadvektion in den oberen Teilen des Frohnbachtals stärker ist als im Veldenzer Bach-Tal. Betrachtet man die Größe und die naturräumliche Ausstattung der beiden Kaltlufteinzugsgebiete (Fig. 33), so fallen hinsichtlich dieser Einflußgrößen keine wesentlichen Differenzierungen auf. Unterschiede zeigen sich aber, wenn man die Talformen oberhalb von Burgen und Veldenz vergleicht. Während das Frohnbachtal ein Kerbsohlental ist, auf dessen Talboden Dauergrünland eine intensive Kaltluftproduktion garantiert, ohne den Abfluß zu hemmen, besitzt das Veldenzer Bach-Tal eher den Charakter eines Kerbtals. Der kleinere Talquerschnitt und die Bewaldung der

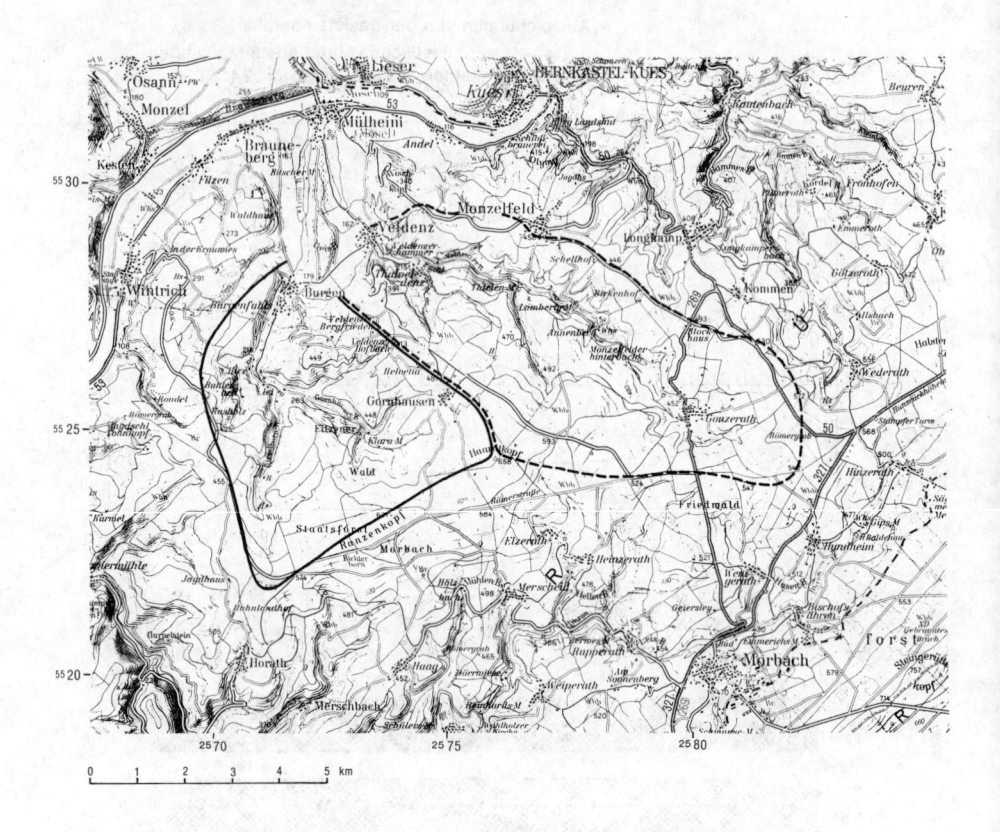

Fig. 33: Einzugsgebiete der Kaltluftströme aus dem
Veldenzer Bach-Tal südöstlich von Veldenz – – –
und aus dem Frohnbachtal südlich von Burgen ———

Kartengrundlage: Topographische Karte 1:100 000 (TK 100) Blatt C 6306 Idar-Oberstein
Vervielfältigt mit Genehmigung des Landesvermessungsamtes Rheinland-Pfalz, Kontrollnummer 24/86

Hänge und eines Großteils der Talsohle bewirken nicht nur eine relativ hohe Temperatur der produzierten Kaltluft, sondern sie hemmen auch deren Abfluß. Die durch die Ortschaft Veldenz gestaute Kaltluft muß sich beim Einströmen in das Umlauftal darüberhinaus noch auf ein großes Volumen verteilen, da das Veldenzer Bach-Tal bei Veldenz im Vergleich zum Frohnbachtal bei Burgen etwa 150 m breiter ist.

4.1.10 Profil Liesertal

Um Rückschlüsse auf die Menge und die Temperatur der aus dem Liesertal in das Moseltal einströmenden Kaltluft zu erhalten, wurde das Ost-West-Profil Lieser-

Fig. 34: Meßstrecke Liesertal – – –

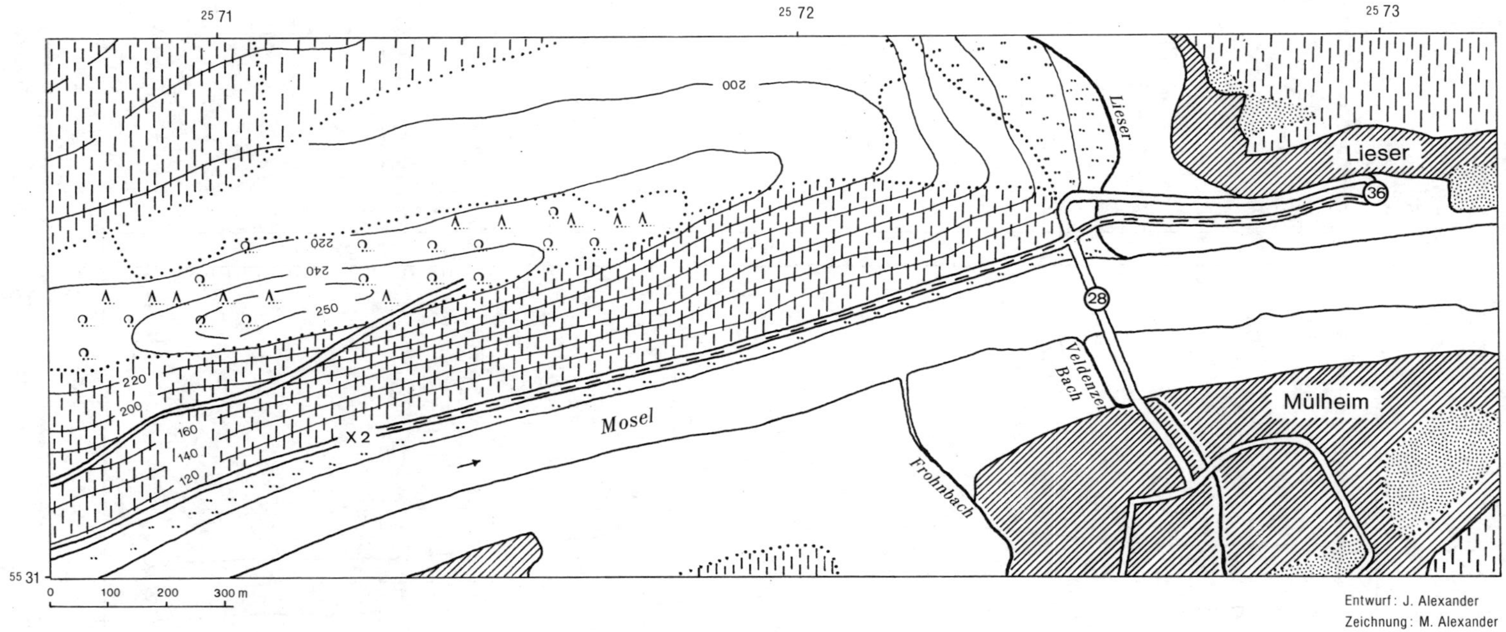

Fig. 35: Profil Liesertal
Morgenmeßfahrten bei Wettertyp S

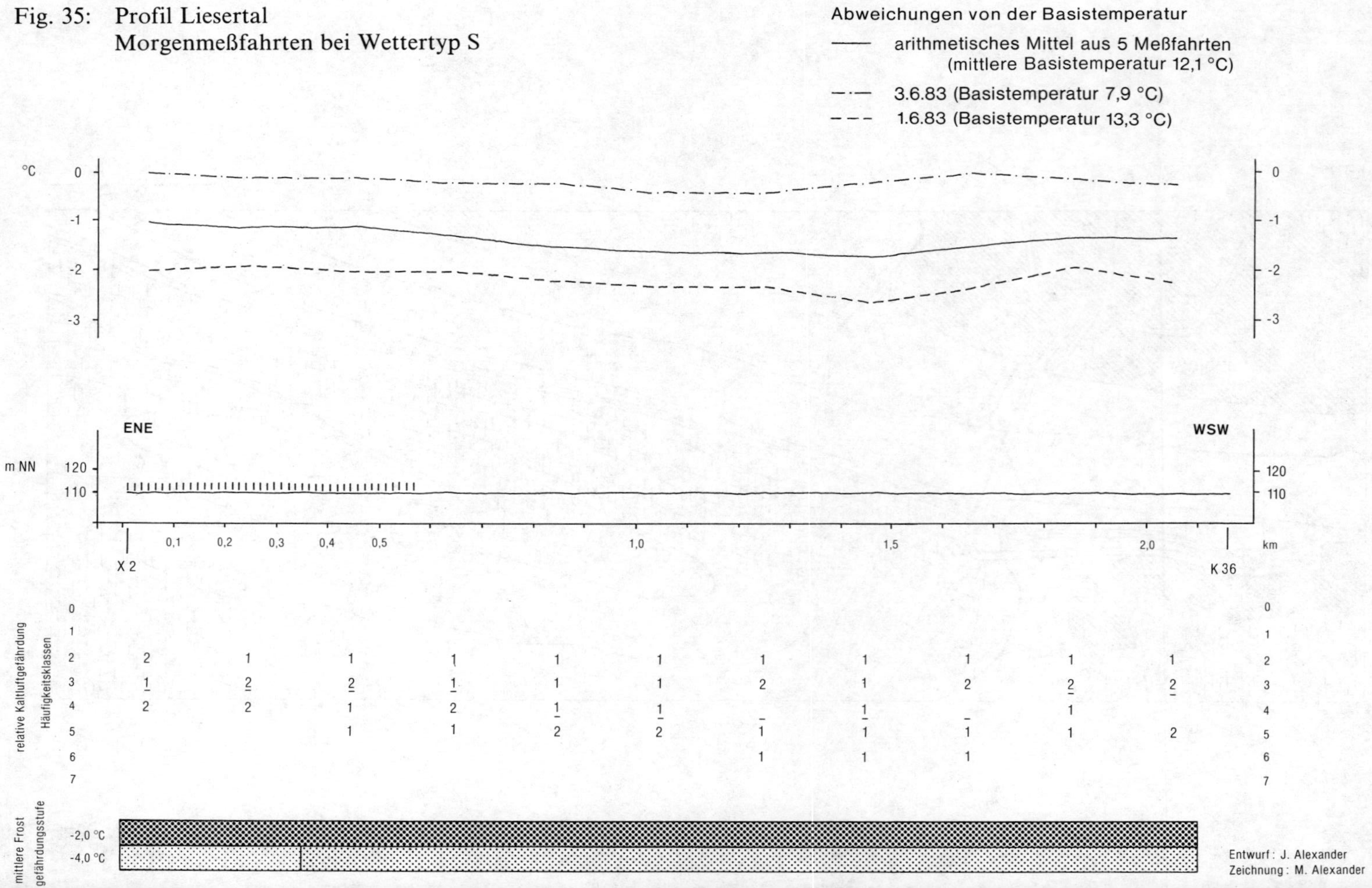

Abweichungen von der Basistemperatur
— arithmetisches Mittel aus 5 Meßfahrten
(mittlere Basistemperatur 12,1 °C)
−·− 3.6.83 (Basistemperatur 7,9 °C)
−−− 1.6.83 (Basistemperatur 13,3 °C)

tal gefahren (Fig. 34). Es fällt auf, daß die Temperaturen nur um − 1,0 bis
− 1,3 ° C von der Basistemperatur abweichen. In dem Teil des Profils, in dem die
Lieser in die Mosel einmündet, sinken die Temperaturen nur um weitere 0,5° C
ab. Diese Feststellung und die Tatsache, daß auf der Moselbrücke eine mittlere
Abweichung von der Basistemperatur von nur − 0,8° C gemessen wurde (K 28,
Fig. 34), ist nur durch den thermisch stark ausgleichenden Wasserkörper der
Mosel zu erklären. Damit ist nicht genau abzuschätzen, wie groß das Volumen
der Kaltluft ist, die aus dem Umlauftal der Mosel, das die Lieser heute benutzt,
strömt und welche Temperatur diese Kaltluft hat. Trotz des großen Kaltlufteinzugsgebietes des Liesertals sprechen ein sehr großer Talquerschnitt, die allgemein geringe Neigung der Talsohle und die hohen Reibungswiderstände im
unteren Liesertal (Bebauung, Bewaldung) nicht für einen bedeutenden Kaltluftabfluß.

Die thermische Ausgleichswirkung des Wasserkörpers der Mosel — eine jahreszeitliche Differenzierung konnte nicht festgestellt werden — bewirkt in Flußnähe
ein deutliches Absinken der Kaltluft- und Frostgefährdung. BJELANOVIC
(1967) wies durch Messungen an der Mosel oberhalb von Trier nach, daß der
meliorisierende Einfluß einen Geländeabschnitt von 50 bis 150 m auf der Niederterrasse zwischen Igel und Zewen erfaßt. Zu gleichen Ergebnissen kam auch
AICHELE (1961). Da die Mosel bei Mülheim etwas breiter ist als talaufwärts
von Trier, kann man von einer Zone stark verminderter Frostgefährdung ausgehen, die schätzungsweise eine Breite von 200 m beiderseits der Mosel einnimmt.

4.1.11 *Profil Brauneberg (Südhang)*

Der positive thermische Einfluß der Mosel macht sich auch auf dem Profil P 2
(Fig. 37), das nur 3 bis 4 m über dem Wasserspiegel der Mosel verläuft, deutlich
bemerkbar. Die Temperaturen in 0,7 m über Grund sind dabei in der Regel um
0,1° C wärmer als die in 2 m über Grund. Die Abweichungen von der Basistemperatur sind etwa um 0,5° C geringer als im Mündungsbereich der Lieser. Die
Annahme, daß die aus dem Liesertal strömende Luft nicht sehr kalt ist, bestätigt
sich damit.

Am unteren Südhang des Braunebergs ist deshalb trotz der geringen Höhenlage
der Meßpunkte über dem Talboden die Gefährdung durch starke Spätfröste
gering. Frühfröste dürften noch etwas stärker abgeschwächt werden, da die
Mosel in den Herbstmonaten höhere Temperaturen aufweist als im Frühjahr.
Eine Inversionsunterschicht tritt nicht auf, vielmehr steigt die Temperatur mit
zunehmender Höhenlage des Meßpunktes nur leicht an und erreicht in annähernd gleicher Höhenlage wie auf dem Geisberg die Basistemperatur. Bei S 40
macht sich in einer Rinne ein geringer Abfluß von Kaltluft lediglich in den 0,7-m-
Werten bemerkbar. Die Differenzen zwischen 2,0 und 0,7 m über Grund
betragen im Mittel 0,1° C. Neben der geringen Kaltluftadvektion spielen für die
relativ hohen Temperaturen am Südhang des Braunebergs all jene Gründe eine
Rolle, die zur Ausbildung einer warmen Hangzone an Steilhängen beitragen.

Fig. 36: Meßstrecken Brauneberg, Nordhang ─ ─ ─
         Südhang ·······

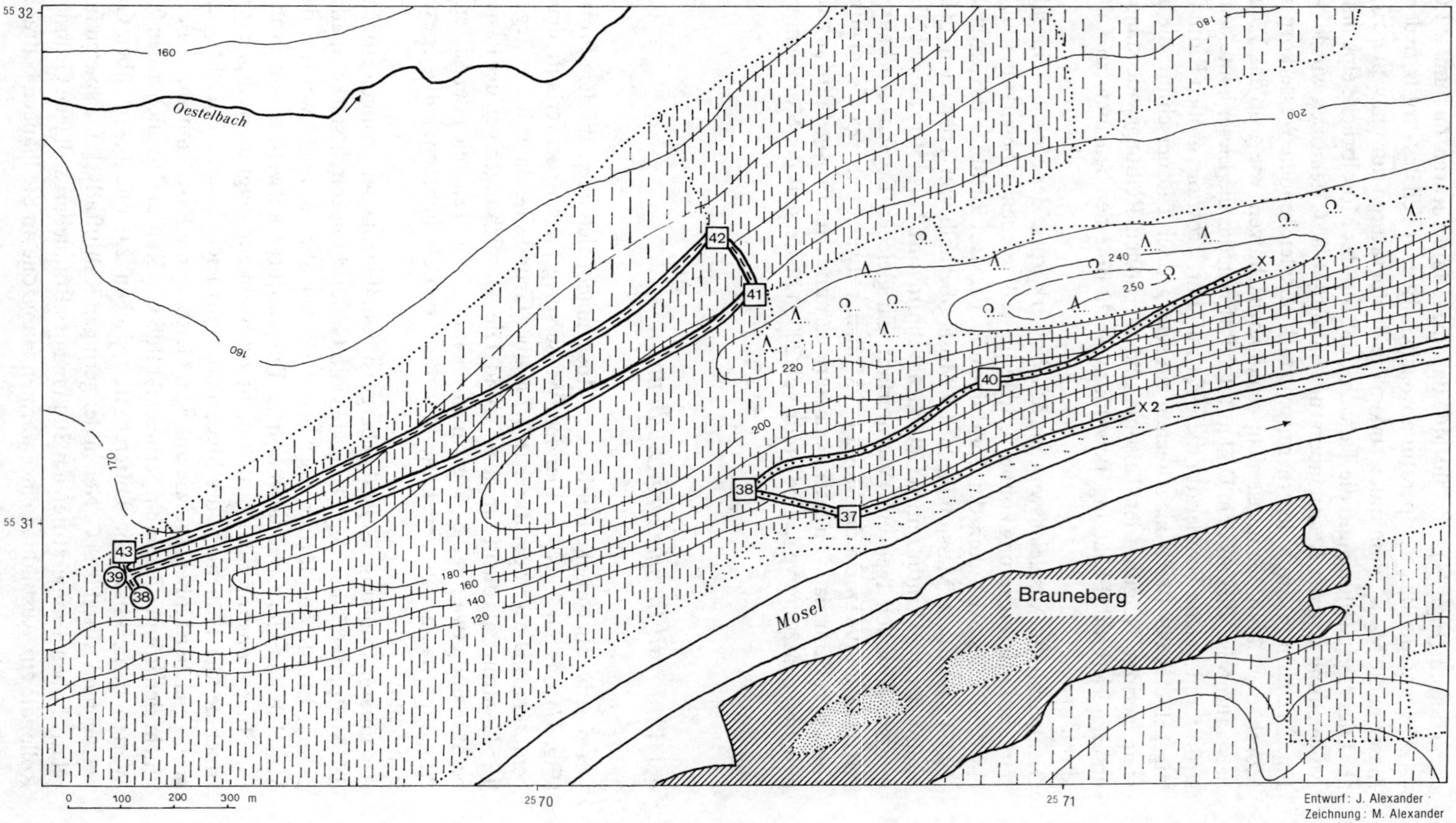

Fig. 37: Profil Brauneberg (Südhang)
Morgenmeßfahrten bei Wettertyp S

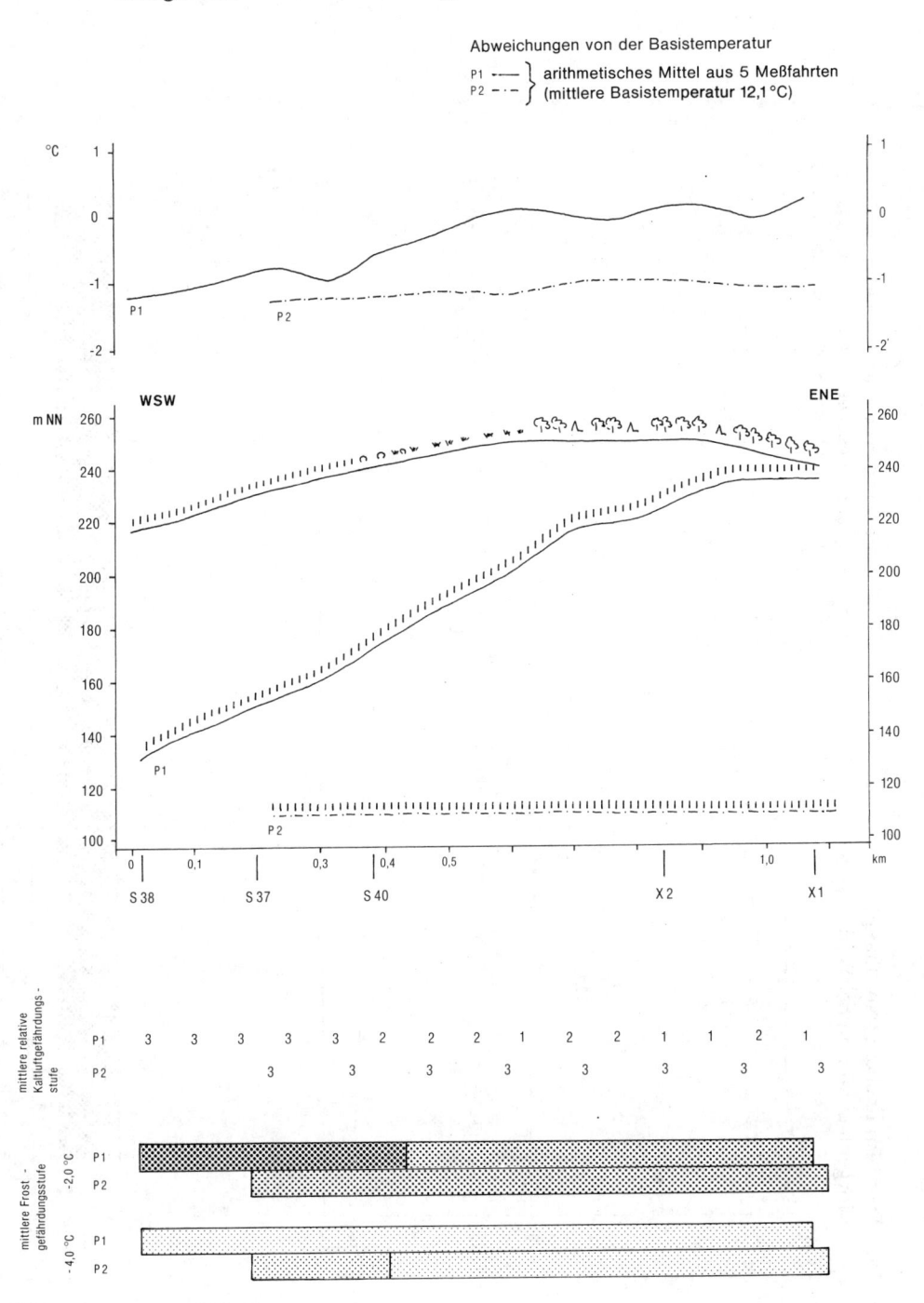

Fig. 38: Profil Brauneberg (Nordhang)
Morgenmeßfahrten bei Wettertyp S

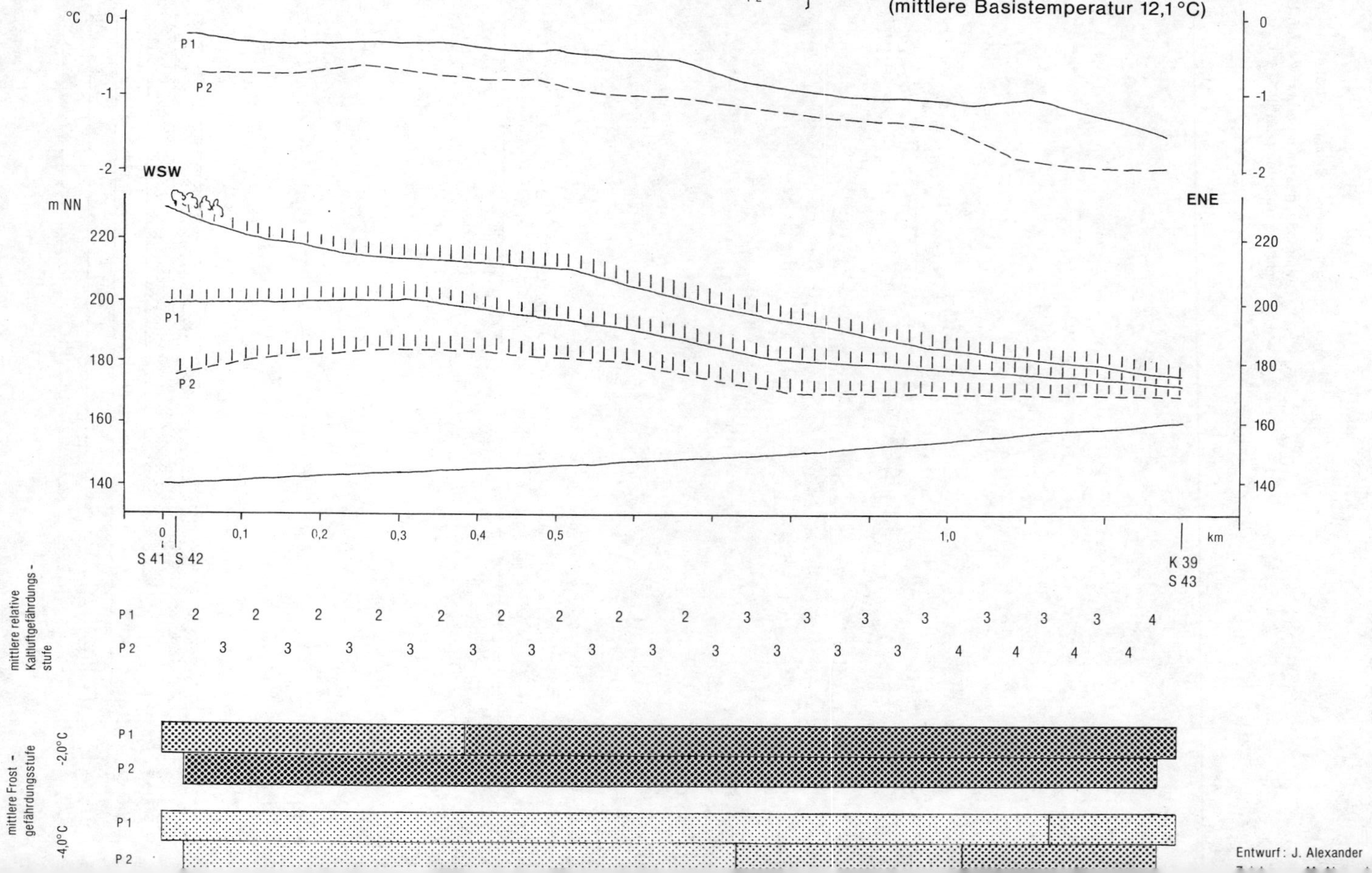

Abweichungen von der Basistemperatur
arithmetisches Mittel aus 5 Meßfahrten
(mittlere Basistemperatur 12,1 °C)

4.1.12 *Profil Brauneberg (Nordhang)*

Die Temperaturabweichungen von der Basistemperatur sind am Nordhang des Braunebergs gering. Vergleicht man die hier gemessenen Temperaturen mit denen entsprechender, in gleicher Höhe über dem lokalen Talboden liegender Meßpunkte im unteren Veldenzer Bach-Tal und im Frohnbachtal, werden große Unterschiede deutlich. Die mittlere Kaltluftgefährdungsstufe 5 tritt am Nordhang des Braunebergs nicht auf, die Stufe 4 erreicht an einem Meßpunkt, ca. 35 m über dem lokalen Talboden, ihre Obergrenze. Die Stufe 4 kommt nicht vor. Diese Stufe weist im unteren Frohnbachtal eine Höhenlage ihrer Untergrenze von mindestens 60 m über dem lokalen Talboden auf, im Veldenzer Bach-Tal liegt ihre Obergrenze bei 40 m über dem lokalen Talboden.

Für die festgestellte thermische Differenzierung des Nordhangs am Brauneberg sind im wesentlichen drei Gründe verantwortlich:

— Der vertikale Kaltluftaufstau ist offensichtlich gering. Dies liegt an dem großen Talquerschnitt.

— Die Hanglängen am Nordhang sind kurz und bis zur Kulmination mit Reben bepflanzt. Es handelt sich größtenteils um neu- oder wiederbepflanzte Flächen, wobei die Rebstöcke nur wenige Blätter besitzen. Die Menge der produzierten Kaltluft ist deshalb gering, und ihre Temperatur ist nicht sehr tief. Geringe Reibungswiderstände und die Hangneigungen garantieren einen raschen Abfluß.

— Trotz der schlechten Einstrahlungsverhältnisse sind die durch Meßfahrten erfaßten Rebflächen am Nordhang des Braunebergs gegenüber Spätfrösten weitgehend ungefährdet.

4.2 MORGENMESSFAHRTEN BEI WETTERTYP T

Morgenmeßfahrten bei andern Wetterlagen lassen im allgemeinen nicht jene geländeklimatischen bzw. thermischen Differenzierungen im Gelände erkennen, wie sie bei Strahlungswetter auftreten. Aufgrund der Nivellierung der Temperaturen sind die daraus resultierenden standortökologischen Differenzen geringer. Hinzu kommt, daß die Konstanz der Wetterbedingungen nicht so hoch ist wie bei Strahlungswetter. Wechselnde Bewölkungs- und Windverhältnisse lassen das „Rauschen" innerhalb der Meßdaten anwachsen, so daß die „Signale" schwerer erkennbar sind.

Aus diesem Grunde ist die Durchführung von Meßfahrten an Terminen, die kein Strahlungswetter aufweisen, in der Regel nicht von großem Interesse. Deshalb erfolgten nur zwei Morgenmeßfahrten bei trüber Wetterlage, das heißt die Gesamtbedeckung ist hoch, und es treten keine hohen Windgeschwindigkeiten auf (vgl. Kap. 3.3.4). (Nähere Aussagen über die synoptisch-meteorologischen Bedingungen sind in Tab. 7 enthalten).

4.2.1 Profil Geisberg (Osthang)

Die Temperaturprofile geben die Abweichungen von der Basistemperatur am Morgen des 20. und 23. Mai 1983 wieder. Aus Gründen der Übersichtlichkeit wurde auf die Darstellung der Profile P 2 und P 5 vollständig, auf die des Profils P 3 teilweise verzichtet.

Es überrascht, daß sich auch bei bewölktem Himmel in windschwachen Nächten erstaunlich kräftige Temperaturinversionen ausbilden können. Besonders am 20. Mai 1983 traten zwischen den Profilen P 1 und P 3 maximale Temperaturdifferenzen von 3° C auf. Dies ist möglich, weil bei einer Cirrusbewölkung in 7500 m die Ausstrahlung nicht wesentlich vermindert wird.

Insgesamt gesehen weisen die an den beiden Terminen festgestellten Temperaturabweichungen von der Basistemperatur zwischen den einzelnen Meßpunkten gleiche Vorzeichen auf, wenngleich die Unterschiede geringer sind als in Strahlungsnächten. Auffallend ist, daß auf den Profilen P 1 und P 4 Temperaturabweichungen auftreten, die trotz erheblich tieferer Lage der Meßpunkte gegenüber dem Basismeßpunkt positiv sind. Offensichtlich ist die zeitliche Veränderlichkeit der Temperaturen stärker, als dies bei Strahlungswetter der Fall ist. Damit bestehen Schwierigkeiten bei der Reduktion der Temperaturen auf einen Zeitpunkt.

4.2.2 Profil Geisberg (Westhang)

Anhand dieser Darstellung zeigen sich ebenfalls die in Kapitel 4.2.1 genannten Schwierigkeiten bei der Reduktion der Temperaturen auf einen Zeitpunkt. Die starke zeitliche und auch örtliche Veränderlichkeit der Meßwerte erschwerten die Abschätzung der mittleren Temperaturverhältnisse auf den Meßprofilen und läßt nur eine relativ grobe Vergleichbarkeit der Meßwerte mit den in Strahlungsnächten gewonnenen Werten zu. Dennoch läßt sich eine bodennahe Kaltluftschicht am Fuße des Osthangs an beiden Terminen identifizieren. Der Betrag des positiven vertikalen Temperaturgradienten steht an beiden Meßterminen annähernd in umgekehrtem Verhältnis zum Bedeckungsgrad (vgl. Tab. 7). Die Differenzen der Temperaturabweichungen auf den Profilen P 1 und P 3 am 23. Mai 1982 lassen in der Vertikalen eine Tendenz zur Herstellung isothermer Schichtungsverhältnisse erkennen. Ähnlich wie bei Strahlungswetter deuten auch die relativen Temperaturabweichungen auf dem Profil P 3 auf die im Vergleich zum Veldenzer Bach-Tal höhere Kaltluftadvektion hin.

Fig. 39: Profil Geisberg (Osthang)
Morgenmeßfahrten bei Wettertyp T

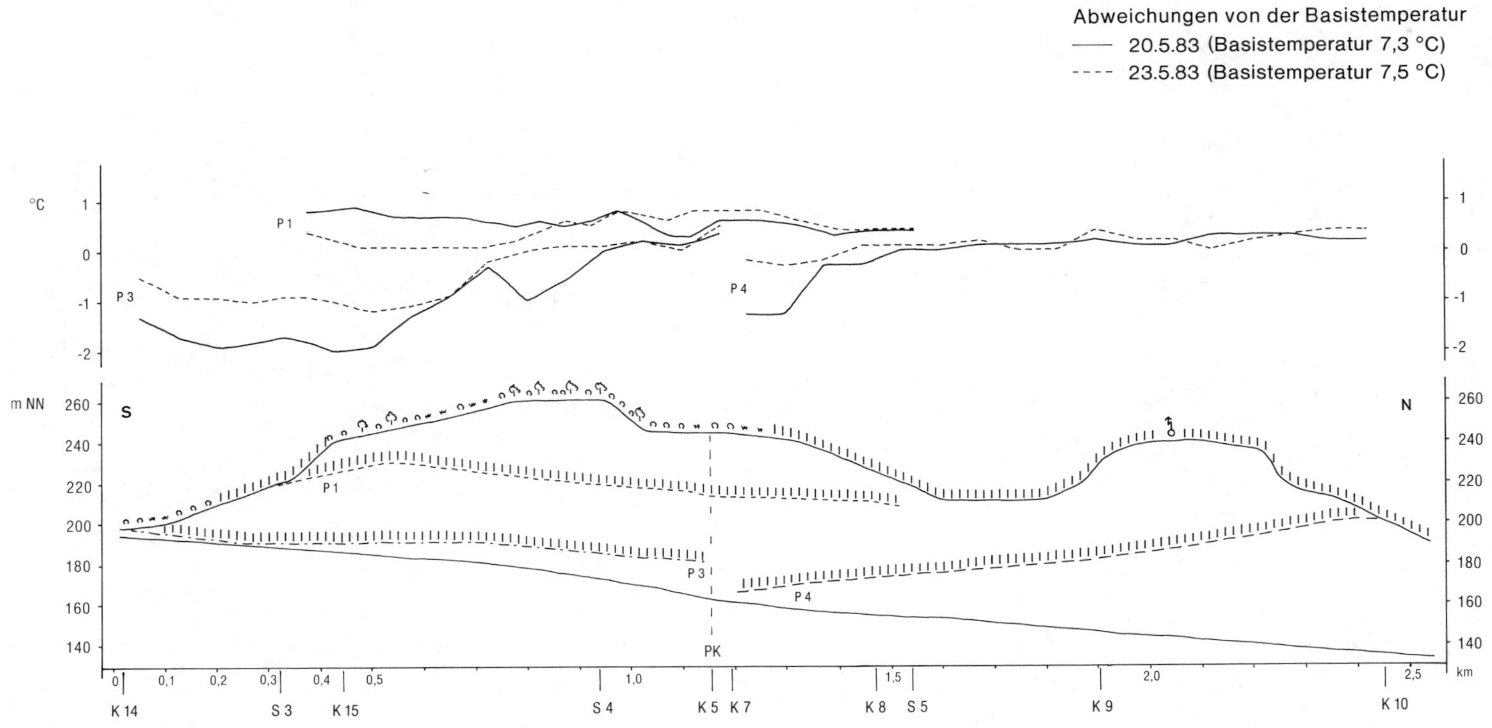

Abweichungen von der Basistemperatur
—— 20.5.83 (Basistemperatur 7,3 °C)
---- 23.5.83 (Basistemperatur 7,5 °C)

Fig. 40: Profil Geisberg (Westhang)
Morgenmeßfahrten bei Wettertyp T

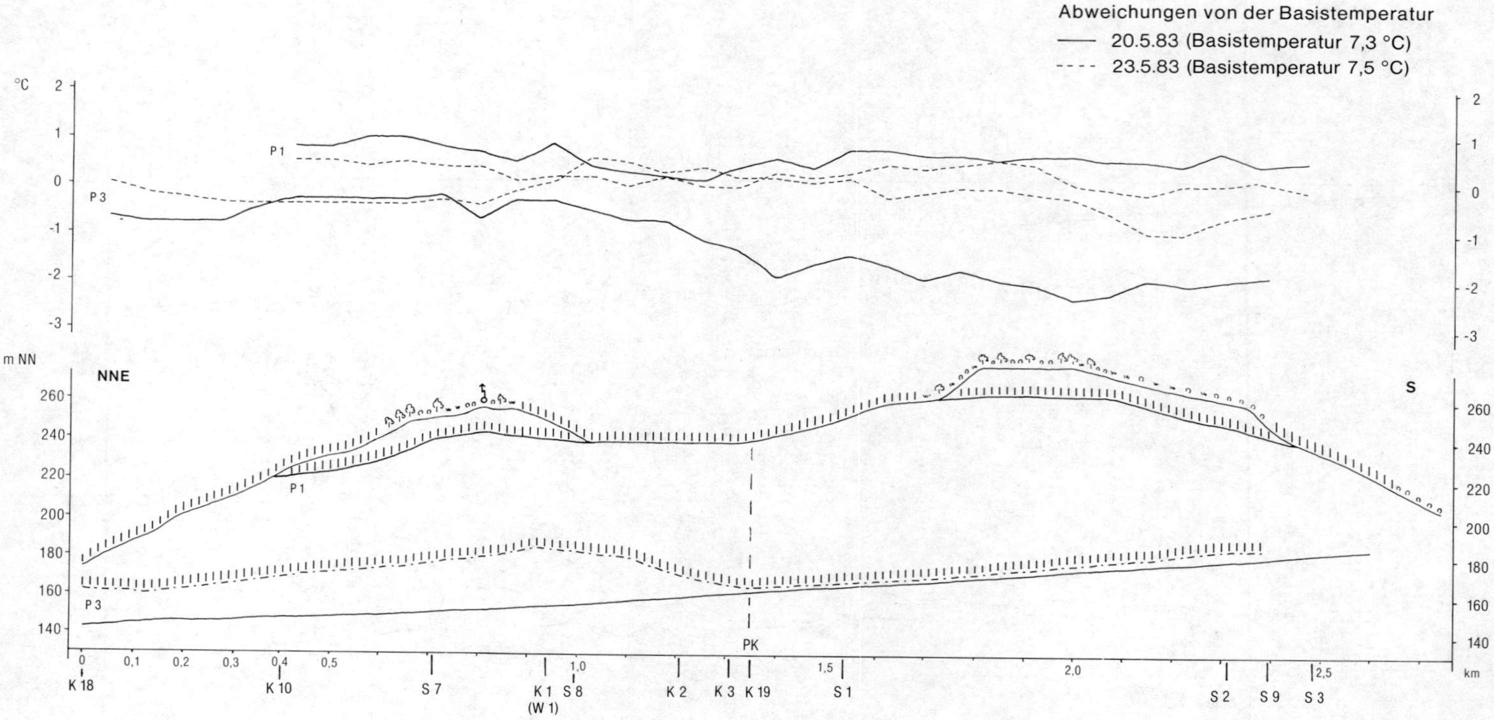

Abweichungen von der Basistemperatur
—— 20.5.83 (Basistemperatur 7,3 °C)
---- 23.5.83 (Basistemperatur 7,5 °C)

Entwurf: J. Alexander
Zeichnung: M. Alexander

128

4.3 MITTAGMESSFAHRTEN BEI WETTERTYP S

Figur 41 und Figur 42 geben die Temperaturabweichungen am 11. Juli 1982 und am 26. Mai 1982 am Ost- und Westhang des Geisbergs wieder. Es ist aus folgenden Gründen schwer, die Meßdaten miteinander zu vergleichen und regelhafte Temperaturveränderungen in Abhängigkeit von den expositionsbedingten Unterschieden in den Einstrahlungsverhältnissen und der Höhenlage der Meßpunkte über dem Talboden festzustellen, obwohl bei allen Mittagmeßfahrten die in 2 m über Grund gemessenen Temperaturen herangezogen wurden:
— Die Werte am Basispunkt werden am Tage durch die geringe Entfernung zu einem niedrigen Betonbauwerk (Umsetzer) beeinflußt (vgl. Kap. 3.1). Dadurch und infolge der zu unterschiedlichen Zeitpunkten an den Hängen auftretenden Maxima ist eine sinnvolle Reduktion der Temperaturen nicht durchführbar. Bei den Meßzeiten (vgl. Tab. 7) ist zu beachten, daß der Osthang sein Temperaturmaximum überschritten, der Westhang aber sein Maximum noch nicht erreicht hatte. Außerdem war der Osthang schon teilweise beschattet.
— Die Einstrahlung ist im Mai und Juli, etwa vier Wochen vor und etwa drei Wochen nach Erreichen des Sommersolstitiums stark. Dadurch erhöht sich der thermische Einfluß des Untergrundes. Während auftretende kurzfristige Temperaturfluktuationen von zirka 0,3° C durch die Trägheit der Meßwertgeber weitgehend ausgeschaltet werden, machen sich längerfristige Schwankungen, im Zeitintervall von einigen Minuten, durch das Aufsteigen von Konvektionsblasen und das Nachströmen kühler Kompensationsströmungen bemerkbar.
— Die thermische Turbulenz wird durch eine dynamische Turbulenz an den Oberhängen infolge der stärkeren Advektion hangferner kühler Luft gefördert.
— Wandernde Wolkenfelder beeinflussen die Messungen ebenso wie hohe, stark ausstrahlende Stützmauern. Der Einfluß einer Mauer wird zum Beispiel zwischen S 7 und K 1 auf dem Profil P 1 Geisberg (Westhang) und zwischen K 9 und K 10 auf dem Profil P 4 Geisberg (Osthang) deutlich.
Die Konsequenz aus diesen Unregelmäßigkeiten kann nur sein, Meßfahrten in großer Anzahl in Zeiträumen mit geringerer Einstrahlung, zum Beispiel im September, durchzuführen. Dies war jedoch nicht zu verwirklichen.
Aus den beiden Profilen (Fig. 41 und 42) geht hervor, daß die Temperaturen mit zunehmender Höhe leicht abnehmen. Die Basistemperatur wird dabei am Westhang häufig überschritten, am Osthang wird sie quasi nie erreicht. Daraus folgt, daß das Temperaturmaximum des Westhangs das des Osthangs übersteigt. In welchem Maße dies geschieht, ist jedoch nicht zu beurteilen.

Fig. 41: Profil Geisberg (Osthang)
Mittagmeßfahrten bei Wettertyp S

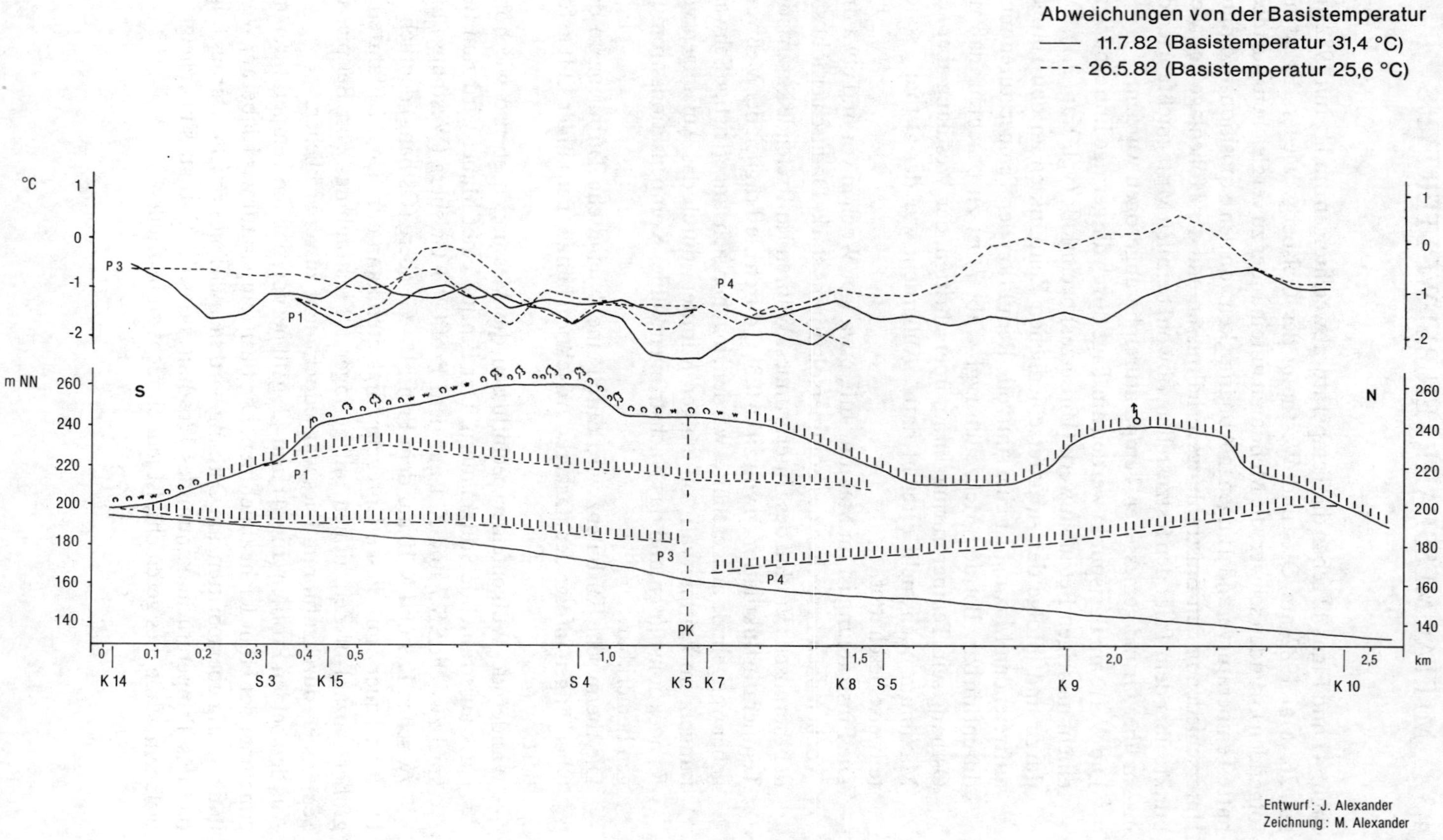

Abweichungen von der Basistemperatur
—— 11.7.82 (Basistemperatur 31,4 °C)
---- 26.5.82 (Basistemperatur 25,6 °C)

Entwurf: J. Alexander
Zeichnung: M. Alexander

Fig. 42 Profil Selsberg (Westhang)
Mittagmeßfahrten bei Wettertyp S

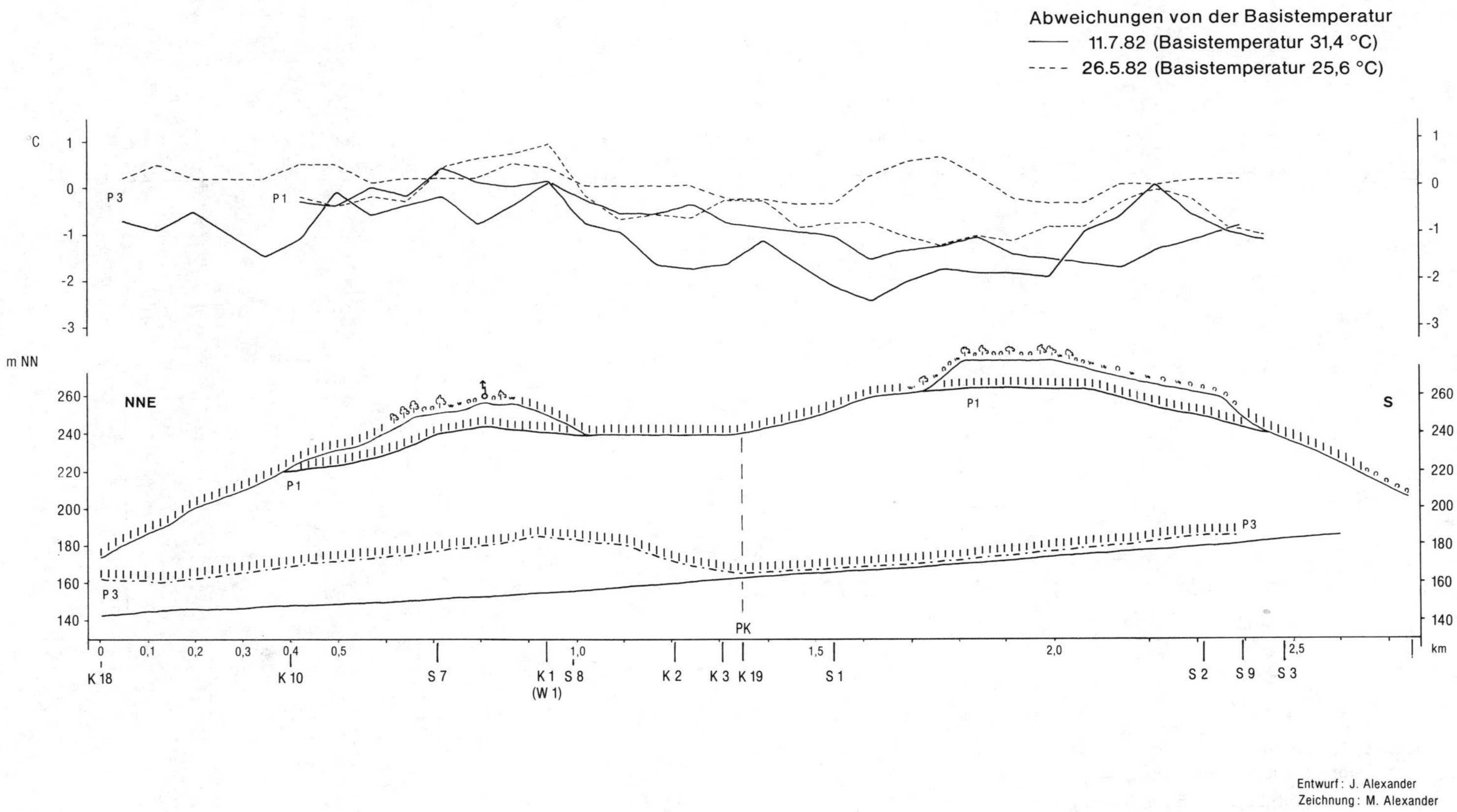

Abweichungen von der Basistemperatur
— 11.7.82 (Basistemperatur 31,4 °C)
---- 26.5.82 (Basistemperatur 25,6 °C)

Entwurf: J. Alexander
Zeichnung: M. Alexander

Fig. 43 Profil Geisberg (Osthang)
Mittagmeßfahrten bei den Wettertypen BS und Z

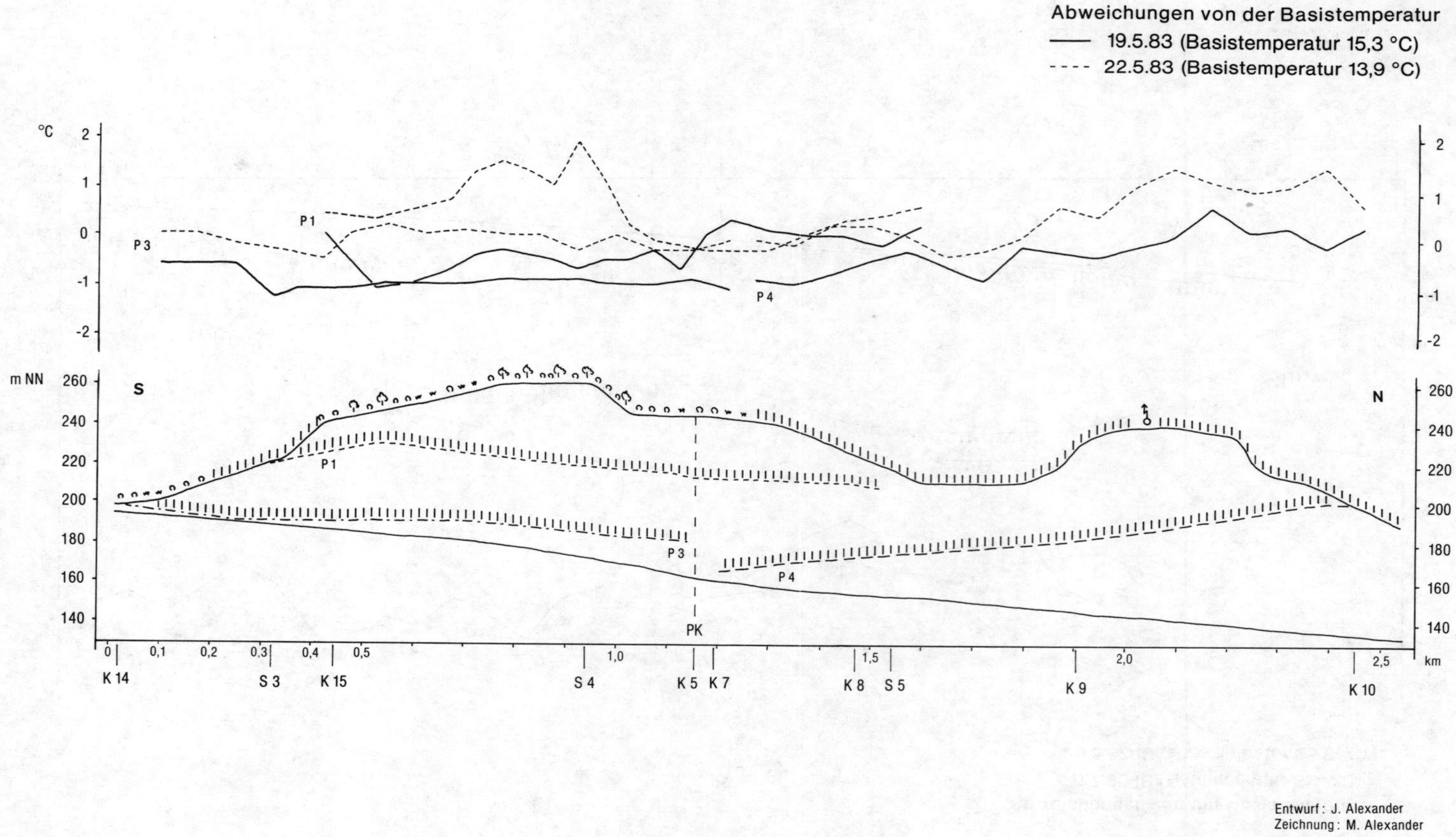

Fig. 44: Profil Geisberg (Westhang)
Mittagmeßfahrten bei den Wettertypen BS und Z

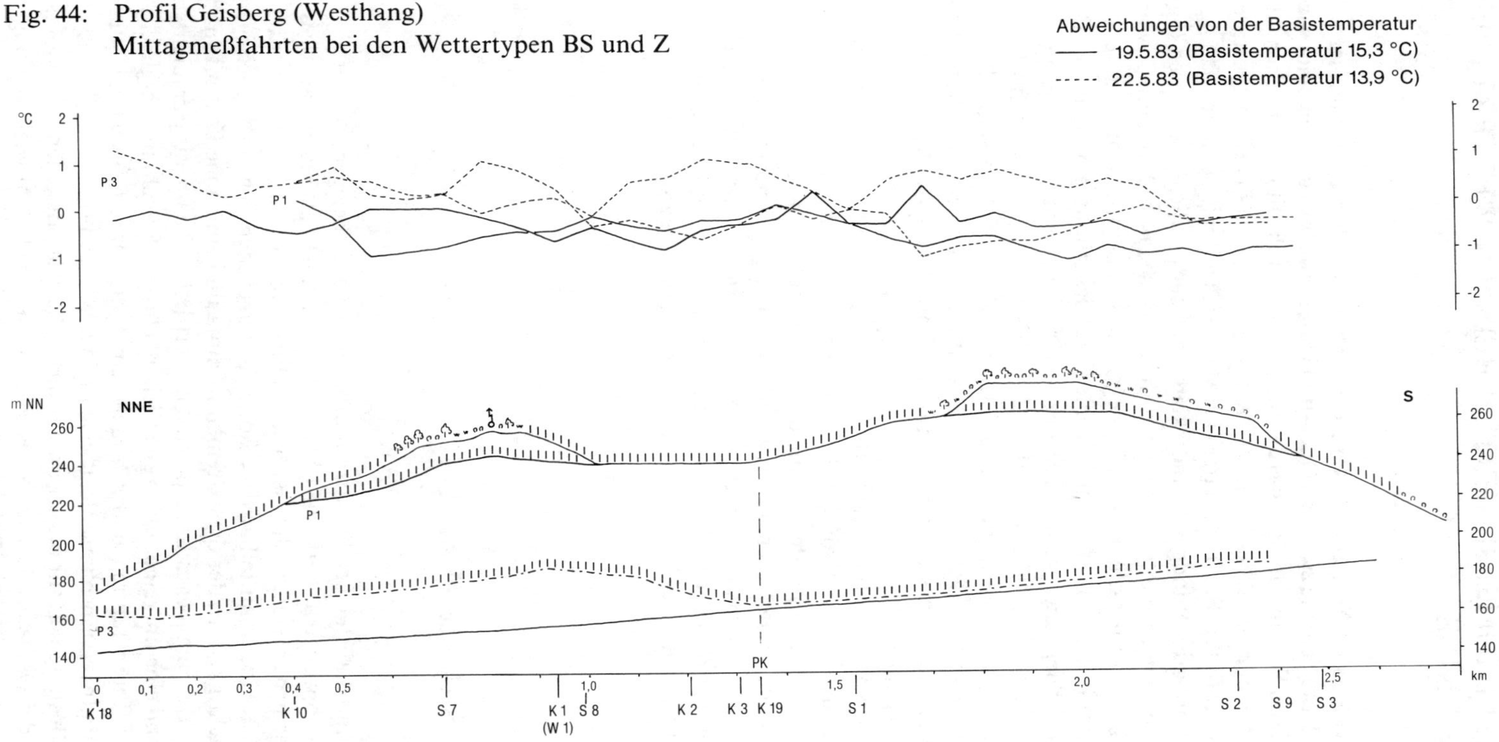
Abweichungen von der Basistemperatur
19.5.83 (Basistemperatur 15,3 °C)
22.5.83 (Basistemperatur 13,9 °C)
°C
2
1
0
-1
-2
P 3
P 1
m NN
NNE
S
260
240
220
200
180
160
140
km
0
0,1
0,2
0,3
0,4
0,5
1,0
1,5
2,0
2,5
K 18
K 10
S 7
K 1
(W 1)
S 8
K 2
K 3
K 19
PK
S 1
S 2
S 9
S 3

Entwurf: J. Alexander
Zeichnung: M. Alexander

4.4 MITTAGMESSFAHRTEN BEI DEN WETTERTYPEN BS UND Z

Auch bei zyklonalem Wetter (22. Mai 1983) sind trotz hohen Bedeckungsgrades thermische Unterschiede zwischen Ober- und Unterhang festzustellen. Dies wird am Beispiel des Westhangs (Fig. 44) deutlich. Auf dem Profil P 3 herrschen, abgesehen von dem Einfluß der Mauer bei K 1, in der Regel höhere Temperaturen als auf dem Profil P 1. Bei Böenwetter (19. Mai 1983) mit mittleren Bedeckungsgraden und höheren Windgeschwindigkeiten aus südwestlichen Sektoren (vgl. Tab. 7) werden die vertikalen Temperaturdifferenzen stärker nivelliert. Sowohl am West- als auch am Osthang (Fig. 43) liegen die Temperaturen meist unter der Basistemperatur. Dies ist offensichtlich eine Folge des erhöhten Austauschs. Der Basismeßpunkt liegt dagegen windgeschützter. Die Temperaturen auf dem Profil P 1 am Westhang sind dabei etwa 0,5° C niedriger als auf dem Profil P 1 am Osthang. Bei den tiefer liegenden Profilstrecken läßt sich kein sinnvoller Zusammenhang zwischen der Windexposition und den Temperaturen feststellen. Offensichtlich erstreckt sich der thermische Einfluß des Windes nur auf die Oberhänge (vgl. Kap. 5).

Da sich die Meßwerte örtlich und zeitlich sehr stark verändern, erlauben die bei einer nur geringen Anzahl von Meßfahrten gewonnenen Werte keine weitergehenden Aussagen. So kann der Einfluß des Windes auf die thermischen Verhältnisse im Bestand anhand der bei diesen Meßfahrten gewonnenen Daten nicht näher untersucht werden. Vielmehr empfiehlt es sich, stationäre Messungen durchzuführen. So bleibt der jeweilige Standort konstant, und es können alle Faktoren, die die thermischen Verhältnisse beeinflussen, registriert werden (vgl. Kap. 5).

4.5 ZUSAMMENFASSUNG

Die Morgenmeßfahrten bei dem Strahlungswettertyp (S) belegen, daß im großräumigen synoptischen Überblick die Kaltluftschicht mehr als 350 m mächtig ist. Dabei ergibt sich eine deutliche thermische Differenzierung innerhalb des Kaltluftkörpers in eine unmittelbar dem Boden auflagernden Schicht von einigen Metern Mächtigkeit, in der die extremen Minima und eine hohe Kaltluft- und Spätfrostgefährdung bei extrem positivem vertikalen Temperaturgradienten auftreten, und eine überlagernde, wesentlich mächtigere Schicht mit vergleichsweise hohen Temperaturen und schwächerem Gradienten („Inversionsunterschicht„ und „Inversionsoberschicht" nach BROCKS (1949)).

Die Inversionsunterschicht besitzt unterschiedliche Mächtigkeiten. Am moselfernen Fuß des Osthangs des Geisbergs erreicht sie eine Mächtigkeit von ungefähr 5 m, talabwärts kurz vor Mülheim ist sie ca. 25 m mächtig. Folglich liegen auch die Obergrenzen der Kaltluft- und Frostgefährdungszonen am nördlichen Teil des Osthangs wesentlich höher als am südlichen Teil.

Messungen im Oberteil des Umlauftals zwischen Veldenz und Burgen ergaben, daß im Einzugsgebiet des Frohnbachs, also auf der Westseite des Geisbergs, die Temperaturen der Kaltluft um 1 bis 2° C tiefer liegen als auf der Veldenzer Seite. Der Grund dafür ist die unterschiedlich starke Kaltluftadvektion. Sie resultiert aus der unterschiedlichen Form und Bodenbedeckung im Mündungsgebiet der beiden Bäche oberhalb von Burgen und Veldenz. Auch der größere Talraum bei Veldenz wirkt sich aus.

Bei Morgenmeßfahrten bei Strahlungswetter im Frohnbachtal unterhalb von Burgen wurden dort, wo der von Westen kommende Brelitzer Bach ins weite Frohnbachtal einmündet, auffällig tiefe Temperaturen mit Abweichungen von $-3°$ C von der Basistemperatur festgestellt. Die Inversionsunterschicht erreichte hier eine Höhe von 30 m über dem Talboden des Frohnbachtals. Die Temperaturabweichungen gegenüber den entsprechenden Geländeteilen auf der anderen Seite des Geisbergs im Veldenzer Bach-Tal betragen über 1° C.

Die wesentlich höhere Advektion bodennaher Kaltluft aus dem oberen Frohnbachtal und dem Brelitzer Bach-Tal haben zur Folge, daß an den unteren Teilen des Westhangs des Geisbergs tiefere Temperaturen in der bodennahen Unterschicht als am gegenüberliegenden Osthang auftreten. Ein Ansteigen der Kaltluft- und Spätfrostgefährdung in Richtung zur Mosel hin, wie es im Veldenzer Bach-Tal festgestellt wurde, gibt es aber am Westfuß des Geisbergs nicht. Das hängt möglicherweise damit zusammen, daß der Talausgang gegen die Mosel nicht durch eine Ortsverbauung abgesperrt ist.

Wesentlich höher ist die Kaltluft- und Frostgefährdung auf dem moselnäheren Osthang des Frohnbachtals nördlich von Waldhaus. Die Inversionsunterschicht reicht kurz vor Brauneberg mindestens bis 50 m über die Talsohle des Frohnbachs, also dreimal höher als auf der gegenüberliegenden Seite des Geisbergs. Dies ist weniger deshalb der Fall, weil ein Kaltluftsee „schräg" im Tal liegt. Vielmehr erstreckt sich am Osthang eine Kaltlufthaut in die Höhe, die mit ihrer Basis in der Inversionsunterschicht fußt. Die hohe Frostgefährdung der Reblagen an diesem Osthang ergibt sich, setzt man eine einheitliche Rauhigkeit voraus, aus der Superposition folgender Faktoren: verminderte Einstrahlung der schwach nach Osten geneigten Flächen, frühes Erreichen eines im Vergleich zum Westhang des Geisbergs niedrigen Tagesmaximums der Temperatur, hohe Verdunstung der skelettarmen Lößlehmböden und geringe Wärmeleitfähigkeit, entsprechend starkes Absinken der Temperatur in der Nacht. Außerdem wird durch die Länge des Hangs, seiner relativ geringen Neigung und durch die kaltlufterzeugenden Wiesen- und Ackerflächen am Oberhang eine große Menge von Kaltluft produziert, die in flachen Hangdellen langsam abfließt. Infolge der längeren Verweildauer an den ausstrahlenden Flächen wurde die thermische Stabilität der hangnahen Luftschicht weiter erhöht und ein turbulentes Abfließen verhindert. Damit ist der Austausch mit hangferner Warmluft sehr gering.

Im Gegensatz dazu ergaben sich bei Messungen auf der Ostseite des Geisbergs Hinweise darauf, daß selbst in Dellen, die normalerweise als Sammeladern abfließender Kaltluft anzusehen sind, am Morgen keine Akkumulation extremer

Kaltluft festzustellen ist, wenn die Hangneigung groß ist und Tonschieferverwitterungsböden und Rebkulturen die Oberfläche bilden. Offensichtlich fließt dann die produzierte Kaltluft in einem früheren Stadium und damit relativ warm auf dem Steilhang ab, wobei die Hangneigung zu einem turbulenten Abfluß und somit zur Durchmischung mit hangfernerer Warmluft führt. Oberhalb der Inversionsunterschicht entsteht eine warme Hangzone. Weitere Meßfahrten bestätigten den geringen Kaltluftabfluß über steilen rebbewachsenen Hangdellen. Es kann allgemein abgeleitet werden: Neben der physikalischen Struktur des Untergrundes und der Bodenbedeckung einer Fläche (Intensität der Kaltluftproduktion und Lagerungsstabilität in Folge der Rauhigkeit), ihrer Größe (Einzugsgebiet der Kaltluft) und ihrer Ausprägung als Delle oder Riedel (konvergieren oder divergieren der Strömungslinien) entscheidet die Hangneigung über die Temperatur der abfließenden Kaltluft. Die Hangneigung beeinflußt das Beharrungsvermögen der Kaltluft und über die Fließgeschwindigkeit ihren Abflußcharakter und damit den mikroturbulenten Massenaustausch.

Morgenmeßfahrten bei Strahlungswetter am Brauneberg ergaben, daß der Südhang des Brauenbergs eine äußerst geringe Spätfrostgefährdung aufweist. Eine Inversionsunterschicht tritt nicht auf. Dies resultiert aus dem Zusammenwirken von steilem Hang mit Tonschieferverwitterungsböden und thermisch ausgleichendem Einfluß der Mosel. Die befahrenen Reblagen am Nordhang des Braunebergs weisen zwar eine etwas stärkere Kaltluft- und Frostgefährdung auf, die Inversionsunterschicht ist aber nicht sehr mächtig. Sie reicht hier bis 35 m, im Veldenzer Bach-Tal bis 40 m und im Frohnbachtal sogar bis 60 m über den Talboden. Der Grund für die relativ geringe Kaltluftgefährdung am Nordhang des Braunebergs ist in der Weite des Talraumes einerseits und der kurzen rebbestandenen Abdachung andererseits zu sehen.

Neben den Morgenmeßfahrten bei Strahlungswetter wurden auch einige bei hohem Bewölkungsgrad und geringen Windgeschwindigkeiten durchgeführt. Sie lassen im allgemeinen nicht jene geländeklimatischen Differenzierungen erkennen, wie sie bei Strahlungswetter auftreten. Trotzdem können sich auch bei bewölktem Himmel in windschwachen Nächten erstaunlich kräftige Temperaturinversionen auf beiden Seiten des Geisbergs ausbilden.

Bei Mittagmeßfahrten unter Einstrahlungsbedingungen war es schwer, die Meßfahrten miteinander zu vergleichen und regelhafte Temperaturveränderungen in Abhängigkeit von den expositionsbedingten Unterschieden und der Höhenlage der Meßpunkte festzustellen. Es kann lediglich festgestellt werden, daß das Temperaturmaximum des Westhangs das des Osthangs übersteigt. Auch bei zyklonalem Wetter lassen sich thermische Unterschiede zwischen dem Ober- und Unterhang feststellen. Bei Böenwetter werden die vertikalen Temperaturdifferenzen stärker nivelliert als bei geringeren Windgeschwindigkeiten.

5. ERGEBNISSE DER STATIONÄREN MESSUNGEN

Zur Erfassung klimatischer Umweltfaktoren wurden auf dem Geisberg stationäre Messungen durchgeführt. Sie dienten dem Ziel herauszufinden, wie sich die topoklimatische Differenzierung der Wachstumsbedingungen (vgl. Kap. 2.1 u. 2.2) in Abhängigkeit von der Exposition und von Tagen mit unterschiedlichen Wetterabläufen (vgl. Kap. 3.2.4) gestalten. Dazu wurden die Meßstellen Geisberg (Westhang), Geisberg (Osthang) und Geisberg (Höhe) sowie die Meßstellen an dem mittleren und unteren West- und Osthang installiert (vgl. Fig. 6).

5.1 WINDVERHÄLTNISSE

Um Parameter, die im Gelände mittels stationärer Messungen ermittelt wurden, an eine entsprechende Bezugsklimastation „anschließen" zu können, bedarf es, insbesondere bei der Erfassung von Windgeschwindigkeit und Windrichtung, längerer Meßzeiträume. Innerhalb dieser Untersuchung waren Meßreihen, deren jeweilige Dauer über vier Tage hinausging, jedoch nicht durchführbar. Deshalb besitzen die Messungen Stichprobencharakter.
Bei einer Analyse der Häufigkeit und Stärke der an der Station Trier-Petrisberg auftretenden Winde zeigte sich, daß SW- und NE-Winde dominieren.(vgl. Fig. 7 bis 13). Da die Lageverhältnisse der Station Trier-Petrisberg und der Meßstelle Geisberg (Höhe) ähnlich sind (vgl. Kap. 3.1) und die Entfernung zwischen Petrisberg und Geisberg gering ist, muß analog angenommen werden, daß an beiden Standorten die Hauptwindrichtungen gleich sind.
Das bedeutet, daß der West- und Osthang des Geisbergs gegenüber den Hauptwindrichtungen die jeweiligen Luv- bzw. Leehänge darstellen. Eindeutig belegen läßt sich dies nur für den Westhang (Tab. 10). Winde aus östlichen Sektoren traten während der Meßzeiträume nur einmal auf (Tab. 11).
Die an der Meßstelle Geisberg-Höhe registrierten Windrichtungen spiegeln die aus den großräumigeren geostrophischen Druckverhältnissen resultierenden Windrichtungen wider. Aus der Überprüfung eventueller Störeinflüsse in der Umgebung des Meßgerätes ging hervor, daß bei N- und NW-Winden eine Richtungsbeeinflussung durch Hindernisse einkalkuliert werden muß (vgl. Kap. 3.1).

Tab. 10: Windrichtungen (12teilige Skala) an der Station Trier-Petrisberg (P) und an der Meßstelle Geisberg (Höhe) (G) an ausgewählten Tagen

10. 6. 83		7./8. 9. 82		23./24. 9. 82		26. 9. 82	
h MEZ	Windr. P/G	h MEZ	Windr. P/G	h MEZ	Windr. P/G	h MEZ	Windr. P/G
4— 5	27/27	17—18	27/27	14—15	21/27	8— 9	21/24
5— 6	21/27	18—19	27/27	15—16	21/27	9—10	21/24
6— 7	27/27	19—20	27/24	16—17	24/27	10—11	U /27
7— 8	30/30	20—21	24/27	17—18	21/24	11—12	21/27
8— 9	27/ U	21—22	21/24	18—19	18/24	12—13	21/24
9—10	27/ U	22—23	21/24	19—20	21/18	13—14	21/24
10—11	27/27	23—24	21/24	20—21	21/21	14—15	24/27
11—12	24/27	0— 1	24/24	21—22	24/21		
12—13	21/24	1— 2	24/24	22—23	24/24		
13—14	24/27	2— 3	21/27	23—24	21/24		
		3— 4	24/27	0— 1	21/24		
		4— 5	21/24	1— 2	21/24		
		5— 6	24/ C	2— 3	21/24		
		6— 7	24/ C	3— 4	24/24		
		7— 8	24/27	4— 5	21/24		
		8— 9	24/27	5— 6	24/24		
		9—10	24/24	6— 7	21/24		
		10—11	24/27				
		11—12	24/30				
		12—13	24/30				
		13—14	24/30				
		14—15	24/27				
		15—16	24/27				
		16—17	24/27				
		17—18	24—27				

Der Interpretation der Einzeltage (vgl. Fig. 45 bis 49) sind die an der Station Trier-Petrisberg registrierten Werte der Windrichtung und Windgeschwindigkeit sowie der Gesamtbedeckung vorangestellt. Die Bewölkungsverhältnisse wurden stündlich im Rahmen der synoptischen Beobachtungen ermittelt, als Grundlage für die Angaben der Windverhältnisse dienten die stündlichen Mittel, die aus den 10-Minuten-Mittel der Anemographenregistrierungen gewonnen wurden. Während eine Korrelation der Hauptwindrichtungen zwischen beiden

Tab. 11: Windrichtungen (12teilige Skala) an der Station Trier-Petrisberg (P) und an der Meßstelle Geisberg (Höhe) (G)

25./26. 9. 82	
h MEZ	Windr. P/G
17—18	18/12
18—19	15/09
19—20	15/09
20—21	15/09
21—22	15/09
22—23	15/09
23—24	15/09
0— 1	15/12
1— 2	18/12

Standorten relativ einfach ist, ist das für die Windgeschwindigkeiten schwieriger. In Tabelle 12 sind fünf Meßzeiträume dargestellt, in denen konstante Winde aus den Hauptwindrichtungen herrschten. An vier Terminen dominierten W/SW-Winde, an einem Termin E/SE-Winde. Zusätzlich zu den Meßstellen Geisberg (Höhe), Geisberg (Osthang) und Geisberg (Westhang) wurden je zwei Windwegmesser an den Mittel- und Unterhängen in jeweils gleicher Höhenlage installiert (vgl. Fig. 6), um Aussagen über die vertikale Differenzierung der Windgeschwindigkeiten am Luv- bzw. Leehang des Geisbergs zu erhalten. Neben den absoluten Werten der Windgeschwindigkeiten wurde jeder Wert als Relativangabe dargestellt, wobei die Windgeschwindigkeit an der Station Trier-Petrisberg gleich 100 % gesetzt wurde.

Obgleich nur kurze Meßreihen vorliegen, sind folgende Feststellungen erlaubt: Die Meßstelle Geisberg (Höhe) liegt windexponiert. Die Windgeschwindigkeit an der Station Trier-Petrisberg (18 m über Grund) reduziert um etwa 25 %, ergibt die an der Meßstelle Geisberg (Höhe) herrschende. Dieser Meßwert ist jedoch sehr unsicher, da die wenigen Werte stark streuen.

Obwohl die Meßstelle am oberen Westhang etwas niedriger als die Meßstelle Geisberg (Höhe) liegt und sie sich an der Bestandsobergrenze befindet, weist sie ebenfalls eine gegenüber der Station Trier-Petrisberg lediglich um 25 % verminderte Windgeschwindigkeit auf. Berücksichtigt man, daß sich in Höhenlage der Meßstelle Geisberg (Höhe) an der Mittelmosel normalerweise eine mehr oder weniger ausgedehnte Hauptterrassenfläche anschließt, so ist allgemein anzunehmen, daß der Oberhang in der Regel windexponierter und damit stärker windgefährdet ist als ein Standort auf der Hauptterrasse. Durch das Zusammen-

Tab. 12: Windgeschwindigkeiten (m · sec^{-1}) an der Station Trier-Petrisberg und an den Meßstellen am Geisberg

	W/SW-Wind				E/SE-Wind
	10. 6. 83 4—14 h MEZ	7. 8. 82 17—18 h MEZ	23./24. 9. 82 14—7 h MEZ	26. 9. 82 8—15 h MEZ	25./26. 9. 82 17—2 h MEZ
Trier- Petrisberg	2,2 = 100 %	2,5 = 100 %	3,2 = 100 %	4,7 = 100 %	6,2 = 100 %
Geisberg (Höhe)	1,9 = 86 %	2,4 = 96 %	2,6 = 81 %	3,2 = 68 %	4,0 = 65 %
oberer Westhang	2,1 = 96 %	1,7 = 68 %	2,6 = 81 %	2,3 = 49 %	—
mittlerer Westhang	—	1,0 = 40 %	0,7 = 22 %	1,2 = 26 %	—
unterer Westhang	—	0,5 = 20 %	0,3 = 9 %	0,6 = 13 %	—
oberer Osthang	0,9 = 40 %	0,7 = 28 %	1,2 = 37 %	1,2 = 26 %	—
mittlerer Osthang	—	0,5 = 20 %	0,6 = 19 %	0,8 = 17 %	—
unterer Osthang	—	0,6 = 24 %	0,6 = 19 %	0,9 = 19 %	—

drängen der Strömungslinien an den Oberhängen der luvexponierten Reliefteile werden in der Regel die höchsten Windgeschwindigkeiten erreicht. Darauf haben bereits KAISER (1954), v. EIMERN (1964, unveröff., zit. in: v. EIMERN u. HÄCKEL 1978, S. 156), BJELANOVIC (1967) und DARMER (1967) hingewiesen. Ein schwach ausgeprägtes sekundäres Maximum der Windgeschwindigkeit tritt am unteren Leehang durch den sogenannten Überfallwind auf.

Die gleiche Lage der beiden Meßstellen an einem Oberhang läßt den Analogieschluß zu, daß bei entsprechender Windexposition an beiden Meßstellen ähnlich hohe Windgeschwindigkeiten auftreten. Deshalb sollen die Windgeschwindigkeiten an den beiden Meßstellen Geisberg (Westhang) und Geisberg (Osthang) unmittelbar mit den an der Station Trier-Petrisberg gemessenen korreliert werden.

Die Windgeschwindigkeiten am unteren und mittleren Luv- und Leehang und selbst an der Meßstelle am leeseitigen Oberhang weisen maximal ein Drittel der Windgeschwindigkeit auf, die auf dem Petrisberg gemessen wurde. Es handelt sich aber auch hier nur um sehr grobe, statistisch nicht abgesicherte Werte. Daraus ergibt sich die Folgerung, daß Windgeschwindigkeiten von $4\ m \cdot sec^{-1}$ und mehr am Unter- und Mittelhang des Geisbergs nur bei extremen Wettersituationen auftreten, wenn die Windgeschwindigkeit an der Station Trier-Petrisberg ca. $10\ m \cdot sec^{-1}$ übersteigt. Eine Beeinträchtigung der Biomasseproduktion über einen längeren Zeitraum durch Windeinwirkung ist somit an den Mittel- und Unterhängen nicht zu erwarten.

Der Vergleich kürzerer Meßzeiträume im Juni und September zeigt, daß die Rauhigkeit des Bestandes je nach Vegetationszustand einen wesentlichen Einfluß auf die Windgeschwindigkeiten ausübt. Nach den Werten ist die Windgeschwindigkeit im Juni am oberen Luvhang kaum niedriger als an der Station Trier-Petrisberg.

Es soll im folgenden davon ausgegangen werden, daß die Windgeschwindigkeit am oberen Luvhang des Geisbergs im Mai/Juni bei zeilenparallelem Einfall kaum, im September und Oktober um ein Drittel geringer ist als an der Station Trier-Petrisberg. Das bedeutet, daß die Windgeschwindigkeit von $4\ m \cdot sec^{-1}$ am oberen Luvhang des Geisbergs im September und Oktober dann überschritten wird, wenn auf dem Petrisberg etwa $6\ m \cdot sec^{-1}$ erreicht werden. Aus diesem Grund sind bei der Darstellung der Windverhältnisse an der Station Trier-Petrisberg alle Windgeschwindigkeiten über $6\ m \cdot sec^{-1}$ zu einer Klasse zusammengefaßt worden (vgl. Fig. 7—13). Die Diagramme werden zusammen mit der Darstellung der Ergebnisse der stationären Messungen diskutiert (Kap. 5.2 bis 5.6).

5.2 MESSUNGEN BEI WETTERTYP S (10. 9. 82)

Um das Bestandsklima am West- und Osthang sowie auf der Höhe in seinen regelhaften, von den strahlungsklimatischen Bedingungen abhängigen Ausprägungen unter weitgehender Ausschaltung der Windeinflüsse betrachten zu können, wurde auch an einem Strahlungshang gemessen (Fig. 45). An der Station Trier-Petrisberg traten während dieses Tages zu den angegebenen synoptischen Terminen die in Tabelle 13 dargestellten Bewölkungsverhältnisse und Stundenmittel der Windrichtung und Windgeschwindigkeit auf. Etwa gleiche Verhältnisse herrschten auch am Geisberg, vergleicht man die Windgeschwindigkeiten am oberen Westhang mit den an der Station Trier-Petrisberg gemessenen. Es bestätigt sich die Annahme einer am luvseitigen Oberhang um 30 % geringeren Windgeschwindigkeit. Die Bewölkungsverhältnisse waren typisch für die im September auftretenden Tage mit dem Wettertyp S. Eine Verminderung der

Tab. 13: Bewölkungs- und Windverhältnisse an der Station Trier-Petrisberg am 10. 9. 1982

h (MEZ)	Gesamtbedeckung (in Achtel)	Windrichtung (12teilige Skala)	Windgeschwindigkeit (m · sec^{-1})
7	0	03	3,1
8	0	03	3,2
9	1	03	3,7
10	1	36	2,8
11	1	06	2,4
12	1	18	4,4
13	1	18	4,7
14	1	18	3,5
15	1	18	3,5
16	1	15	3,4
17	1	18	3,7
18	1	18	1,8
19	2		

Einstrahlung am Morgen infolge einer kondensierten Kaltluftschicht war nicht vorhanden. Die relativ hohe Luftfeuchtigkeit vor Sonnenaufgang ① deutete auf einen betauten Bestand hin.
Aus den gemessenen Werten (Fig. 45) ergeben sich folgende Aussagen:
— Die Maxima der Strahlungsbilanzen und der Temperaturen sind an den beiden Hängen unterschiedlich hoch. Am Westhang werden höhere Werte ermittelt ② ③ als am Osthang ④ ⑤.
— Bis etwa 9.30 h steigen am Westhang trotz gleichbleibend niedriger Werte der Strahlungsbilanz ⑥ die Temperaturen an ⑦. Ein entsprechender, umgekehrter Kurvenverlauf läßt sich am Nachmittag für den Osthang nicht feststellen.
— Die Zeiträume, in denen die Hänge eine positive Strahlungsbilanz aufweisen, sind unterschiedlich lang. Der Westhang hat am Nachmittag eine um ca. zwei Stunden längere Phase mit positiver Strahlungsbilanz als der Osthang.
— Etwa um 11.10 h, ca. 80 Minuten vor Erreichen des Sonnenhöchststandes (um 12.00 h Ortszeit), übertrifft die Strahlungsbilanz des Westhangs die des Osthangs ⑧. Das Maximum der Strahlungsbilanz wird am Osthang zwischen 11.00 h und 12.30 h ④, am Westhang zwischen 14.00 h und 14.30 h ② erreicht.
— Die einzelnen, starken Einbrüche in den Kurven der Strahlungsbilanzen sind nur von kurzer Dauer und treten an beiden Hängen gleichzeitig auf ⑨. Im Verlauf des Tages sind sie allerdings nicht immer mit derselben Deutlichkeit erkennbar.

— Die relative Luftfeuchtigkeit ist vormittags am Westhang höher. Sie entspricht der niedrigeren Temperatur gegenüber dem Osthang. Am Nachmittag kann ein entsprechender Unterschied zwischen beiden Hängen nicht festgestellt werden.
— Am Morgen und am Vormittag herrschen keine nennenswerten Windgeschwindigkeiten. Entsprechend der hohen Einstrahlung in den Mittagsstunden und der damit höheren thermischen Turbulenz wird das Maximum der Windgeschwindigkeit am Mittag und in den frühen Nachmittagsstunden erreicht. Ein derartiger täglicher Gang des „oberflächennahen Typs" der Windgeschwindigkeit ist bei Strahlungswetter nicht nur innerhalb der betrachteten Zeiträume, sondern auch während der gesamten Vegetationsperiode festzustellen. Zwischen 11.30 h und 13.30 h treten bei Winden aus Osten Windgeschwindigkeiten von fast 2,5 m · sec^{-1} am oberen Osthang auf ⑩. Nach BRANDTNER soll schon bei einer Windgeschwindigkeit von 1 m · sec^{-1} das Bestandsklima zerstört werden.

An diesem Tag herrschte die Großwetterlage BM, die eigentlich eine typische Sommerwetterlage ist und am häufigsten von Mai bis Juli auftritt (HESS und BREZOWSKY 1977). Der Autor errechnete, daß diese Wetterlage in den Jahren 1975 bis 1983 im September mit rund 18 % die am zweithäufigsten auftretende Wetterlage nach der zyklonalen Westlage war. Am 10. 9. 1982 gelangte auf der Westseite einer Hochdruckbrücke hochreichende, warme und wasserdampffreiche Luft nach Mitteleuropa. Die Folge ist, daß die zur Zeit der Äquinoktien ohnehin geringe Einstrahlung zusätzlich durch die hohe Trübung vermindert wird. Deshalb erreicht die Strahlungsbilanz am 10. 9. 1982 nur Maximalwerte von 350 W · m^{-2} am Osthang ④ und ca. 500 W · m^{-2} am Westhang ② (vgl. KESSLER 1979).

Die zeitidentischen Einbrüche in den Kurven der Strahlungsbilanzen ⑨ wurden primär durch einzelne Wolkenfelder unterschiedlicher Größe und vertikaler Mächtigkeit verursacht. In zweiter Linie sind für die „Strahlungsböigkeit" Temperatur- und Wasserdampfgehaltsänderungen der Luft infolge konvektiven Massenaustauschs verantwortlich, die die langwellige Strahlung beeinflussen. Mit der Zunahme der thermischen Turbulenz und der Labilisierung der Atmosphäre am Mittag und am frühen Nachmittag nimmt nicht nur die Transparenz der Atmosphäre kurzzeitig besonders stark ab, da dann Wolkenfelder die Einstrahlung vermindern, insgesamt steigt auch der Anteil der diffusen Reflexion an der Globalstrahlung am Nachmittag an. Folgende Merkmale in den Kurven der Strahlungsbilanz weisen auf den tageszeitlich unterschiedlich hohen Anteil der diffusen Reflexion an der Globalstrahlung hin: Die Kurve der Strahlungsbilanz am Osthang fällt bei abnehmender direkter Strahlung nur allmählich ab, während am Westhang gegen 9.30 h ein merklich steiles Ansteigen der Kurve eintritt ⑪, wenn die direkte Strahlung den oberen Kugelhalbraum des Strahlungsbilanzmessers trifft. Der höhere Anteil der diffusen Strahlung wird auch deutlich, wenn man die Unterschiede in der Strahlungsbilanz um 9.30 h ⑪ und um 15.00 h ⑫ betrachtet. Zu diesen beiden Zeitpunkten beträgt die Sonnenhöhe zirka 35°, die Werte der Strahlungbilanzen differieren aber um etwa 100 W · m^{-2}. Die am Westhang bei einer Sonnenhöhe von unter 35° am Vormittag registrierten Werte der Strahlungsbilanz geben nicht genau die wahren, dem Bestand zukommenden Energiemengen wieder, wie das am Nachmittag bei gleicher Sonnenhöhe am Osthang der Fall ist. Während am Vormittag der Bestand am Westhang mit seinen annähernd senkrecht stehenden „Rebwänden" in der Lage ist, die direkte Strahlung zu absorbieren und sich, worauf der Temperaturgang hinweist ⑦, zu erwärmen, sind die Werte der Strahlungsbilanz nicht sehr hoch ⑥. Da der Meßfühler quasi zweidimensional und der Anteil der direkten Strahlung an der Globalstrahlung hoch ist, fallen die Strahlenbündel annähernd parallel zum Meßfühler ein. Somit empfangen der obere und der untere Kugelhalbraum fast gleich viel Energie, und die Werte der Strahlungsbilanz sind relativ niedrig und steigen kaum an, obwohl sich der Bestand erwärmt. Höhere Werte der Strahlungsbilanz werden erst dann registriert, wenn die Sonne ab 9.30 h höher als 35° steht. Am Nachmittag ist bei gleicher Sonnenhöhe am Osthang der Fehler nicht so groß, da der Anteil der direkten Strahlung an der Globalstrahlung geringer ist. Die diffuse Strahlung, die dem Bestand zukommt, wird aber von dem oberen Kugelhalbraum des Meßgerätes empfangen, da sie nicht gerichtet ist.

Entscheidend für die höheren Maxima der Strahlungsbilanz und der Lufttemperatur am Westhang ist der am Nachmittag günstige Auftreffwinkel der direkten Strahlung auf den leicht erwärmbaren Boden des um 20° geneigten Hangs. Die hohe Einstrahlung wird zu einem Zeitpunkt erreicht, wenn die Luftschichten in einer Mächtigkeit von einigen Dekametern erwärmt und relativ wasserdampfreich sind. Über dem Osthang dagegen sind die Luftschichten am Vormittag relativ kalt und wasserdampfarm, und es wird ein Teil der eingestrahlten Energie zur Verdunstung des Taus benötigt.

Daraus resultiert am Nachmittag eine höhere Gegenstrahlung der warmen und wasserdampfreichen Luftsschichten über dem Westhang, so daß dessen Strahlungshaushalt und die thermischen Verhältnisse günstiger als vormittags am Osthang sind. Dieser Effekt wird zum Teil dadurch kompensiert, daß sich infolge der stärkeren Erwärmung der bodennahen Luftschicht am Westhang ein stark überadiabatischer vertikaler Temperaturgradient ausbildet. Die thermische Turbulenz steigt an, wodurch im Bereich der dem Boden auflagernden Luftschicht ein Energieverlust durch den Transport vor allem fühlbarer Wärme in höhere Luftschichten entsteht. Das hohe Temperaturniveau am Westhang dauert bis ca. 16.00 h ⑬. Das Maximum tritt zwar an diesem Tag gegen 14.30 h ein ③, aber wenn der Einbruch in der Strahlungsbilanz nicht gewesen wäre, läge die Temperatur im Zeitraum von 15.00 h bis 15.30 h sicher höher. Das geht aus der Tatsache hervor, daß um 16.00 h bei nachlassender Strahlung noch ein Peak in der Temperaturkurve vorhanden ist ⑬, der ebenso hoch ist wie der um 14.30 h ③.

Aufgrund der genannten Faktoren ist es möglich, daß der Westhang Wärme speichern kann, die er am Abend und in der Nacht abgibt (ALEXANDER 1978). Nach LEHMANN (1954), NAKAMURA u. ARIMA (1970) und BLAHA (1975) kommen den nächtlichen Bodentemperaturen eine große Bedeutung bei den rebphysiologischen Vorgängen zu. Dies wird auch von den Winzern an der Mosel immer wieder bestätigt.

Es gibt Anzeichen dafür, daß der Osthang an dem „späten" Temperaturmaximum des Westhangs bzw. des allgemeinen täglichen Temperatugangs partizi-

145

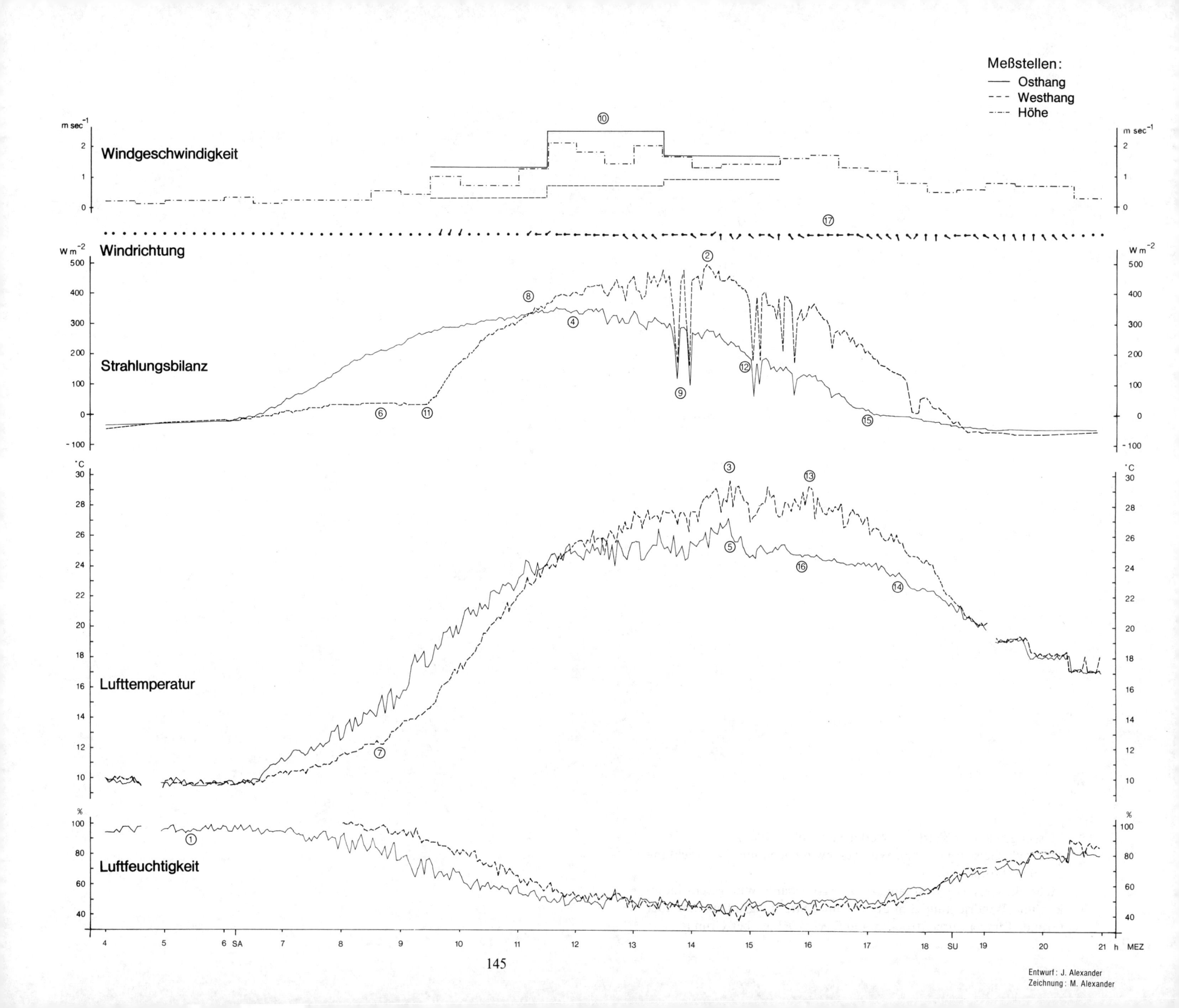

Fig. 45: Messungen am Geisberg bei Wettertyp S (10. 9. 1982)
Meßstelle Geisberg (Höhe): Windgeschwindigkeit und Windrichtung 2 m über Grund
Meßstelle Geisberg Westhang, Geisberg-Osthang: Windgeschwindigkeit und Windrichtung 2 m über Grund, Strahlungsbilanz 2 m über Grund, Temperaturen (trocken und feucht) 0,7 m über Grund

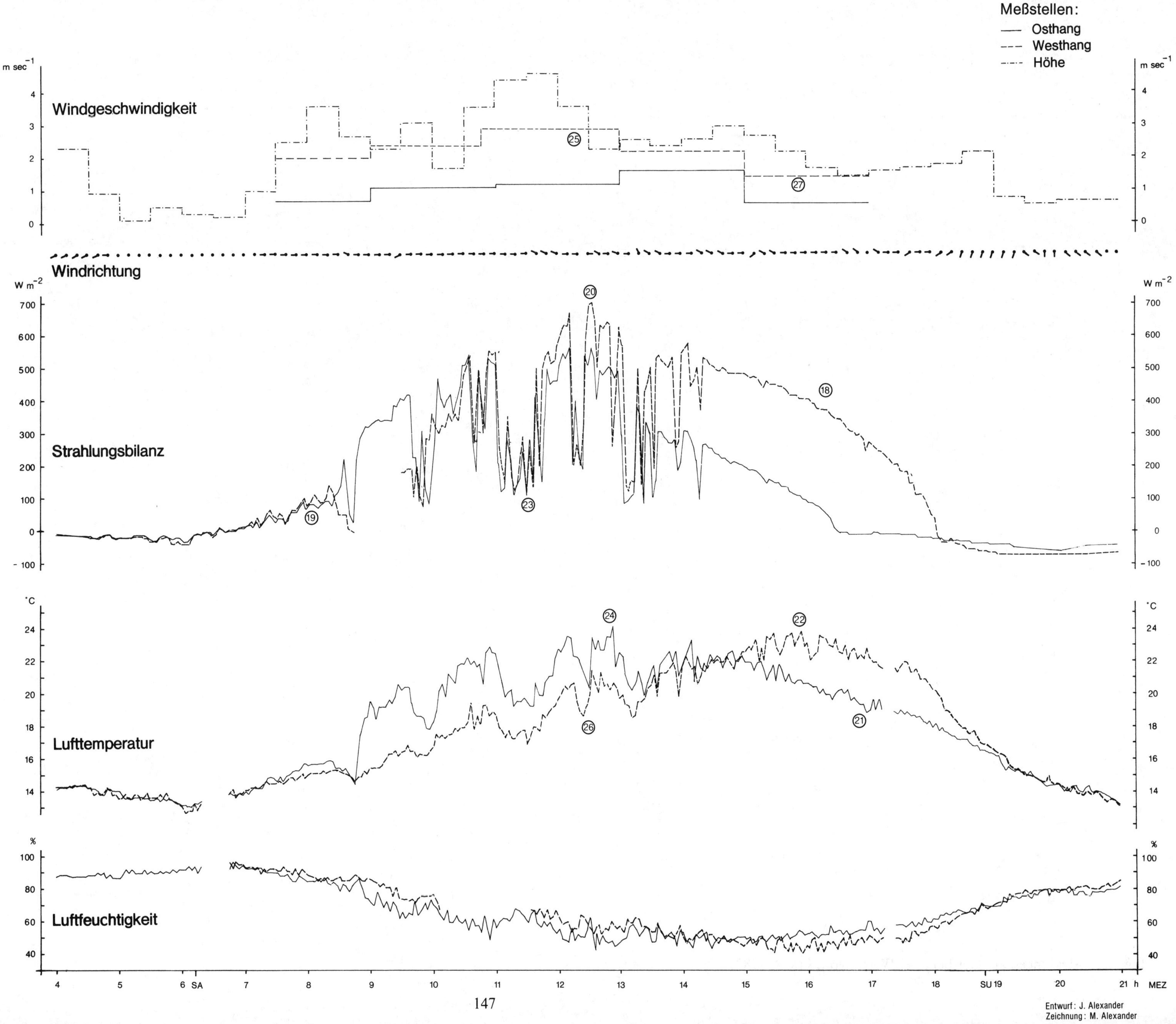

Fig. 46: Messungen am Geisberg bei Wettertyp BS (8. 9. 1982)

149

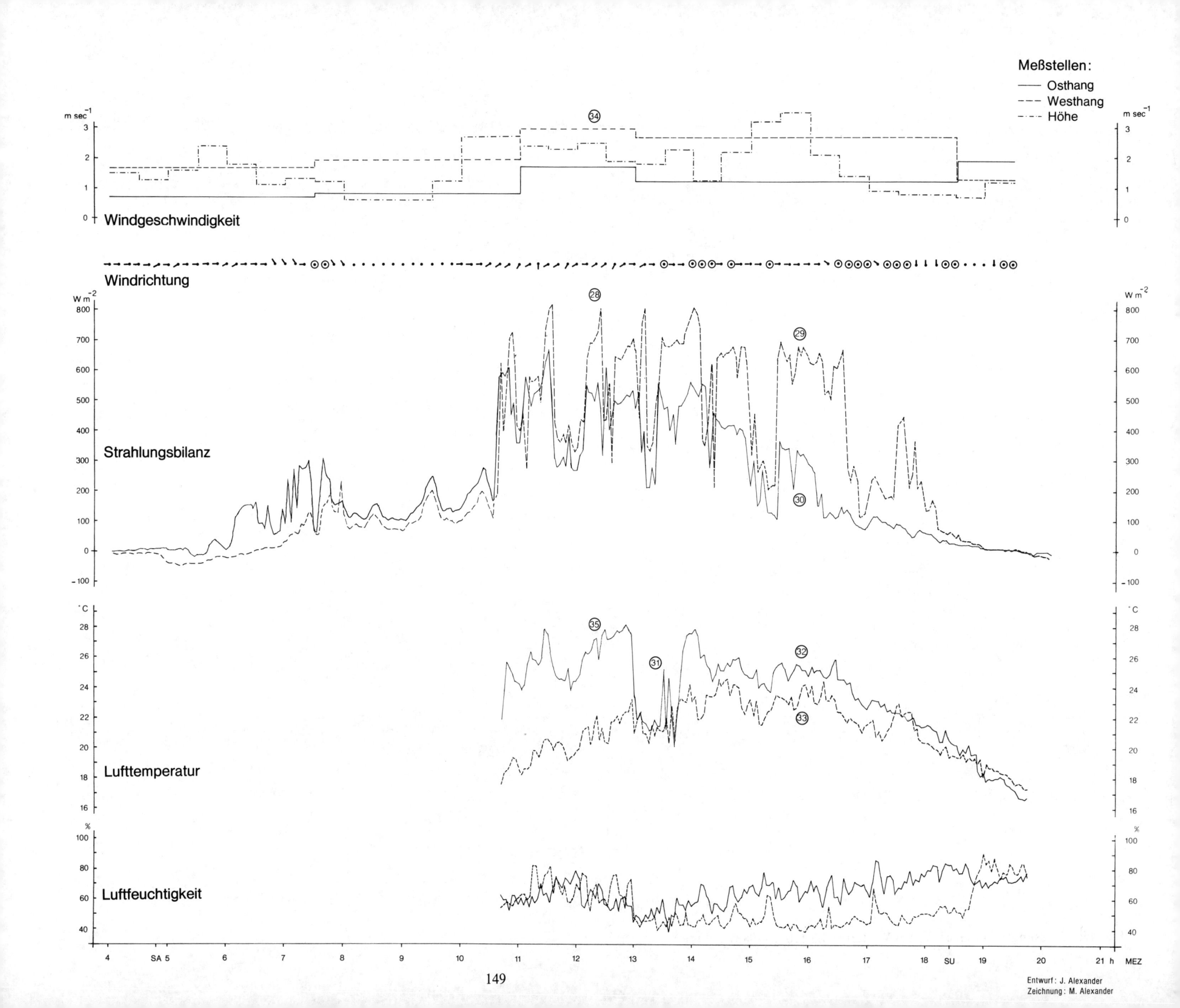

Fig. 47: Messungen am Geisberg bei Wettertyp BS (10. 6. 1983)

151

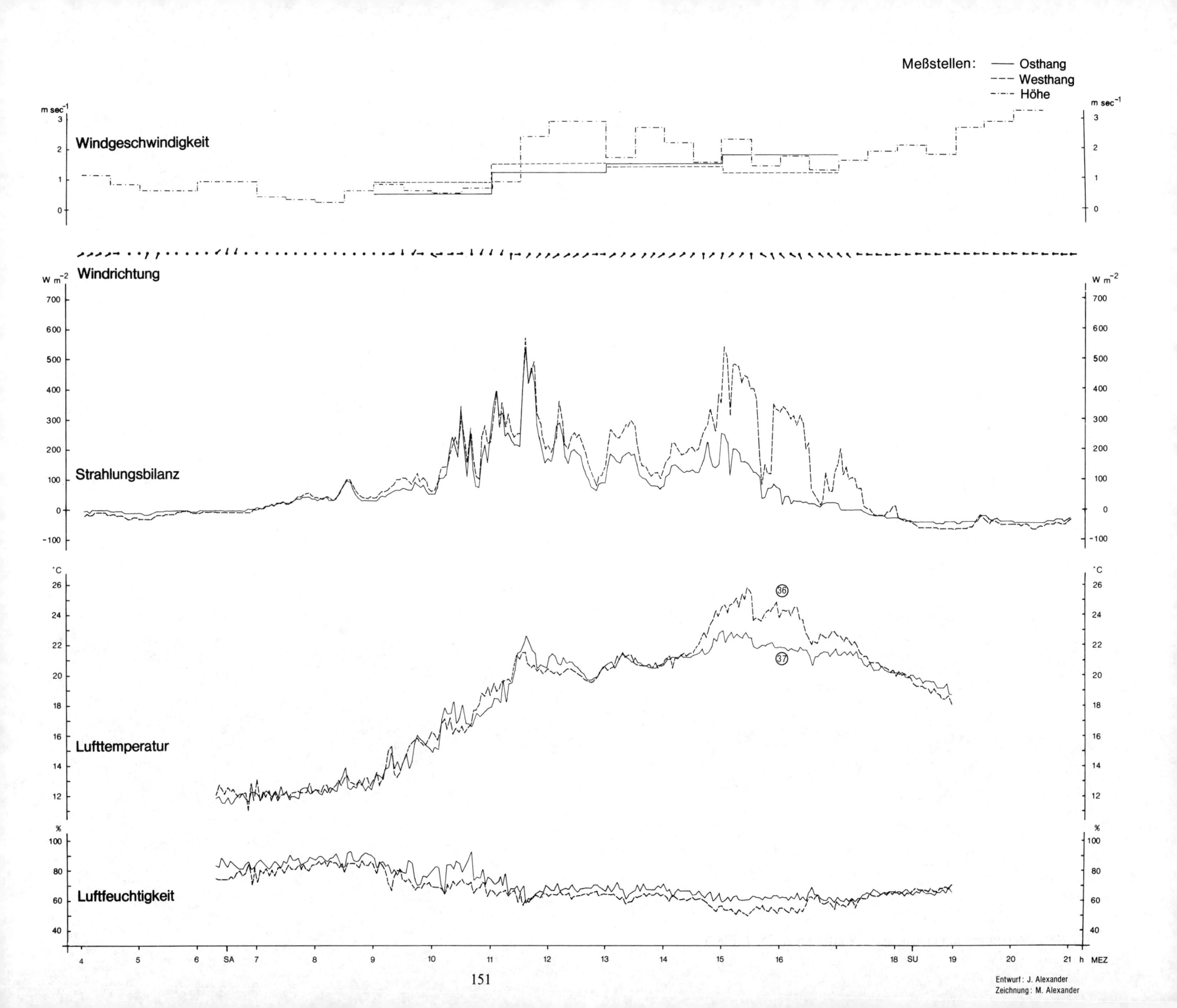

Fig. 48: Messungen am Geisberg bei Wettertyp Z (25. 9. 1982)

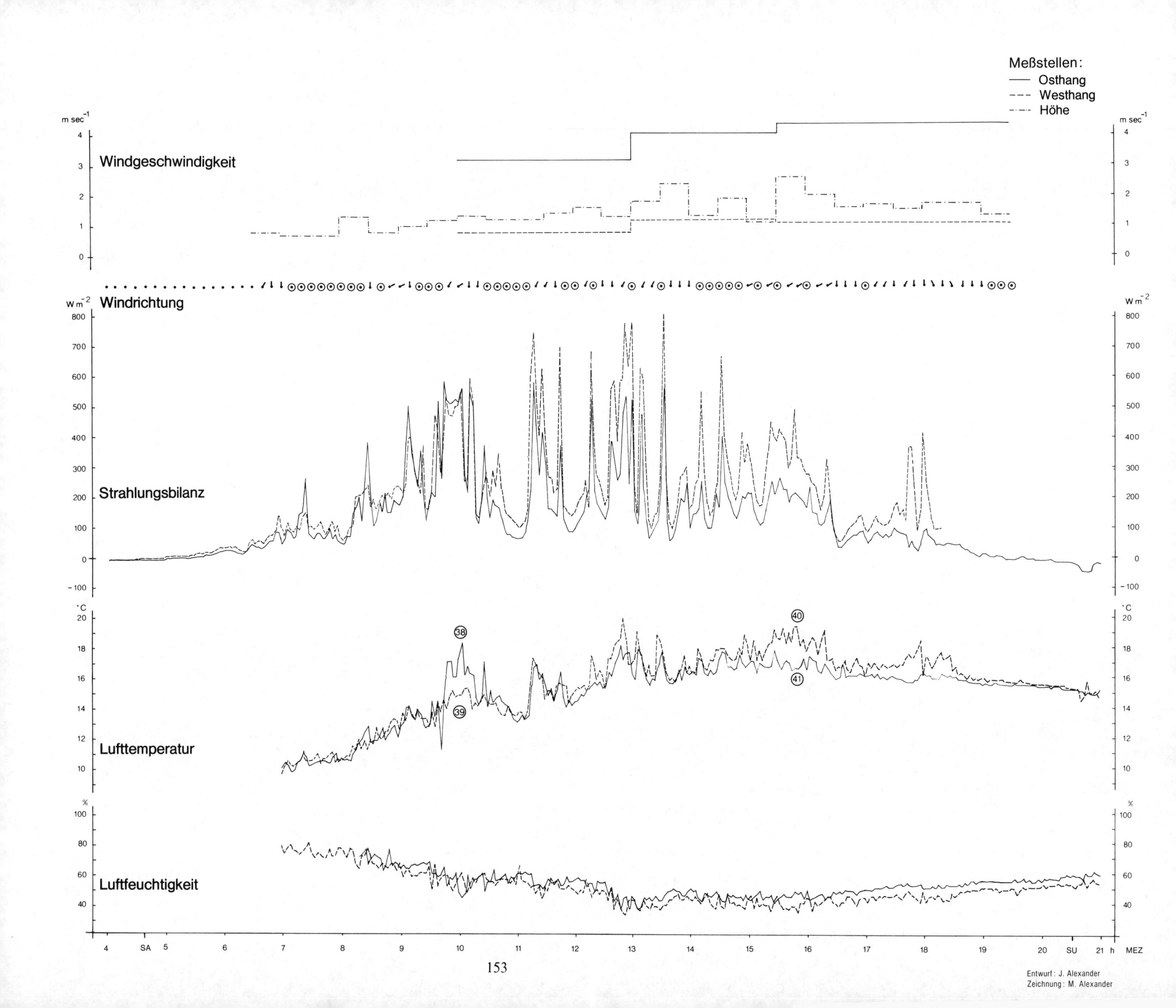

Fig. 49: Messungen am Geisberg bei Wettertyp ZB (18. 6. 1983)

piert. Der Osthang erreicht sein Maximum etwa zur selben Zeit wie der Westhang, gegen 14.30 h ③ ⑤. Trotz abnehmender positiver Strahlungsbilanzwerte sinken die Temperaturen am Osthang bis 17.30 h ⑭ kaum ab. Die Sonnenhöhe beträgt etwa ab 17.00 h weniger als 20°, so daß dem Bestand nur noch soviel Energie zugeführt wird, daß die Strahlungsbilanz ausgeglichen ist ⑮. Entsprechend hat auch der Westhang am Vormittag Anteil an den relativ hohen Temperaturen des Osthangs.
Es bleibt die Frage, ob der Wind die geschilderten topoklimatischen Differenzierungen beeinflußt. Die Temperaturkurven geben zunächst keinen Hinweis auf einen Windeinfluß, da sich der Durchzug von Wolkenfeldern und die Temperaturfluktuationen infolge aufsteigender Warmluft und die diese ersetzende kühlere Luft ebenfalls bemerkbar machen. Allerdings läßt die Temperaturböigkeit mit der beginnenden Beschattung des Bodens am Osthang ab etwa 15.00 h deutlich nach ⑯.
Ob Windgeschwindigkeiten, die nach BRANDTNER das Bestandsklima zerstören, zwischen 11.30 h und 13.30 h ⑩ wirksam werden, läßt sich nicht feststellen. Wahrscheinlich wären am Osthang die Temperaturen nur geringfügig höher. Geht man davon aus, daß an der Meßstelle Geisberg (Höhe) eine nur wenig niedrigere Windgeschwindigkeit als am oberen Osthang auftritt, müßte bei konstanten Winden aus Osten zwischen 16.00 h und 17.00 h ⑰ vor allem bei nachlassender Einstrahlung ein deutlicher Temperaturabfall feststellbar sein. Dies ist jedoch nicht der Fall. Offensichtlich spielt neben der im September und Oktober erhöhten Rauhigkeit des Bestandes die geringe Breite der Rebzeilen, wie sie vor allem in den Steillagen an der Mosel üblich ist, eine wichtige Rolle (vgl. BURCKHARDT 1958b).
Daraus ist zu schließen, daß im September und Oktober bei Winden, die direkt in die Zeilen hineinwehen, Geschwindigkeiten von über 2 m $\cdot$ sec^{-1} auftreten müssen, um das Bestandsklima zu zerstören. Damit es an Strahlungstagen zur Verminderung der thermischen Gunst an den Oberhängen des Geisbergs kommt, müssen bei Winden aus westlichen und östlichen Sektoren an der Station Trier-Petrisberg Geschwindigkeiten von über 3 m $\cdot$ sec^{-1} erreicht werden. Da in den Jahren 1975 bis 1983 im September 37, im Oktober jedoch nur 17 Tage mit Strahlungswetter auftraten (vgl. Tab. 6), interessiert vor allem der tägliche Gang der Windgeschwindigkeit und Windrichtung im September.
Im Gang der Windverhältnisse in den Monaten September und Oktober (vgl. Fig. 8 und 9) sind bis 11.00 h Ost- und Nordosthänge am stärksten windexponiert, wobei in diesem Zeitraum auch die höchsten Werte der Einstrahlung für diese Flächen zu erwarten sind. Im September tritt bei N- und NE-Winden von 7.00 h bis 9.00 h nur in 12,5 %, von 9.00 h bis 11.00 h nur in 11,0 % (Oktober: 6,0 %, 6,0 %) eine mittlere stündliche Windgeschwindigkeit von über 3 m $\cdot$ sec^{-1} auf. Trotz der in diesen Zeiträumen für östlich exponierte Flächen stärkeren Einstrahlung muß nur mit einer relativ geringen Beeinträchtigung der thermischen Verhältnisse in diesen Lagen gerechnet werden. Entsprechend dem Tagesgang der Windgeschwindigkeit steigt der Windeinfluß an. Während zwischen 11.00 h und 13.00 h West- und Ostlagen annähernd gleich stark windgefährdet sind, überwiegt von 13.00 h bis 17.00 h die Gefährdung der Westhänge. Vergleicht man die relative Häufigkeit der Winde mit einer Geschwindigkeit von über 3 m $\cdot$

sec^{-1} aus den Sektoren 60°, 90° und 120° mit den aus den Sektoren 240°, 270° und 300°, so stellt man zwischen 13.00 h und 15.00 h im September ein Verhältnis von 8,5 % : 16,0 % und im Oktober von 11,5 % : 15,0 % fest. Die Vergleichszahlen für den Zeitraum von 15.00 h bis 17.00 h betragen im September 12,0 % : 24,5 %. Zwischen 17.00 h und 19.00 h treten bei generell schwächeren Winden wiederum die östlich exponierten Lagen als stärker windgefährdet in Erscheinung (September 14,5 % : 7,0 %). Berücksichtigt man, daß zwischen 13.00 h und 15.00 h das Temperaturmaximum auftritt, eine Zerstörung des Bestandsklimas folglich sehr nachteilig wäre und an westlich exponierten Hängen im September nur an rund 8 % aller Termine das Bestandsklima häufiger „ausgeblasen" wird als an östlich exponierten Hängen, so sind die Differenzen unbeträchtlich. Dies gilt vor allem dann, wenn man für die Zerstörung des Bestandsklimas am luvseitigen Oberhang bei direkt in die Zeilen einfallendem Wind eine noch höhere Windgeschwindigkeit als 2 m · sec^{-1} (mehr als 3 m · sec^{-1} an der Station Trier-Petrisberg) und/oder am luvseitigen Hang des Geisbergs eine stärkere Abweichung der Windgeschwindigkeit im Vergleich zu der an der Bezugsklimastation annimmt.

Es ist daraus zu schließen, daß der senkrecht zu den Zeilen wehende Wind aufgrund der stärkeren Herabsetzung seiner Geschwindigkeit durch den Bestand (vgl. BRANDTNER 1974) bei Strahlungswetter in den Monaten September und Oktober nur einen geringen Einfluß auf die thermischen Verhältnisse ausübt. Als differenzierendes geländeklimatisches Element wirkt vor allem der Strahlungshaushalt. Diese Aussage gilt in noch stärkerem Maße für die Mittel- und Unterhänge, da die Windgeschwindigkeiten gegenüber dem Oberhang noch einmal um ca. 50 % vermindert sind. Der Vorteil des Westhangs wird noch deutlicher, wenn man in Betracht zieht, daß zwar am 10. 9. 1982 bei Sonnenaufgang kein Nebel als Folge einer kondensierten Kaltluftschicht herrschte, der tägliche Gang der Bewölkung im September und vor allem im Oktober aber durch eine starke Verminderung der Einstrahlung bis 11.00 h gekennzeichnet ist. Auf der Grundlage des Datenkollektivs von BRANDTNER (1974) hat der Autor eine Verminderung der direkten Strahlung an einem 20° geneigten Osthang gegenüber einem gleich stark geneigten Westhang im Oktober von 20 %, im September von fast 10 % errechnet (vgl. Tab. 3).

Stationäre Messungen bei Strahlungswetter konnten im Zeitraum Mai/Juni nicht stattfinden. Aufgrund der im Spätfrühjahr geringeren Rauhigkeit des Bestandes wird — wie erwähnt — keine Verminderung der Windgeschwindigkeit am oberen Luvhang gegenüber der Station Trier-Petrisberg angenommen. Zieht man zur Abschätzung der Windgefährdung den tageszeitlichen Gang der Windverhältnisse im Zeitraum 2. und 3. Dekade Mai und 1. Dekade Juni heran (vgl. Fig. 7), so fällt folgendes auf: Ähnlich wie im September und Oktober läßt sich ein täglicher Gang der Windgeschwindigkeit mit einem Maximum am Mittag und am frühen Nachmittag feststellen. Die Windgeschwindigkeiten sind allerdings beträchtlich höher, und es dominieren Winde aus östlichen Sektoren.

Im September, dem Monat mit der höchsten Anzahl von Strahlungstagen, erreicht im langjährigen Mittel die Großwetterlage HM (Hoch über Mitteleuropa) mit 23,5 % ihr Maximum, im Oktober tritt sie mit einer relativen Häufigkeit von 20,1 % auf. Bei dieser Großwetterlage herrschen in der Regel schwache Luftdruckgradienten und keine dominante Windrichtung. Im Mai/Juni dagegen treten Tage mit Strahlungswetter häufig in Verbindung mit der meridionalen Zirkulationsform auf. Es dominieren Ostlagen (im Mai 23,3%), besonders Großwetterlagen mit einem Hoch über Nordmeer-Fennoskandien (HNFa), die ihr Maximum im Mai/Juni (4,2%, 1,9%) erreichen, und antizyklonale Nordostlagen (NEa) im Zeitraum Mai/Juni (4,8%, 5,1%) (alle Daten aus HESS/BREZOWSKY 1977). So herrschen in diesem Zeitraum ganztägig Winde aus östlichen Sektoren. Dabei läßt sich aus der Darstellung auch ohne Angabe der relativen Häufigkeit von NE- und E-Winden mit Geschwindigkeiten über 2 m · sec^{-1} eine eindeutig stärkere Windexposition der nordost-, ost-und südostexponierten Hänge erkennen. Westhänge sind vor allem zur Zeit des Maximums in diesem Zeitraum bei sehr hoher Einstrahlung thermisch im Vorteil. Die am Mittag und frühen Nachmittag häufiger auftretenden Winde aus westlichen Sektoren sind weniger bedeutend.

Nimmt man eine Verminderung der Windgeschwindigkeit am Mittel- und Unterhang auf etwa ein Drittel der am Oberhang bzw. am Petrisberg in Trier registrierten Windgeschwindigkeiten in diesen beiden Monaten an, so erweist sich ausschließlich der obere Osthang als von Winden über 4 m · sec^{-1} beeinflußt. Die Häufigkeit ihres Auftretens beträgt in den jeweiligen zweistündigen Zeiträumen 2,0%, 11,0%, 12,0%, 12,5%, 17,0% und 23,5%. Im betrachteten Zeitraum vor der Blüte tritt folglich etwa an vier Strahlungstagen nicht nur eine Zerstörung des Bestandsklimas auf, sondern auch eine mehrere Stunden am Nachmittag dauernde Beeinträchtigung der Netto-Photosynthese durch hohe Windgeschwindigkeiten an den oberen Teilen des windexponierten Hanges. Während vor allem der mittlere und unter West- und Osthang wiederum relativ ungefährdet sind, gibt es vor der Blüte für den oberen Osthang des Geisbergs eine erhebliche Windgefährdung, die sowohl direkter als auch indirekter Natur ist. Durch die Kumulation thermischer und anemometrischer Effekte müssen besonders negative ökologische Konsequenzen für die Hangteile erwartet werden (vgl. Kap. 2.1 u. 2.2).

5.3 MESSUNGEN BEI WETTERTYP BS (8. 9. 1982)

Der Wetterverlauf am 8. 9. 1982 (Fig. 46) ist gekennzeichnet durch einen gegenüber dem 10. 9. 1982 wesentlich höheren Bedeckungsgrad. Die gemäßigten Einstrahlungsverhältnisse, die sich anhand der Werte der Bedeckung an der Station Trier-Petrisberg ergeben (Tab. 14), spiegeln sich auch in den Kurven der Strahlungsbilanzen wider. Eine Phase stärkerer Einstrahlung ab etwa 14.30 h ist sowohl am Petrisberg als auch am Geisberg erkennbar ⑱. Am 8. 9. 1982 herrscht eine zyklonale Westlage (Wz) vor, die im September im Zeitraum 1975—83 häufigste Großwetterlage. Entsprechend dominieren die Westwinde. Die Windgeschwindigkeiten sind relativ gering; sie erreichen an der Station Trier-Petris-

Tab. 14: Bewölkungs- und Windverhältnisse an der Station Trier-Petrisberg am 8. 9. 1982

h (MEZ)	Gesamtbedeckung (in Achtel)	Windrichtung (12teilige Skala)	Windgeschwindigkeit $(m \cdot sec^{-1})$
7	7	24	2,2
8	4	24	2,3
9	2	24	3,1
10	6	24	3,6
11	5	24	3,6
12	5	24	4,2
13	5	24	3,0
14	4	24	2,9
15	3	24	3,0
16	3	24	2,3
17	2	24	1,4
18	5	21	1,4
19	6		

berg nie mehr als 5 m · sec $^{-1}$. Diesem Tag wurde damit aufgrund seiner verminderten Einstrahlung der Wettertyp BS zugeordnet. Da keine Niederschläge fielen und die Tonschieferverwitterungsböden leicht erwärmbar sind, kam es während mindestens drei Stunden des Tages zur verstärkten Einstrahlung und Ausprägung von solchen Werten der Strahlungsbilanzen, Lufttemperaturen und Luftfeuchtigkeiten wie sie für Strahlungswetter typisch sind. Dies war am Nachmittag der Fall. Obwohl der Bedeckungsgrad in Trier zwischen 2/8 und 5/8 lag, wurde am Geisberg in diesem Zeitraum keine Bewölkung festgestellt wie der „glatte Abfall" der Strahlungsbilanzkurve am Westhang zeigt ⑱. Bei den Werten der Strahlungsbilanzen an beiden Hängen gibt es wiederum eine hohe Übereinstimmung. Ein Abfallen der Strahlungsbilanzwerte entspricht einer mehr oder weniger starken Beschattung, ein Ansteigen ist auf ungehinderte Einstrahlung zurückzuführen. Die Werte der Windgeschwindigkeit und Windrichtung weisen, unter Berücksichtigung der Verminderung der Windgeschwindigkeit von etwa 30 % am luvseitigen Oberhang gegenüber der Station Trier-Petrisberg und der geringfügigen Veränderung der Windrichtung, eine hohe Korrelation auf. Die von dem Windschreiber auf der Höhe des Geisbergs registrierten Werte liegen etwas über den am oberen Westhang gemessenen. Da bei Ostwind am 10. 9. 1982 die Meßstelle am oberen Osthang höhere Windgeschwindigkeiten als die Meßstelle Geisberg (Höhe) aufwies, wird verständlich, warum zur Korrelation der Windgeschwindigkeiten zu der Station Trier-Petrisberg nicht die Meßstelle Geisberg (Höhe), sondern die Werte, die an den Meßstellen an den jeweiligen

Oberhängen auftraten, herangezogen wurden. Während am Strahlungstag am Westhang die Strahlungsbilanzwerte erst gegen 9.30 h ansteigen, ist dies am 8. 9. 1982 schon früher der Fall ⑲, denn der Anteil der diffusen Strahlung ist wesentlich höher, obwohl die Globalstrahlung insgesamt nicht hoch ist.
Die Maxima der Strahlungsbilanzwerte lassen auf eine geringere Trübung der Atmosphäre am 8. 9. 1982 schließen. Es treten Werte von 700 W · m^{-2} auf ⑳. Die Advektion von im Vergleich zum Strahlungstag nur schwächer erwärmter Luft reicht aus, um am Osthang bis ca. 18.00 h, wie an einem Strahlungstag, ein relativ hohes Temperaturniveau aufrechtzuerhalten ㉑. Dabei spielt natürlich auch die Wärmespeicherfähigkeit des Tonschieferverwitterungsbodens eine Rolle.
Die topoklimatischen Differenzen zwischen beiden Hängen bis 14.00 h sind primär nicht vom Strahlungshaushalt, sondern vom Windeinfluß geprägt. Der Wind bewirkt am Osthang eine wesentlich geringere Abkühlunggröße. Die Zeitspanne, in der der Osthang höhere Temperaturen hat, ist länger, die Differenzen sind trotz der ab 11.30 h ㉓ gegenläufigen Strahlungsbilanzwerte zeitweise höher als an Strahlungstagen. Auch das Temperaturmaximum liegt am Osthang ㉔ geringfügig höher als am Westhang ㉒. Während an einem Strahlungstag gegen 12.30 h der Westhang wärmer war, ist er bei Windgeschwindigkeiten von knapp 3 m · sec^{-1} zwischen 12.00 h und 13.00 h ㉕ trotz günstigerer Strahlungsbilanz um ca. 2° C kühler ㉖, da das Bestandsklima „ausgeblasen" worden ist. Eine deutlich stärkere Erwärmung des Westhangs ist erst festzustellen, wenn bei wesentlich günstigeren Strahlungsbilanzwerten etwa ab 15.00 h ⑱ die Windgeschwindigkeit unter 2 m · sec^{-1} absinkt ㉗. Das Temperaturmaximum tritt deshalb erst gegen 16.00 h ein ㉒. Die Luftfeuchtigkeit nimmt einen der Temperaturentwicklung entsprechenden Verlauf und bedarf keiner weiteren Erläuterung.
Die bestandklimatischen Verhältnisse ab 15.00 h entsprechen denen, die bei Strahlungswetter auftreten. Da die Temperaturdifferenzen zwischen West- und Osthang am Nachmittag trotz eines Westwindes mit einer Geschwindigkeit von 1,4 m · sec^{-1} so hoch wie bei Strahlungswetter am 10. 9. 1982 sind, erweist sich die Annahme, daß erst bei der Überschreitung von ca. 2 m · sec^{-1} bei zeilenparallelem Windeinfall das Bestandsklima im September und Oktober zerstört wird, als gerechtfertigt.
Bevor die Windverhältnisse insgesamt eingeschätzt werden, ist zu überprüfen, ob sich Regelhaftigkeiten im täglichen Gang der Bewölkung und damit der Einstrahlung erkennen lassen. Darüber gibt Tabelle 5 Aufschluß. Sie belegt für beide Untersuchungszeiträume relativ große Unterschiede in der Einstrahlung während der Morgen- und Vormittagsstunden. Der strahlungsklimatische ungünstige Einfluß sich spät auflösender Nebelfelder macht sich vor allem im Oktober bemerkbar. Daraus resultiert in den spätsommerlichen und besonders den frühherbstlichen Tagen mit dem Wettertyp BS ein strahlungsklimatischer Vorteil der Westhänge. Im September und Oktober ähnelt an solchen Tagen der Gang der Windgeschwindigkeit dem bei Strahlungswetter, jedoch besonders im Oktober nimmt die Tendenz zur Ausbildung eines täglichen Maximums der Windgeschwindigkeit ab. Dies hängt mit dem zunehmend stärker werdenden zyklonalen Einfluß ohne erkennbaren Tagesgang der Windgeschwindigkeit zusammen (vgl.

Fig. 1). Während im September die Winde aus den Sektoren 240°, 270° und 300° in den Zeiträumen 13 h bis 15 h und 15 h bis 17 h mit einer relativen Häufigkeit von 29,0 % und 12,5 % die Geschwindigkeit 3 m · sec^{-1} überschreiten, geschieht dies bei Winden aus den Sektoren 60°, 90° und 120° nur in 10,0 % und 6,5 % der 2-Stunden-Mittel. Die entsprechenden Zahlen für den Oktober betragen für Winde aus westlichen Richtungen 15,0 % und 13,5 %, für die aus östlichen 12,5 % und 23,5 %. Betrachtet man allerdings zum einen die am Vormittag und am späten Nachmittag teils erheblich höhere Windexposition der östlichen Hänge vor allem gegenüber Winden aus nordöstlichen Richtungen und zum anderen den günstigeren Strahlungshaushalt der westlich exponierten Hänge, so ergibt sich eine auch in diesen Monaten leichte ökologische Benachteiligung des Osthangs am Geisberg. Der Windeinfluß bleibt allerdings aufgrund der am Mittel- und Unterhang wesentlich geringeren Windgeschwindigkeiten bei Strahlungswetter im wesentlichen auf den Oberhang beschränkt. Insgesamt gesehen kann nur auf eine leichte thermische Benachteiligung beider Oberhänge geschlossen werden, da eine direkte Windbeeinflussung durch Windgeschwindigkeiten von über 4 m · sec^{-1} selten ist. Der Strahlungshaushalt erweist sich damit in den Monaten September und Oktober als standortdifferenzierender Faktor.

5.4 MESSUNGEN BEI WETTERTYP BS (10. 6. 1983)

Bei einem Vergleich der Windgeschwindigkeiten und der Windrichtungen an der Station Trier-Petrisberg (Tab. 15) und an der Meßstelle Geisberg Westhang am 10. 6. 1983 (Fig. 47) bestätigt sich die schon mehrfach festgestellte hohe Korrelation der Werte. Auch die Strahlungsbilanzwerte lassen auf Übereinstimmungen mit den in Trier beobachteten Bedeckungsgraden schließen.
Die zur Zeit des Sommersolstitiums höhere Einstrahlung in Verbindung mit einer geringen Lufttrübung und einer geringen atmosphärischen Gegenstrahlung durch die Advektion relativ kühler, wasserdampfarmer Luft innerhalb einer antizyklonalen Westlage (Luftmasse: mPt) läßt die Werte der Strahlungsbilanzen 800 W ·m^{-2} erreichen ㉘. Vor allem am Nachmittag sind die Werte der Strahlungsbilanz des Westhanges ㉙ beträchtlich höher als die des Osthangs ㉚. Trotzdem weist der Osthang, von einzelnen kurzen Phasen am späten Nachmittag abgesehen, thermisch günstigere Verhältnisse auf ㉜ ㉝. Die Frage, wann ein direkt in die Zeilen hineinwehender Wind das Bestandsklima in den Monaten September und Oktober zerstört, wurde bereits erläutert.
Um abschätzen zu können, wie diese Zusammenhänge in der Meßperiode 2. Dekade Mai bis 1. Dekade Juni zu beurteilen sind, sollen die Temperaturen und Strahlungsbilanzen zwischen 11.00 h und 13. 00 h vom 10. 6. 1983 (Fig. 47) mit denen vom 8. 9. 1982 (Fig. 46) verglichen werden. An diesen beiden Tagen

Tab. 15: Bewölkungs- und Windverhältnisse an der Station Trier-Petrisberg am 10. 6. 1983

h (MEZ)	Gesamtbedeckung (in Achtel)	Windrichtung (12teilige Skala)	Windgeschwindigkeit ($m \cdot sec^{-1}$)
7	6	30	3,1
8	5	27	2,7
9	7	27	2,9
10	7	27	2,8
11	7	24	2,4
12	7	21	2,3
13	3	24	2,2
14	3	24	2,6
15	3	24	3,4
16	3	24	3,3
17	5	27	3,3
18	7	33	2,5
19	7		

herrschte der Wettertyp BS vor, und es traten Westwinde mit einer Geschwindigkeit von 3,0 ㉞ bzw. 2,9 m · sec^{-1} ㉕ auf. Trotz der positiveren Strahlungsbilanz am obereren Westhang ㉘ ⑳ sind die thermischen Verhältnisse am Osthang günstiger ㉟ ㉔. Am 10. 6. 1982 war die Temperaturdifferenz in diesem Zeitraum doppelt so groß wie am 8. 9. 1982, obwohl an dem Junitag die Einstrahlungsverhältnisse am Vormittag ungünstiger waren. Ohne daß eine quantitative Aussage über die jahreszeitlichen Veränderungen der Windgeschwindigkeit durch die Rauhigkeit des Bestandes möglich ist, kann angenommen werden, daß die geringere Dichte der Belaubung im Mai/Juni im Vergleich zu September und Oktober die Winde weniger abbremst. Ob der von BRANDTNER angegebene Wert von 1 m · sec^{-1} realistisch ist, entzieht sich aufgrund der vorliegenden Meßergebnisse der Beurteilung. Am Nachmittag bleibt trotz der hohen strahlungsklimatischen Unterschiede ㉙ ㉚ ein diese überkompensierender Windeinfluß erhalten ㉜ ㉝.
Die geringere Rauhigkeit des Bestandes im Frühjahr hat also nicht nur zur Folge, daß die an der Station Trier-Petrisberg gemessenen Windgeschwindigkeiten ohne weiteres auf die jeweiligen oberen Teile der Luvhänge des Geisbergs übertragbar sind, sondern daß auch mit Annäherung an den Erdboden die Windgeschwindigkeiten nicht so stark abnehmen wie im September und Oktober. Da die Messungen keine genaueren Aussagen erlauben, soll weiterhin von der Annahme ausgegangen werden, daß die Windgeschwindigkeiten, die am Petrisberg gemessen wurden, unmittelbar die an den oberen Luvhängen am Geisberg auftretenden widerspiegeln.

Unter Berücksichtigung des Tagesgangs von Windgeschwindigkeit und Windrichtung (vgl. Fig. 10) ergibt sich für den Zeitraum 2. Dekade Mai bis 1. Dekade Juni ein anderes Bild als in den Monaten September und Oktober. Die Tage mit dem Wettertyp BS treten in diesem Zeitraum nicht nur fast viermal häufiger auf als im September und Oktober (vgl. Tab. 6), ihnen kommt auch, verglichen mit den Strahlungstagen, eine ökologische Bedeutung in dieser Jahreszeit zu, da sie ganztägig hohe Werte der Einstrahlung aufweisen. Strahlungsklimatisch gesehen ist der Zeitraum Mai/Juni damit kaum schlechter gestellt als der an Strahlungstagen reiche September. Während jedoch im September und Oktober der Windeinfluß aufgrund der allgemein geringeren Windgeschwindigkeiten und der erhöhten Rauhigkeit des Bestandes relativ gering ist und nicht als standortdifferenzierend zwischen den beiden Oberhängen wirkt, muß im Untersuchungszeitraum Mai/Juni mit einer wesentlich stärkeren Windgefährdung des Osthangs gerechnet werden. Dabei sind die am 10. 9. 1983 auftretenden Westwinde nicht typisch.
Die Windwirkung drückt sich aber nicht nur in einer starken thermischen Differenzierung aus. Windgeschwindigkeiten über 4 m $\cdot$ sec $^{-1}$ treten im Tagesverlauf bei Winden aus den Sektoren 30°, 60° und 90° mit einer Häufigkeit von 41,0 %, 50,0 %, 52,5 %, 49,0 %, 52,5 % und 53,5 % auf. Aus der Kombination von geringen Temperaturen und hohen Windgeschwindigkeiten ergibt sich eine bereits mehrfach angesprochene ökologische Benachteiligung. Diese bleibt aber nicht nur auf den oberen Osthang beschränkt, sondern erstreckt sich auch auf die mittleren und unteren Hangpartien, wenn Geschwindigkeiten von über 6 m $\cdot$ sec $^{-1}$ am luvseitigen Oberhang auftreten. Der negative Windeinfluß wird sich in diesen Lagen aber fast ausschließlich in den niedrigeren Temperaturen niederschlagen. Auch für den gesamten Leehang läßt sich eine entsprechende Temperaturerniedrigung vermuten.

5.5 MESSUNGEN BEI WETTERTYP Z (25. 9. 1982)

Am 25. 9. 1982 wurden an der Station Trier-Petrisberg die in Tabelle 16 wiedergegebenen Bewölkungs- und Windverhältnisse festgestellt. An diesem Tag bilden sich am Geisberg (Fig 48) trotz des hohen Bedeckungsgrades bei geringen Windgeschwindigkeiten Temperaturunterschiede zwischen West- und Osthang aus (36) (37). Dies spricht wiederum für die schnelle Erwärmbarkeit der Tonschieferverwitterungsböden. Der Wettertyp Z ist jedoch bei ausreichender Wasserversorgung der Reben in den Zeiträumen 2. Dekade Mai bis 1. Dekade Juni und September und Oktober für die Qualitätsbildung von geringerer Bedeutung. Da häufig Niederschlag fällt, bewirkt er eine Nivellierung der Temperaturdifferenzen, und die Zahl der Tage mit diesem Wettertyp überwiegt nur im Oktober gegenüber solchen Tagen mit den Wettertypen S und BS.

Tab. 16: Bewölkungs- und Windverhältnisse an der Station Trier-Petrisberg am 25. 9. 1982

h (MEZ)	Gesamtbedeckung (in Achtel)	Windrichtung (12teilige Skala)	Windgeschwindigkeit (m · sec^{-1})
7	7	15	1,5
8	7	18	1,1
9	8	24	1,0
10	7	21	2,5
11	7	21	4,7
12	7	18	2,6
13	7	21	1,8
14	7	18	4,3
15	6	18	4,8
16	4	18	4,0
17	7	18	4,5
18	6	15	4,6
19	3		

5.6 MESSUNGEN BEI WETTERTYP ZB (18. 6. 1983)

Am 18. 6. 1983 wurde an der Station Trier-Petrisberg an mindestens sechs stündlichen synoptischen Terminen die Windgeschwindigkeit von 5 m · sec^{-1} überschritten (Tab. 17). Damit herrschte der Wettertyp BS vor. Dieser weist zwar Mitte Juni im Vergleich zu September und Oktober relativ hohe Einstrahlungswerte auf, aber verglichen mit den Wettertypen S und BS sind die Ein- und Ausstrahlung insgesamt gesehen stark vermindert und die Temperaturunterschiede relativ gering (Fig. 49 ㊳ ㊴ ㊵ ㊶).
Da ein Tagesgang der Windverhältnisse erwartungsgemäß nicht nachweisbar war, wurden die Stundenmittel von 7 h bis 19 h in einer Darstellung berücksichtigt (vgl. Fig 13). Bei einem Vergleich der Windverhältnisse in den beiden Untersuchungszeiträumen 2. und 3. Dekade Mai, 1. Dekade Juni und September und Oktober besitzt wiederum die Periode im Frühjahr wesentlich höhere Windgeschwindigkeiten. Im September und Oktober ist die Zahl der Tage mit einem ZB-Wettertyp gering, und die geringe Häufigkeit dieser Termine beeinflußt das für diesen Zeitabschnitt bisher gewonnene Bild der topoklimatischen Verhältnisse nicht.

Tab. 17: Bewölkungs- und Windverhältnisse an der Station Trier-Petrisberg am 18. 6. 1983

h (MEZ)	Gesamtbedeckung (in Achtel)	Windrichtung (12teilige Skala)	Windgeschwindigkeit ($m \cdot sec^{-1}$)
7	7	06	2,3
8	7	03	3,2
9	6	03	3,7
10	5	03	5,0
11	4	03	5,7
12	6	06	4,3
13	7	06	5,5
14	6	06	6,0
15	6	06	5,8
16	6	06	6,3
17	6	06	5,5
18	7	06	5,8
19	7		

Im Frühjahr ist dies anders. Zwar sind auch dann die Tage mit einem ZB-Wettertyp gering, aber der Westhang ist stärker windexponiert. Die Minderung der Netto-Photosynthese ist infolge der schlechten Licht- und Temperaturverhältnisse jedoch nicht so bedeutend wie bei besseren Einstrahlungs- und Temperaturverhältnissen. An diesen Terminen kann es jedoch zu mechanischen Schäden im Bestand kommen, so daß sich das Bild des im Frühjahr wesentlich stärker ökologisch benachteiligten Osthangs etwas abschwächt. Von den negativen Folgen der hohen Windgeschwindigkeiten der W- und SW-Winde bleiben, da sich kein Bestandsklima ausbildet, der mittlere und untere Westhang ebenso wie der gesamte Osthang verschont.

5.7 ZUSAMMENFASSUNG UND SCHLUSSFOLGERUNGEN

Auf der Basis einer Analyse der Lageverhältnisse der Station Trier-Petrisberg und der Meßstellen auf dem Geisberg (vgl. Kap. 3.1), der Beschränkung auf die Untersuchungszeiträume vor der Blüte und während der Reife (vgl. Kap. 2.1) und einer Wettertypenklassifikation (vgl. Kap. 3.2.3) konnten die Bedingungen definiert werden, unter denen sich die strahlungsklimatischen und anemometrischen Verhältnisse einerseits zwischen Petrisberg und Geisberg und andererseits zwischen den Meßstellen am Geisberg sinnvoll miteinander korrelieren lassen. Da an den Meßstellen Geisberg Westhang und Geisberg Osthang lediglich der Faktor Exposition variierte, war es möglich, trotz kurzer Meßreihen quantitative Angaben über topoklimatische Differenzierungen zu machen.

Im September und Oktober weist der Westhang des Geisbergs gegenüber dem Osthang bei Ausbleiben nebeliger Bodeninversionen thermisch günstigere Photosynthesebedingungen auf. Sowohl bei Strahlungswetter als auch bei anderem Wettertyp (BZ, teilweise Z) treten deutliche Differenzen auf. Dabei spielen die leicht erwärmbaren Tonschieferverwitterungsböden eine wichtige Rolle.

Die topoklimatische Differenzierung zwischen den beiden Hängen wird aufgrund der Ausbildung nebeliger Bodeninversionen an Tagen mit dem Wettertyp BS im September und Oktober verstärkt. Wegen der Dichte des Rebbestandes in diesen ohnehin relativ windschwachen Monaten ist der Einfluß des Windes auf die thermischen Verhältnisse gering. Bei zeilenparallelem Wind muß die Geschwindigkeit $2\,m \cdot sec^{-1}$ überschreiten, um das Bestandsklima zu zerstören. Der von BRANDTNER angegebene Wert von $1\,m \cdot sec^{-1}$ ist demnach am Geisberg für diesen Zeitraum nicht zutreffend. Im September und Oktober sind die topoklimatischen Unterschiede am Geisberg durch den Strahlungshaushalt geprägt. Mit zunehmender Höhe an den beiden Hängen nimmt folglich der Gradient der wuchsklimatischen bzw. qualitätsfördernden Bedingungen fast linear, dem hypsometrischen Temperaturgradienten entsprechend, ab. Untersuchungen der Windverhältnisse in hängigen und steilen Lagen im Anbaugebiet Mosel-Saar-Ruwer sind somit im September und Oktober nicht sinnvoll.

Im Zeitraum vor der Blüte werden an Tagen, an denen die Wettertypen S und BS auftreten, Unterschiede im Strahlungshaushalt zwischen den beiden Hängen durch nebelige Bodeninversionen nicht bewirkt. Es dominieren aber starke Ostwinde, die bei der gleichzeitig geringen Rauhigkeit des Bestandes in diesem Zeitraum das Bestandsklima schon bei einer Geschwindigkeit von $1\,m \cdot sec^{-1}$ bei zeilenparallelem Einfall zerstören. Daraus resultiert ebenso wie im September und Oktober eine thermisch bedingte Assimilationseinschränkung vor allem am Osthang, die aufgrund der hohen Anzahl der Tage mit den Wettertypen S und BS bedeutend ist. Am oberen Westhang ist jedoch die thermische Ungunst, die die qualitätsfördernden Bedingungen negativ beeinflußt, nur ein einziger Faktor. An ungefähr jedem zweiten Tag mit Böenwetter herrschen über einen längeren Zeitraum des Tages bei günstigen Einstrahlungsverhältnissen Windgeschwindigkeiten von über $4\,m \cdot sec^{-1}$ vor. Es ist anzunehmen, daß sich aufgrund dieser Windgeschwindigkeiten und infolge der nicht immer ausreichenden Wasserversorgung der Rebe, vor allem in niederschlagsarmen Jahren, am flachgründigen Oberhang die qualitätsfördernden Bedingungen wesentlich ungünstiger gestalten.

Der Einfluß der Windexposition auf die topoklimatischen Verhältnisse erlangt dort eine noch größere Bedeutung, wo im Bereich der Moselmäander windoffenere Osthänge als am Geisberg auftreten.

6. ZUSAMMENFASSUNG

In den letzten Jahrzehnten wurden die Rebflächen im Anbaugebiet Mosel-Saar-Ruwer ebenso wie in anderen deutschen Anbaugebieten — ausgeweitet. Damit Weinbau auf ökologisch günstige Areale beschränkt werden kann, ist es notwendig, Beurteilungsverfahren zur Güteabschätzung von Weinbaulagen zu entwickeln. Die aus dem Weinbaugesetz und den individuellen Ansprüchen der Winzer resultierenden praktischen Erfordernisse haben dazu geführt, daß auf der Basis lokaler Meßdaten und Untersuchungen einerseits und theoretischer Überlegungen andererseits praxisorientierte Modelle entwickelt wurden. Diese dienen dem Ziel, auch für solche Lagen und Lokalitäten Aussagen über Qualitätsnormen des Weinbauklimas machen zu können, für welche selbst keine Meßdaten zur Verfügung stehen. Für den Bereich des Deutschen Wetterdienstes hat BRANDTNER (1974) ein EDV-gestütztes Verfahren entwickelt.

Ein wichtiger — und auch häufig untersuchter — Klimafaktor ist die Kaltluftgefährdung im Weinbau. Sie wurde dementsprechend auch in der vorliegenden Arbeit als ein Teilkomplex für die gegebenen topologischen Rahmenbedingungen des Untersuchungsgebietes im Bereich der Umlaufberge an der Mittelmosel nach erprobten Methoden gemessen und kartiert.

Ein schwieriger und wenig bearbeiteter Gesichtspunkt ist der über den Einfluß der Luftbewegung auf die Gestaltung des thermischen Milieus in Rebbeständen. Für das stark ozeanisch geprägte Anbaugebiet an Mosel-Saar-Ruwer ist der Wind als Gestaltungsfaktor besonders wichtig und interessant. Hier quantifizierende Aussagen zu machen, ist das zweite Hauptanliegen der vorliegenden Untersuchung.

Mit beiden gekoppelt wurde das Problem, eine für den Einsatz in mobilen Meßstationen geeignete elektronische Meßapparatur zu entwickeln, welche bei der Datenerhebung den bisherigen Apparaturen überlegen ist und die gleichzeitig bei der Datenauswertung die Rechengänge an elektronischen Datenverarbeitungsanlagen erleichtert.

Im ersten Teil der Arbeit (S. 1—33) werden die notwendigen Informationen über die regionalen und lokalen Rahmenbedingungen in klimatologischer und geomorphologisch-naturräumlicher Hinsicht vermittelt. Zusammenfassendes Resultat ist die kartographische Darstellung der Geotope des Untersuchungsgebietes. Grundlage für diese sind die morphographisch begründeten Tope und deren Bodenbedeckung.

Im zweiten Teil (S. 34—41) „Geländeklima und Qualitätsweinbau" werden die in der Literatur enthaltenen Aussagen über die Auswirkung bestimmter klimatischer Einflußfaktoren in den verschiedenen Phasen des Wachstumszyklus der Rebe mit dem Ziel diskutiert, eine Festlegung der günstigsten Untersuchungszeiträume für die Kaltluftgefährdung einerseits und den Windeinfluß andererseits zu treffen. Messungen der Minimumtemperaturen sollten im Frühjahr zur Erfassung der Spätfrostgefährdung erfolgen. Eine Untersuchung des Windeinflusses ist im Zeitraum vor der Blüte und während der Reife am sinnvollsten.

Im dritten Teil (S. 42—88) sind die Untersuchungsmethoden behandelt. Folgende fünf Schritte erwiesen sich als sinnvoll:

1. Auf dem Geisberg wurde in ähnlicher Höhenlage wie die Klimahauptstation Trier-Petrisberg eine Geländebasisstation (Referenzstation) installiert. Damit war es möglich, für Strahlungswetterlagen die Langzeitmittelwerte von Trier-Petrisberg auch für die Geländebasisstation anzusetzen und an der Geländebasisstation thermische Bezugswerte zu registrieren, auf die die bei den Meßfahrten gewonnenen Werte bezogen werden konnten.
2. In der Nähe der Geländebasisstation wurde ein mechanischer Windschreiber nach WÖLFLE in 2 m über Grund aufgestellt. Nach Höhenlage und Exposition konnten erstens über längere Zeitabschnitte Windrichtung und Windgeschwindigkeit erfaßt und durch synoptischen Vergleich an die Langzeitwerte der Klimahauptstation Trier-Petrisberg angeschlossen werden. Damit war es möglich, über Langzeitmessungen an der Bezugsklimastation tageszeitliche Gänge der Windrichtungen und Windstärken bei verschiedenen Wettertypen zu erhalten. Zweitens diente die Windmeßstation auf dem Geisberg als Referenzstation für Stichprobenmessungen zur Feststellung der relativen Windexposition auf dem West- und Osthang des Geisbergs.
3. Als Meßapparatur zur Feststellung der radiometrischen, thermischen und anemometrischen Komponenten des Bestandsklimas am West- und Osthang bei verschiedenen synoptischen Rahmenbedingungen wurden zwei stationäre Meßstellen mit je einem Strahlungsbilanzmesser, einem Schalenkreuzanemometer und einem Psychrogeber installiert.
4. Zur Feststellung der synoptischen Randbedingungen, die bei mobilen und stationären Kurzzeitmessungen herrschten, wurde die Wettertypenklassifikation von WILMERS verändert, indem der Niederschlag als klassifizierendes Kriterium einbezogen wurde.
5. Auf der Basis der Mikroelektronik wurde ein Gerät mit der Bezeichnung SEKAM für die Datenerfassung, -speicherung und -verarbeitung in Klimameßwagen entwickelt.

Der vierte Teil der Arbeit (S. 89—136) behandelt die Ergebnisse der Meßfahrten. Vor allem werden die zwölf Profile diskutiert, die beim Strahlungswettertyp (S) zum Morgentermin aufgenommen worden sind und die ein detailliertes Bild der topoklimatischen Temperaturdifferenzierungen ergeben. Es kann folgendes festgestellt werden:

1. Auf der Basis von mindestens fünf morgendlichen Meßfahrten, durchgeführt in der Zeit von Mitte Mai bis Mitte August, läßt sich die relative Kaltluftgefährdung und die Spätfrostgefährdung mit ausreichender Genauigkeit ermitteln.
2. Trotz ähnlicher naturräumlicher Ausstattung der vom Veldenzer Bach und vom Frohnbach durchflossenen Teile des pleistozänen Umlauftals der Mosel zeigten sich beide Talabschnitte in unterschiedlichem Maße als kaltluft- bzw. frostgefährdet. Unterschiedlich sind die Kaltluftadvektion, die Talquerschnitte und die Abflußmöglichkeiten der Kaltluft.

3. Hangneigung, Hanglänge und die Hangform (Delle oder Riedel) sowie Bodenbedeckung und Rauhigkeit spielen eine wichtige Rolle bei der thermischen Beurteilung einer Lage und der Einschätzung ihrer Kaltluft- und Frostgefährdung. Ebenso muß die thermisch ausgleichende Wirkung des großen Wasserkörpers der Mosel in Betracht gezogen werden.
4. Durch das Wirksamwerden der genannten Faktoren kommt es dazu, daß Weinbauflächen am Osthang des Frohnbachtals eine starke Spätfrostgefährdung bei der Frostgefährdungsstufe – 4,0° C aufweisen, obwohl sie 70 m höher liegen als der Unterhang des südlichen Braunebergs, an dem keine Spätfrostgefährdung dieser Stufe zu erwarten ist.
5. Die neu- oder wiederangelegten Rebflächen im Veldenzer Bach-Tal und am Nordhang des Braunebergs erwiesen sich als wesentlich geringer gefährdet als die im unteren Frohnbachtal.
6. Morgenmeßfahrten bei hohem Bewölkungsgrad und geringen Windgeschwindigkeiten ergaben, daß im Vergleich zu den Verhältnissen in Strahlungsnächten die geländeklimatischen Differenzierungen weniger stark ausgeprägt sind. Trotzdem können erstaunlich kräftige Temperaturinversionen auftreten.
7. Aufgrund der geringen Anzahl von Mittagmeßfahrten unter Einstrahlungsbedingungen konnten qualitative Differenzierungen hinsichtlich der Wärmebedingungen an den Hängen des Geisbergs erkannt werden. Diese werden bei zyklonalem Wetter und besonders bei Böenwetter nivelliert.

Im fünften Teil (S. 137—165) sind die Ergebnisse der stationären Messungen dargestellt. Folgende Schlußfolgerungen lassen sich ziehen:
1. Im September und Oktober weist der Westhang des Geisbergs gegenüber dem Osthang bei Ausbleiben der nebligen Bodeninversionen thermisch günstigere Assimilationsbedingungen auf.
2. Die topoklimatische Differenzierung zwischen den beiden Hängen wird bei Ausbildung nebliger Bodeninversionen beim Wettertyp BS im September und Oktober verstärkt. Wegen der Dichte des Rebbestandes in diesen ohnehin relativ windschwachen Monaten ist der Einfluß des Windes auf die thermischen Verhältnisse gering. Bei zeilenparallelem Einfall muß die Windgeschwindigkeit $2 \text{ m} \cdot \text{sec}^{-1}$ überschreiten, um das Bestandsklima zu zerstören; der von BRANDTNER angegebene Wert von $1 \text{ m} \cdot \text{sec}^{-1}$ ist demnach für den Geisberg nicht zutreffend.
3. Im Zeitraum vor der Blüte werden an Tagen, an denen die Wettertypen S und BS auftreten, Unterschiede im Strahlungshaushalt zwischen den beiden Hängen durch neblige Bodeninversionen nicht bewirkt. Es dominieren aber starke Ostwinde, die bei der gleichzeitig geringen Rauhigkeit des Bestandes zu diesem Zeitpunkt das Bestandsklima schon bei einer Geschwindigkeit von $1 \text{ m} \cdot \text{sec}^{-1}$ bei zeilenparallelem Einfall zerstören. Daraus resultiert eine thermisch bedingte Assimilationseinschränkung vor allem am Osthang. Am oberen Westhang muß ungefähr an jedem zweiten Tag mit Böenwetter bei günstigen Einstrahlungsverhältnissen mit Windgeschwindigkeiten von über $4 \text{ m} \cdot \text{sec}^{-1}$ gerechnet werden. Es ist anzunehmen, daß in dieser topographischen Situation die qualitätsfördernden Bedingungen, die sonst den Westhang auszeichnen, am Oberhang wesentlich relativiert werden.

Die vorliegende Untersuchung hat erbracht, daß für das Weinbaugebiet Mosel-Saar-Ruwer die Kriterien, auf denen das derzeit gültige Beurteilungsverfahren für die Genehmigung von Weinbaulagen beruht, nicht ausreichend sind. Die Geländeklimate eines Anbaugebietes werden nicht nur von dessen jeweiliger Topographie, sondern auch von den Böden, den regionalklimatischen und synoptischen Bedingungen sowie den bestandsgeometrischen Merkmalen gesteuert.

Unter Verwendung der Untersuchungsergebnisse und mit den derzeit vom Deutschen Wetterdienst durchgeführten komplexen Standortanalysen ist es möglich, die Bedeutung des Strahlungshaushalts und des Windeinflusses für die Qualitätsbildung an der Mosel besser als bisher zu bestimmen. Nach wie vor nicht möglich ist die modellartige Abstraktion der Wind- und Kaltluftverhältnisse. Diese Einflußgrößen lassen sich für jeden beliebigen Standort ohne Messungen nicht hinreichend genau abschätzen.

Es könnte sich erweisen, daß gerade an den im Anbaugebiet Mosel-Saar-Ruwer vorherrschenden SW- und W-exponierten Steilhängen, vor allem in den mittleren und unteren Hangbereichen, das Gewicht der einzelnen Standortfaktoren an der Qualitätsbildung noch stärker verlagert ist, als dies bisher für Steillagen im Rheingau nachgewiesen wurde. Möglicherweise besitzen diese Hangbereiche im Anbaugebiet an der Mosel einen bisher nicht ausreichend erfaßten Standortvorteil. Die wissenschaftliche Diskussion um die Ausweitung von „Steillagen-Weinen" gewinnt damit wieder an Aktualität.

LITERATURVERZEICHNIS

Die Abkürzungen wurden nach der World List of Scientific Periodicals vorgenommen.

AICHELE, H. (1949): Witterung und Weinertrag. — Wett. Klima, 2, 167—173
— (1951): Frostgefährdete Gebiete in der Baar, eine kleinklimatische Geländekartierung. — Erdkunde, 5, 70—73
— (1953a): Kaltluftpulsationen. — Met. Rdsch., 6, 53—54
— (1953b): Lokalklimatische Forststudien am westlichen Bodensee. — Met. Rdsch., 6, 126—130
— (1961): Die Bedeutung des Kleinklimas im Qualitätsweinbau. — Wein-Wiss., 16, 197—205
— (1965): Weinbau-Meteorologie. — Weinberg Keller, 12, 1—14
— (1968): Über die Verwendung fahrbarer Temperaturschreiber bei geländeklimatischen Untersuchungen. — Angew. Met., 5, 267—276
AICHELE, H. u. KING, E. (1964): Schätzungsrahmen zur kleinklimatischen Gütebewertung von Weinbaulagen durch Dienststellen des Deutschen Wetterdienstes. — Dt. Wetterd., Zentralamt (unveröff.)
ALEXANDER, J. (1978): Berg- und Talwinde in der Trierer Talweite — dargestellt anhand von Messungen im Ruwertal. — 1. Staatsexamensarbeit für das Lehramt an Gymnasien, Universität Trier (unveröff.)
ALLEWELDT, G. (1965a): Die Qualitätsweinproduktion aus rebphysiologischer Sicht. — Vortrag gehalten anläßlich des 2. Landw. Hochschultages, Mainz 1965
— (1965b): Über den Einfluß der Temperatur auf die Blutung von Reben. — Vitis, 5, 10—16
— (1966): Nationalbericht zum Thema: Anreicherung an Zucker und Vergrößerung des Beerenvolumens: Mechanismus, Faktoren, Rolle der Blätter für den Ertrag und die Qualität der Trauben, Produktion des Blattwerks. — 46. Plenartagung des internat. Amtes für Rebe und Wein, Sofia, September 1966
— (1967a): Der Einfluß des Klimas auf Ertrag und Mostqualität der Reben. — Rebe Wein, 20, 312—317
— (1967b): Physiologie der Rebe, Forschungsergebnisse der Jahre 1956—1960 und 1961—1964. — Vitis, 6, 48—81
ALLEWELDT, G. u. HOFÄCKER, W. (1975a): Umweltbelastung durch den Weinbau. — Rebe Wein, 28, 36—39
— (1975b): Einfluß von Umweltfaktoren auf Austrieb, Blüte, Fruchtbarkeit und Triebwachstum bei der Rebe. — Vitis, 14, 103—115
AMERINE, M. A. (1966): The maturation of wine grapes. — Wines Vines, 37, 27—38

ARBEITSGRUPPE FREIBURG (1974): Untersuchung der klimatischen und lufthygienischen Verhältnisse der Stadt Freiburg i. Br. — o. O.

BAUMGARTNER, A. (1956): Untersuchungen über den Wärmehaushalt eines jungen Waldes. — Ber. dt. Wetterd., 28, 5
— (1960a): Gelände und Sonnenstrahlung als Standortfaktor am Großen Falkenstein (Bayerischer Wald). — Forstwiss. ZentBl., 79, 286—297
— (1960b) (1961) (1962): Die Lufttemperatur als Standortfaktor am Großen Falkenstein. — Forstwiss. ZentBl., 79, 362—373; 80, 107—120; 81, 17—47

BAUR, F. (Hrsg.) (1957): Linkes Meteorologisches Taschenbuch. — Neue Ausgabe, Leipzig

BECKER, K. (1960): Das Weinbauklima. — Dte. Weinb., 15, 288—299, 326—328
— (1965): Die Bedeutung der Standortverhältnisse im Weinbau und die Möglichkeiten zu ihrer Verbesserung. — Dt. WeinbJb. 1964, 58—71

BECKER, N. J. (1966): Reaktionskinetische Temperaturmessungen in der weinbaulichen Ökologie. — Weinberg Keller, 13, 501—512
— (1967): Beiträge zur Standortforschung an Reben. — Diss., Gießen
— (1968a): Standortforschung und regionale Entwicklung im Weinbau. — Vortrag anläßlich der Hochschultagung der Landwirtschaftlichen Fakultät der Universität Gießen, Oktober 1968 (= Ergebnisse landwirtschaftlicher Forschung an der Justus Liebig-Universität, 10), Gießen
— (1968b): Die Gütebewertung der Rheingauer Weinbergslagen. — Dte Weinb., 23, 1298—1302
— (1969): Standortforschung an Reben — Aufgaben, Probleme, Lösungen. — Dt. WeinbJb. 1969, 107—115
— (1970a): Die Bedeutung des Kleinklimas für den Qualitätsweinbau. — Dt. WeinbJb. 1971, 15—20
— (1970b): Beiträge zur Standortforschung an Reben (Vitis vinifera L.). Ergebnisse einer Erhebungsuntersuchung im Rheingau. — Wein-Wiss., 25, 63—116
— (1970c): Kennwerte des klimatischen Leistungspotentials von Rebflächen. — Wein-Wiss., 25, 356—370
— (1972): Vergleich verschiedener Methoden zur Beurteilung kleinklimatischer Wärmeunterschiede an Rebstandorten. — Wein-Wiss., 27, 105—112
— (1975): Praktische Erfahrungen mit der reaktionskinetischen Temperaturmessung nach Pallmann. — Arch. Geophs. Biokl., Ser. B, 23, 415—430
— (1977a): Ökologische Kriterien für die Abgrenzung des Rebgeländes in den nördlichen Weinbaugebieten. — Wein-Wiss., 32, 77—102
— (1977b): Untersuchungen über Kleinklimaveränderungen im Rebgelände durch den Bau großflächiger Terrassen. — Wein-Wiss., 32, 237—253
— (1977c): Witterung, Ertrag und Qualität. — Bad. Winzer, 5, 22—28
— (1979a): Die Klimaverhältnisse der deutschen Weinbaugebiete. — In: VOGT, E. u. GÖTZ, B.: Weinbau, 27—31, 6. Aufl., Stuttgart
— (1979b): Die Rebe in ihrer Umwelt. — In: VOGT, E. u. GÖTZ, B.: Weinbau, 68—90, 6. Aufl., Stuttgart

BECKER, N. J. u. ENDLICHER, W. (1980): Zur witterungsbedingten Differenzierung der Globalstrahlung in den südbadischen Weinbaubereichen. — Ber. Naturforsch. Ges. Freiburg, 70, 3—17
BERENY, D. (1967): Mikroklimatologie. Mikroklima der bodennahen Atmosphäre. — Stuttgart
BERG, H. (1951): Kleinmeteorologische Messungen am Hohen Venn. — Z. Met., 5, 229—235
BINSTADT, A. (1963): Erfahrungen zur Steigerung der Anwuchsprozente in der Rebenveredelung. — Dte Weinb., 18, 7—12
BJELANOVIC, M. M. (1967): Mesoklimatische Studien im Rhein- und Moselgebiet. — Diss., Bonn
BLAHA, J. (1975): Über die Temperaturverhältnisse in den Weinbergsböden. — Wein-Wiss., 30, 158—168
BLÜTHGEN, J. u WEISCHET, W. (1980): Allgemeine Klimageographie. — (Lehrbuch der allgemeinen Geographie, Bd. 2), 3. Aufl., Berlin, New York
BÖER, W. (1959): Zum Begriff des Lokalklimas. — Z. Met., 13, 5—11
— (1963): Einige Überlegungen zu den Grundlagen einer Witterungsklimatologie. — In: KAKAS, J.: Einfluß der Karpaten auf die Witterungserscheinungen. Die 2. Konferenz für Karpatenmeteorologie, Budapest, 13.—15. November 1961, 165—169, Diskussion 169—172
— (1964a): Einige Überlegungen zur raum-zeitlichen Struktur des Geländeklimas und den Möglichkeiten seiner Darstellung. — Angew. Met., 5, 34—36
— (1964b): Technische Meteorologie. — Leipzig
BÖHM, H. (1964): Eine Klimakarte der Rheinlande. — Erdkunde, 18, 202—206
BÖLL, K. P. (1971): Beziehungen zwischen Klima, Traubenertrag und Mostqualität in Baden-Württemberg. — Wein-Wiss., 26, 90—111
BOSIAN, G. (1933): Assimilations- und Transpirationsbestimmungen an Pflanzen des Zentralkaiserstuhls. — Z. Bot., 26, 209—284
— (1960): Zum Küvettenklimaproblem: Beweisführung für die Nichtexistenz zweigipfeliger Assimilationskurven bei der Verwendung klimatisierter Küvetten. — Flora, 149, 167—188
— (1963): Assimilation und Transpiration im Hell-Dunkelversuch mit klimatisierten Küvetten im Freiland. Ein Beitrag zur Faktorenanalyse: Licht, Stomata, Temperatur. — Ber. dt. bot. Ges., 76, 407—413
— (1964): Assimilations- und Transpirationsbestimmungen an Reben im Freiland mit klimatisierten Küvetten. — Wein-Wiss., 19, 265—271
— (1965a): The controlled climate in the plant chamber and its influence upon assimilation and transpiration. — In: ECKARDT, F. E.: Methodology of plant eco-physiology (Proc. Montpellier Symp., 1962), 225—232, Unesco, Paris
— (1965b): Control of condition in the plant chamber: Fully automatic regulation of wind velocity, temperature and relative humidity to conform to microclimatic field conditions. — In: ECKARDT, F. E.: Methodology of plant eco-physiology (Proc. Montpellier Symp., 1962), 233—238, Unesco, Paris
— (1965c): Relationships between stomatal aperture, temperature, illumination, relative humidity and assimilation determined in the field by means of

controlled-environment plant chambers. — In: Fountioning of terrestrial ecosystems at the primary production level. Proc. Copenhagen Symp. Natural resources research, 5, 321—328, Unesco
— (1965d): Zum Gaswechselproblem: Beweisführung zur nicht gravierenden Bedeutung der Stomatabewegungen für die Assimilation, Atmung und Transpiration. — Ber. dt. bot. Ges., 78, 499—509
— (1968): Die Bedeutung der Stomata, der Luftfeuchte und der Temperatur für den CO_2- und Wasserdampfgaswechsel der Pflanzen. — Photosynthetica, 2, 105—125
— (1974): Die Bedeutung der Luftfeuchtigkeit für die CO_2-Assimilation und den Stoffwechsel der höheren Pflanzen (Vitis vinifera); Problem und Praxis künstlicher, klimatisierender Beregnung. — Ber. dt. bot. Ges., 86, 447—458
BOURQUIN, H. D. u. MADER, H. (1977): Die Pfahlerziehung an Mosel-Saar-Ruwer, Tradition oder Notwendigkeit? — Dt. WeinbJb., 61—67
BRANDTNER, E. (1974): Die Bewertung geländeklimatischer Verhältnisse in Weinbaulagen. — Dt. Wetterd., Zentralamt, Abt. Agrarmeteorologie, Offenbach a. M.
— (1975): Geländeklimatologie der Weinbaulagen. — Promet, 5, 1—6
BRANDTNER, E. u. ZUNKER, E. (1978): Zur klimatischen Bewertung von Weinbaulagen. — Dte Weinb., 33, 255—256
BROCKS, K. (1949): Die Höhenabhängigkeit der Lufttemperatur in der nächtlichen Inversion. — Met. Rdsch., 2, 159—167
BUDYKO, M. I. (1963): Der Wärmehaushalt der Erde. — Dt. Fassung in: Fachl. Mitt. Geophys. Berat. Dienst, Luftwaffenamt I. 100, Porz/Wahn
Bundesministerium für Raumordnung, Bauwesen und Städtebau (1979): Regionale Luftaustauschprozesse und ihre Bedeutung für die räumliche Planung. — Schriftenreihe Raumordnung des Bundesministeriums für Raumordnung, Bauwesen und Städtebau, 06.032
BURCKHARDT, H. (1956): Probleme und Möglichkeiten zur Kartierung der Frostgefährdung. — Met. Rdsch., 9, 92—98
— (1958a): Der Umweltfaktor Klima im Weinbau. — Wein-Wiss., 13, 59—65
— (1958b): Zur Abhängigkeit des Bestandsklimas in Weinbergen von der Erziehungsform der Reben. — Met. Rdsch., 11, 41—47
— (1963): Kleinklimatische Kartierung nach Frostgefährdung und Frostschaden. — In: SCHNELLE, F.: Frostschutz im Pflanzenbau, Bd. 1, 195—268, München, Basel, Wien
BURCKHARDT, H. u. GOEDECKE, H. (1961): Die Auswirkungen künstlicher Beregnung im Weinbau. — Weinberg Keller, 8, 255—281
BUSSE, W. (1950): Temperaturmeßfahrten. — Jber. bad. Landeswetterd., 12—13, Freiburg i. Br.

DARMER, G. (1967): Windkanalversuche über Struktur und Anordnung von Schutzpflanzungen im Böschungsbereich von Halden und Hochkuppen. — Beitr. Landespflege in Rheinland-Pfalz, 3, 102—124
— (1973): Landschaft und Tagebau — Ökologische Leitbilder für die Rebkultivierung. — Hannover
Deutsche Weinwirtschaft. Zahlen und Fakten (1983). — Deutscher Weinbau-

verband e. V., Bonn, hrsg. zum 51. Deutschen Weinbaukongreß und der Intervitis 83 in Stuttgart
DIETRICH, B. (1910): Morphologie des Moselgebietes zwischen Trier und Alf. — Verh. naturh. Ver. preuß. Rheinl., 67, 83—181, Bonn
DOHM, H. (1983): Misere an der Mosel. — Vinum, 1, 4—6
DRAWERT, F. u. STEFFAN, H. (1965): Biochemisch-physiologische Untersuchungen an Traubenbeeren. — Vitis, 5, 27—34

EIMERN, J. v. (1951): Kleinklimatische Geländeaufnahme in Quickborn/Holstein. — Annln Met., 4, Hamburg
— (1955): Zur Methodik der Geländeklimaaufnahme. — Mitt. dt. Wetterd., 14, 125—131
— (1968a): Some hints on the use of instruments and equipment for topoclimatological work in the field. — In: BORGHORST, A. J. W.: Proceedings of the regional training seminar on agrometeorology, 13. — 25. May 1968 in Wageningen, 319—342
— (1968b): Methods and techniques for the mapping of topographical distribution of air temperature. — In: BORGHORST, A. J. W.: Proceedings of the regional training seminar on agrometeorology, 13. — 25. May 1968 in Wageningen, 385—394
— (1972): Zur Methodik der Kartierung der Windverhältnisse im Gelände. — Studia Geograph., 26, 25—41
EIMERN, J. v. u. HÄCKEL, H. (1978): Wetter- und Klimakunde für Landwirte, Gärtner, Winzer und Landschaftspfleger. Ein Lehrbuch der Agrarmeteorologie. — 3. Aufl., Stuttgart
ENDLICHER, W. (1977): Zum Temperaturverhalten auf Großterrassen in Strahlungsnächten anhand von Meßfahrten, Frostkartierung und Thermalbildern. — Wein-Wiss., 32, 174—188 u. 309
— (1980a): Geländeklimatologische Untersuchungen im Weinbaugebiet des Kaiserstuhls. — Ber. dt. Wetterd., 150 (= Freiburger Geogr. Hft., 17), Offenbach a. M.
— (1980b): Lokale Klimaveränderungen durch Flurbereinigung. Das Beispiel Kaiserstuhl. — Erdkunde, 34, 175—190

FEDOROFF, E. E. (1927): Das Klima als Wettergesamtheit. — Wetter, 44, 121—128, 145—157
FEZER, F. (1976): Wie weit verbessern Grünflächen das Stadtklima? — In: Ruperto carola, Heidelberg
FLOHN, H. (1954): Witterung und Klima in Mitteleuropa. — Forschn. dt. Landesk., 78
FRANKEN, E. (1953): Statistik des ersten und letzten Auftretens von Frösten bestimmter Stärkestufen in Münster/Westf., — Met. Rdsch., 6, 130—131
— (1955a): Unterschiedliche Frostgefährdung im Norden Hamburgs. — Annln Met., 7, 135—148
— (1955b): Zum Problem des Frostrisikos im Frühjahr und Herbst. — Gartenbauwiss., 1, 492—509

FRIES, R. (1983): Geländeklimatologische Untersuchungen in Reblagen des Geisberges bei Veldenz/Mittelmosel. — 1. Staatsexamensarbeit für das Lehramt an Gymnasien, Universität Trier (unveröff.)

GEIGER, M. (1975a): Der Einfluß von Kaltluftströmen auf den Ertrag von Reben. — Wein-Wiss., 30, 129—143
— (1975b): Methoden, Ergebnisse und Folgerungen mesoklimatischer Studien in der Vorderpfalz. — Mitt. Pollichia pfälz. Naturk. Nat.-Schutz, Neustadt a. d. Haardt, Bad Dürkheim
— (1977): Veränderungen des Mesoklimas durch Siedlungen im Raum Neustadt/Weinstraße. — Erdkunde, 31, 24—33

GEIGER, R. (1929): Über selbständige und unselbständige Mikroklimate. — Met. Z., 46, 539—544
— (1961): Das Klima der bodennahen Luftschicht. — (= Die Wissenschaft, 78), 4. Aufl., Braunschweig

GEIGER, R., WOELFLE, M. u. SEIP, L. P. (1933) (1934): Höhenlage und Spätfrostgefährdung. — Forstwiss. ZentBl., 55, 579—592, 737—746; 56, 141—151, 221—230, 253—260, 357—364, 465—484

GEISLER, G. (1963): Art- und sortenspezifische CO_2-Assimilationsraten von Reben unter Berücksichtigung wechselnder Beleuchtungsstärken. — Mitt. Klosterneuburg, A 13, 301—305

GOSSMANN, H. (1984): Satelliten-Thermalbilder — Ein neues Hilfsmittel für die Umweltforschung? — Fernerkundung in Raumordnung und Städtebau, 16, Bonn

GUYOT, E. u. GODET, C. (1955): Le climat et la vigne. — Annu. agric. Suisse, 49, 17—68

HAAG, O. (1964): Welches ist der optimale Standraum unserer Rebe? — Rebe Wein, 17, 19—20

HAASE, G. (1964): Landschaftsökologische Detailuntersuchung und naturräumliche Gliederung. — Petermanns Mitt., 1/2, 8—30

HAHN, H. (1956): Die Deutschen Weinbaugebiete. — Bonn. geogr. Abh., 18
— (1968): Die deutschen Weinbaugebiete. Regionale Differenzierung in der Entwicklung der Rebfläche und der Betriebsstruktur 1949—1960. — Erdkunde, 22, 128—245

HARTMANN, F. K., EIMERN, J. v. u. JAHN, G. (1959): Untersuchungen reliefbedingter kleinklimatischer Fragen in Geländequerschnitten der hochmontanen und montanen Stufe des Mittel- und Südharzes. — Ber. dt. Wetterd., 50, 7

HEIGEL, K. (1960): Über den Einfluß von Exposition und Bewuchs auf die Erdbodentemperaturen. — Mitt. dt. Wetterd., 22, 3, Offenbach a. M.

HERZ, K. (1968): Großmaßstäbliche und kleinmaßstäbliche Landschaftsanalyse im Spiegel eines Modells. — Petermanns Mitt., Erg.-H. 271 (= Neef-Festschrift), 49—56

HERZ, K. et al. (1970): Landschaftsanalytische Grundlagen für die Optimierung der landwirtschaftlichen Flächennutzung. — Wiss. Z. Univ. Halle, 19, 1—7

HESS, P. u. BREZOWSKY, H. (1977): Katalog der Großwetterlagen. — Ber. dt. Wetterd., 113, 3. Aufl.
HEYNE, H. (1969): Diagramme zur Bestimmung der extraterrestrischen Hangbestrahlung. — Mitt. Inst. Geophys. Meteorol. Univ. Köln, 10
HOFÄCKER, W., ALLEWELDT, G. u. KHADER, S. (1976): Einfluß von Umweltfaktoren auf Beerenwachstum und Mostqualität bei der Rebe. — Vitis, 15, 96—112
HOLMSGAARD, E. (1955): Arrningsanalyser af Danske skovtraer. — Forst. ForsVæs. Danm., 22, 1—246
HOPP, H. (1979): Die Krankheiten der Rebe. — In: VOGT, E. U. GÖTZ, B.: Weinbau, 232—279, 6. Aufl., Stuttgart
HOPPMANN, D. (1978): Standortuntersuchungen im Rheingau und in Baden. — Weinberg Keller, 25, 66—92
HORNEY, G. (1969): Wettererscheinungen in ausströmender Kaltluft. — Met. Rdsch., 22, 4, 106—113
— (1971): Die mikroklimatische Standortbeurteilung. — Weinberg Keller, 18, 61—78
— (1972): Die klimatischen Grundlagen des Anbaues von Weinreben in Deutschland. — Weinberg Keller, 19, 305—320
— (1975): Das Häufigkeitsspektrum der Windrichtungen in ökologischer Sicht. — Ber. dt. Wetterd., 138, 18

INNEREBNER, F. (1933): Über den Einfluß der Exposition auf die Temperaturverhältnisse im Gebirge. — Met. Z., 50, 337—346

JUNGHANS, H. (1965): Der Geometriefaktor der Sonnenstrahlung. —Wiss. Z. Tech. Univ. Dresden, 14, 1051—1056

KAEMPFERT, W. (1943): Einfluß der Pflanzrichtung, -weite und Höhe auf die Besonnungszeit und -dauer. — Bioklim. Beibl., 10, 148—153
— (1947): Die solare Hangbestrahlung. — Wiss. Abt. Dt. Met. Dienst frz. Zone, 1, 74—79
— (1951): Ein Phasendiagramm der Besonnung. — Met. Rdsch., 4, 141—144
KAEMPFERT, W. u. MORGEN, A. (1952): Die Besonnung. Diagramme der solaren Bestrahlung verschiedener Lagen. — Z. Met., 6, 139—146
KAISER, H. (1954): Über die Strömungsverhältnisse im Bergland. — Met. Rdsch., 7, 214—217
— (1958): Über den Strahlungstyp und den Windtyp des Mikroklimas. — Met. Rdsch., 11, 162—164
KAPS, E. (1952): Die Frostgefährdung im Bendestorfer Tal. — Ber. dt. Wetterd., 42, 7, 258—263
KATARIAN, T. G. u. POTAPOW, N. S. (1968): Mikroklima des Weinberges und der Reifeverlauf der Trauben. — Krimsdat Simferopol
KESSLER, A. (1973): Zur Klimatologie der Strahlungsbilanz an der Erdoberfläche. — Erdkunde, 27, 1—10
— (1979): Der tägliche Strahlungsausgleich an der Erdoberfläche. — In:

MAYER, H., GIETL, G. u. ENDERS, G.: Prof. Dr. Albert BAUMGART-NER zum 60. Geburtstag, München

KIESE, O. (1972): Bestandsmeteorologische Untersuchungen zur Bestimmung des Wärmehaushaltes eines Buchenwaldes. — Ber. Inst. Met. Klimat. Hannover, 6

KING, E. (1973): Untersuchungen über kleinräumige Änderungen des Kaltluftflusses und der Frostgefährdung durch Straßenbauten. — Ber. dt. Wetterd., 130, 17

KING, F. (1966): Zur Phänologie der Rebenblüte. — Met. Rdsch., 19, 165—171

KLENERT, M. (1972): Künstliche Veränderung der meteorologischen Verhältnisse im Rebbestand und ihre Auswirkungen auf den Ertrag und die Fruchtbarkeit der Rebe sowie das Wachstum der Traubenbeeren. — Diss., Gießen

— (1974): Künstliche Veränderung der meteorologischen Verhältnisse im Rebbestand und ihre Auswirkungen auf das Größenwachstum der Traubenbeeren. — Vitis, 13, 8—22

— (1975): Die Beeinflussung des Zucker- und Säuregehalts von Traubenbeeren durch künstliche Veränderung der Umweltbedingungen. — Vitis, 13, 308—318

KLIEWER, W. M. u. LIDER, L. A. (1970): Effects on day temperature and night intensity on growth and composition of Vitis vinifera L. fruits. — J. Am. Soc. Horicul. Sci., 34, 152—158

KLIEWER, W. M., LIDER, L. A. u. SCHULTZ, H. B. (1967): Influence of artifical shading of vineyards on the concentration of sugars and organic acid in grapes. — Am. J. Enol. Vitic., 18, 78—86

Klimaatlas von Rheinland-Pfalz 1957, hrsg. v. Dt. Wetterd., Bad Kissingen

KLÖPPEL, P. (1970): Versuch einer Berechnung der Kaltluftbewegung am Modell des Schadbachtales bei Graach/Mosel. — Landsch. Stadt., 3, 122—132

KNOCH, K. (1949/50): Die Geländeklimatologie, ein wichtiger Zweig der angewandten Klimatologie. — Ber. dt. Landesk., 7, 115—123

— (1961): Methodische Erfahrungen zur Durchführung einer Landesklimaaufnahme. — Z. Met., 15. 171—177

— (1963): Die Landesklimaaufnahme. Wesen und Methodik. — Ber. dt. Wetterd., 85, 12

KOBAYASHI, A., FUKUSHIMA, T., NII, N. u. HARADA, K. (1967): Studies on the thermal conditions of grapes. VI. Effects of day and night temperatures on yield and quality of Delaware grapes. — J. Horicul. Assoc. Japan, 36, 373—379

KOBLET, W. (1966): Fruchtansatz bei Reben in Abhängigkeit von Triebbehandlung und Klimafaktoren. — Wein-Wiss., 20, 237—244

— (1976): The translocation of assimilation products in vine shoots and the influence of leaf surface on the quantity and quality of the grapes. —Vignevini, 3, 3/4, 13—15

— (1977): Physiologie der Weinrebe. — Eidgenöss. Forschungsanst. Wädenswil, Sektion Weinbau

KOBLET, W. u. ZWICKY, P. (1965): Der Einfluß von Ertrag, Temperatur und Sonnenstunden auf die Qualität der Trauben. — Wein-Wiss., 20, 237—244

KOCH, H. G. (1961): Die warme Hangzone, neue Anschauungen zur nächtlichen Kaltluftschichtung in Tälern und an Hängen. — Z. Met., 15, 151—171

KRAMES, K. (1982): Information on diurnal cooling as abserved from high resolution aircraft and satellite infrared imagery within the heat capacity mapping mission (HCMM). — Annln Met., NF 18, 100—102 (Symposium über Strahlungstransportprobleme und Satellitenmessungen in der Meteorologie und Ozeanographie, Univ. Klön, 22. — 26. 3. 1982)

KRAUS, H. (1956): Untersuchungen und Entwicklungsarbeiten mit Thermistoren. — Wiss. Mitt. Met. Inst., München, 3, 30—57

KREMER, E. (1954): Die Terrassenlandschaft der mittleren Mosel als Beitrag zur Quartärgeschichte. — Arb. rhein. Landesk., 6, Bonn

KREUTZ, W. u. BAUER, W. (1967): Die kleinklimatische Geländekartierung der Weinbaugebiete Hessens. — Abh. hess. Landesamt Bodenforsch., 50, 20—49, sowie Karten II—VI im Standortatlas der Hessischen Weinbaugebiete

KREUTZ, W. u. SCHUBACH, K. (1952): Lokalklimatische Geländekartierung der südlichen Bergstraße unter besonderer Berücksichtigung der Gemarkung Heidelberg. — Mitt. dt. Wetterd. U. S. Zone, 13, 2

— (1961): Beiträge zur Methodik der Geländeklimauntersuchungen für Zwecke der Raumforschung, dargestellt an vier Beispielen. — Inst. f. Raumforsch. Bad Godesberg, Inform., 11, 299—318

— (1963): Hangklimatische Untersuchungen als Beitrag zum Studium der Bodeninversion im Zusammenhang mit der Luftverunreinigung. — Inst. f. Raumforsch. Bad Godesberg, Inform., 13, 479—504

KUNDLER, P. (1954): Zur Anwendung der Invertzuckermethode für standortliche Temperaturmessungen. — Z. Pfl.-Ernähr., Düng. Bodenk., 66, 239

KÜNSTLE, E. u. MITSCHERLICH, G. (1970): Assimilations- und Transpirationsmessungen in einem Stangenholz. — All. Forst- u. Jagdztg., 141, 5, 89—94

— (1975): Photosynthese, Transpiration und Atmung in einem Mischbestand im Schwarzwald. 1. Teil: Photosynthese. — Allg. Forst- u. Jagdztg., 146, 3/4, 45—63; 2. Teil: Transpiration, 88—100

KÜNSTLE, E., MITSCHERLICH, G. u. HÄDRICH, F. (1979): Gaswechseluntersuchungen in Kiefernbeständen im Trockengebiet der Oberrheinebene. — Allg. Forst- u. Jagdztg., 150, 11/12, 205—228

LANG, R. (1984): Probleme bei der zeitlichen und räumlichen Aggregierung topologischer Daten. — Geomethodica, 9, 67—104

LEHMANN, P. (1932): Ergebnisse agrarmeteorologischer Meßfahrten. — Fortschr. Landw., 7, 441—448

— (1952): Abkühlung und Erwärmung im nächtlichen Kaltluftfluß. — Ber. dt. Wetterd. U. S. Zone, 38, 6, 113—116

— (1953a): Gütebewertung von Weinbergslagen. — Wett. Landw., 65, 3 f.

— (1953b): Klimatische Gütebewertung von Weinbergslagen. — Dt. WeinbKl., 5, 60—62

— 1954): Mostgüte und Bodenwärme. — Dte. Weinb., 9, 653—654

— (1955): Tätigkeitsbericht der Agrarmeteorologischen Dienststelle Trier. — Mitt. dt. Wetterd., 14, 2, 99—104, Bad Kissingen
LESER, H. (1978): Landschaftsökologie. — 2. Aufl., Stuttgart
— (1983): Geoökologie. — Geogr. Rdsch., 35, 5, 212—221
— (1984): Zum Ökologie-, Ökosystem- und Ökotopbegriff. — Natur Landsch., 59, 9, 351—357
LESER, H. u. KLINK, H.-J. (Hrsg.) (1988): Handbuch und Kartieranleitung Geoökologische Karte 1:25 000 (KA GÖK 25). — Forsch. dt. Landesk., 228, Trier
LEPPLA, A. (1913): Das Diluvium der Mosel. Ein Gliederungsversuch. — Jb. kgl. preuß. geol. Landesanstalt (1910), 343—376, Berlin
LIEDTKE, H. (1973): Klimatypen in Rheinland-Pfalz. — In: LIEDTKE, H., SCHARF, G. u. SPERLING, W.: Topographischer Atlas Rheinland-Pfalz, Neumünster
LOMAS, J., SHASHOUA, Y. u. COHEN, A. (1969): Mobile surveys in agrotopoclimatology. — Met. Rdsch., 22, 96—101
— (1972): Meteorological criteria for mobile surveys in agrotopoclimatology. — Met. Rdsch., 25, 140—143
LORENZ, D. (1972): Untersuchungen zum Verhalten nächtlicher Kaltluftflüsse am Taunus unter Verwendung von Wärmebildern. — In: Reg. Planungsgem. Untermain (Hrsg.): Lufthygien.-meter. Modellunters., 3. Arb.bericht, 23—50, Frankfurt a. M.
LOUIS, H. (1953): Über die ältere Formenentwicklung im Rheinischen Schiefergebirge, insbesondere im Moselgebiet. — Münch. geogr. Hft., 2, Regensburg
LÜTZKE, R. (1960): Erfahrungen mit einer transportablen thermoelektrischen Registrierapparatur bei kleinklimatischen Untersuchungen. — Angew. Met., 3, 325—333

MÄDE, A. (1956): Über die Methodik der meteorologischen Geländevermessung. — Sber. dt. Akad. Landw. Wiss. Berlin 5, 5, Leipzig
— (1964): Zur Methodik der meteorologischen Geländeaufnahme. — Angew. Met., 5, 1—2
MARGL, H. (1971): Die direkte Sonnenstrahlung als standortdifferenzierender Faktor im Bergland. — Inf. Dienst Forstl. Vers.-Anst. Wien, 132, 163—167
MARR, R. L. (1970): Geländeklimatische Untersuchung im Raum südlich von Basel. — Baseler Beitr. Geogr., 12
— (1971): Methodische Aspekte zur kartographischen Darstellung des Geländeklimas. — Regio Basil., 12, 391—394
MAY, H. E. (1957): Einflüsse von Klima und Witterung auf Güte und Ertrag im Weinbau. — Diss., Mainz
MISSLING, H. E. (1973): Die Kulturlandschaft der Mittelmosel und ihr junger sozialgeographischer Wandel. — Trier
MITSCHERLICH, G. (1973): Wald und Wind. — Allg. Forst- u. Jagdztg., 144, 76—81
— (1979): Vergleichende Temperaturmessungen in der Stadt Freiburg i. Br. und den angrenzenden Wäldern. — Allg. Forst- u. Jagdztg., 150, 9, 170—180

MORGEN, A. (1952): Der Trierer Geländebesonnungsmesser. — Ber. dt. Wetterd. U. S. Zone, 42, 7, 342 f.
— (1953): Die Besonnung im Weinberg. — Wein-Wiss., 7, 129—135
— (1954): Schatten im Weinberg. — Wein-Wiss., 8, 166—169
— (1957): Die Besonnung und ihre Verminderung durch Horizontbegrenzung. — Veröff. met. hydrol. Dienst DDR, 12, 3—16
— (1958): Klimabedingte Anbauschranken der Weinreben. — Wein-Wiss., 13, 35—42
— (1961): Wie weit gleicht der Rebstock verschiedene Umwelteinflüsse aus? — Wein-Wiss., 16, 190—194
MOSIMANN, T. (1983): Geoökologische Studien in der Subarktis und in den Zentralalpen. — Geogr. Rdsch., 35, 5, 222—228
— (1984): Methodische Grundprinzipien für die Untersuchung von Geoökosystemen in der topologischen Dimension. — Geomethodica, 9, 31—65
MÜLLER, K. (1932): Die Bodentemperatur als wichtiger Faktor für den Weinbau. — Weinb. Kellerw., 11, 115—118
MÜLLER, M. J. (1976): Untersuchungen zur pleistozänen Entwicklungsgeschichte des Trierer Moseltals und der „Wittlicher Senke". — Forsch. dt. Landesk., 207, Trier
— (1983): Handbuch ausgewählter Klimastationen der Erde. — In: RICHTER, G.: Universität Trier: Forsch.stelle Bodeneros., 5, 3. Aufl., Trier
MUSER, H. (1969): Das Kleinklima im Rebland. — Rebe Wein, 22, 415—417

NAKAMURA, R. u. ARIMA, H. (1970): Effects of soil temperature on the quality of berries of Delaware vines. — Sci. Rept. Fac. Agricul. Okayama, 35, 57—71
NEEF, E. (1963): Topologische und chorologische Arbeitsweisen in der Landschaftsforschung. — Petermanns Mitt., 4, 249—259
— (1964): Zur großmaßstäbigen landschaftsökologischen Forschung. — Petermanns Mitt., 1/2, 8—30
NEGENDANK, J. F. W. (1978): Zur känozoischen Geschichte von Eifel und Hunsrück. Sedimentpetrographische Untersuchungen im Moselbereich. — Forsch. dt. Landesk., 211, Trier
— (1983): Trier und Umgebung. — 2. Aufl. (= Sammlung Geologischer Führer, 60), Berlin, Stuttgart
NITZE, F. W. (1936): Untersuchungen der nächtlichen Zirkulationsströmung am Berghang durch stereophotogrammetrisch vermessene Ballonbahnen. — Biokl. Beibl. Met. Z., 3, 125—127
NÜBLER, W. (1979): Konfiguration und Genese der Wärmeinsel der Stadt Freiburg. — Freiburger Geogr. Hft., 16, Freiburg i. Br.

ORTNER, K. M. u. BINDER, J. (1979): Modellierung und Prognose der Ertragsentwicklung in Abhängigkeit vom Witterungsverlauf. — Mber. Österr. Landw., 26, 2, 104—113

PAFFEN, K. H. (1953): Die natürliche Landschaft und ihre räumliche Gliederung. Eine methodische Untersuchung am Beispiel der Mittel- und Niederrheinlande. — Forsch. dt. Landesk., 68

PAINTER, H. E. (1970): A recording resistance psychrometer. — Met. Mag., 99, 68—75

PALLMANN, H., EICHENBERGER, E. u. HASLER, A. (1940): Eine neue Methode der Temperaturmessung bei ökologischen und bodenkundlichen Untersuchungen. — Ber. Schweiz. Bot. Ges., 50, 337

PARLOW, E. (1983): Geländeklimatologische Untersuchungen im Bereich der Staufener Bucht unter besonderer Berücksichtigung lokaler Ausgleichsströmungen. — Freiburger Geogr. Hft., 20, Freiburg i. B.

PEYER, E. u. KOBLET, W. (1966): Der Einfluß der Temperatur und der Sonnenstunden auf den Blütezeitpunkt der Reben. — Schweiz. Z. Obst-, Wein- u. Gartenbau, 102, 250—255

PEYNAULD, E. u. MAURIE, A. (1958): Synthesis of tartaric and malic acids by grape vines. — Amer. J. Enol., 9, 32—36

PHILIPPSON, A. (1903): Zur Morphologie des Rheinischen Schiefergebirges. — In: Verh. 14. Dt. Geogr. Tages Köln, 193—205, Berlin

PRIMAULT, B. (1969): Le climat et la viticulture. — Int. J. Bioclim. Biomet., 13, 7—24

— (1971): La qualité du vin et la météorologie. — Arb.ber. Schweiz. Zent.-Anst., 11, Zürich

QUITT, E. (1972): Meßfahrten als eine der Methoden der mesoklimatischen Erforschung. — Studia Geogr., 26, 143—157

Regionale Planungsgemeinschaft Untermain (Hrsg.): Lufthygienisch-meteorologische Modelluntersuchungen in der Region Untermain: 1. Arbeitsbericht 1970; 2. Arbeitsbericht 1971; 3. Arbeitsbericht 1972; 4. Arbeitsbericht 1972; 5. Arbeitsbericht 1974; Abschlußbericht 1977

REIHER, W. (1936): Nächtlicher Kaltluftfluß an Hindernissen. — Bioklim. Beibl., 3, 152—163

RIBLET, J. (1979): Diagramme zur Bestimmung, durch einfache Ablesung, der effektiven täglichen Sonnenbestrahlung einer gegebenen Fläche in Abhängigkeit von dem Horizontverlauf am Standpunkt. — In: Proceedings of the 15th international meeting on Alpine meteorology, 2, Grindelwald, September 1978 (= Schweiz. Met. Zent.-Anst., 41, 43—46)

SATORIUS, O. (1964): Fortschritte im Weinbau — Rückblick und Ausblick. — Dt. Weinztg., 100, 820—828

SATOO, T. (1955): The influence of wind of dry matter increase in leaves of Quercus acutissima. — Bull. Tokyo Univ. Forests, 50, 21—26

SCHAEDLICH, R. u. SONNTAG, D. (1975): Ein elektrisches Aspirationspsychrometer nach einem WMO-Vorschlag. — Z. Met., 25, 236—247

SCHERHAG, R. (1948): Neue Methoden der Wetteranalyse und Wetterprognose. — Berlin, Göttingen, Heidelberg

SCHINDLER, G. (1961): Autofahrten als Hilfsmittel zur Feststellung lokalklimatischer Besonderheiten im Nebelvorkommen. — Met. Rdsch., 14, 123—125

SCHMIDT, W. (1930): Kleinklimatische Aufnahmen durch Temperaturmeßfahrten. — Met. Z., 47, 92—106

SCHMITHÜSEN, J. (1948): „Fliesengefüge der Landschaft" und „Ökotop" — Vorschläge zur begrifflichen Ordnung und Nomenklatur in der Landschaftsforschung. — Ber. dt. Landesk., 5, 74—83

SCHNEIDER, M. (1965): Zur praktischen Durchführung geländeklimatologischer Arbeiten. — Mitt. dt. Wetterd., 34, 5

— (1972): Kaltluftstau an Straßendämmen? — Nicht immer! — Met. Rdsch., 25, 187 f.

SCHNEIDER, M. u. HORNEY, G. (1969): Auswirkung von Beregnung auf Boden- und Bestandsklima sowie auf Blatt-Temperaturen im Weinbau. — Z. Bewässerungsw., 2, 162—199

SCHNEKENBURGER, F. (1979): Betriebs- und Arbeitswirtschaft. — In: VOGT, E. u. GÖTZ, B.: Weinbau, 6. Aufl., Stuttgart

SCHNELLE, F. (1950): Kleinklimatische Geländeaufnahme am Beispiel der Frostschäden im Obstbau. — Ber. dt. Wetterd. U. S. Zone, 2, Bad Kissingen

— (1956): Ein Hilfsmittel zur Feststellung der Höhe von Frostlagen in Mittelgebirgstälern. — Met. Rdsch., 9, 180—182

— (Hrsg.) (1963a): Frostschutz im Pflanzenbau. Bd. 1: Die meteorologischen und biologischen Grundlagen der Frostschadensverhütung. — München, Basel, Wien

— (1963b): Frostgefährdung in einem deutschen Mittelgebirge (Odenwald) in Abhängigkeit vom Relief. — 16. Internationaler Gartenbaukongreß, Kongreßbericht, Kolloquium, 5

SCHUBRING, W. (1964): Die deutschen Weinbaulandschaften. — Ber. dt. Landesk., 32, 292—300

SCHUMANN, A. (1964): Zur Ermittlung geländebedingter Unterschiede der Frostgefährdung auf Grund von Klimabeobachtungen. — Angew. Met., 5, 37—43

SCULTETUS, H. R. (1959): Bewindung eines Geländes und vertikaler Temperaturgradient. — Met. Rdsch., 12, 1—10

— (1964): Auswirkungen eines 12 m hohen Dammes auf das Kleinklima. — Angew. Met., 5, 13—26

SEEMANN, J. (1970): Kleinklimatische Gütebewertung von Weinbergslagen. — Rebe Wein, 23, 408—410

STICKEL, R. (1927): Zur Morphologie der Hochflächen des linksrheinischen Schiefergebirges und angrenzender Gebiete. — Beitr. Landesk. Rheinld., 5, Leipzig

SZASZ, G. (1964): Bestimmung der nächtlichen Mikroadvektion durch Ausstrahlungsmessungen in der bodennahen Luftschicht. — Angew. Met., 5, 7—12

TANNER, G. (1968): Topoklimate und klimatisch-prognostische Fragen des Anbaurisikos im Obstbaugebiet zwischen Radebeul und Meissen. — Diss., Potsdam

— (1972): Methoden zur geländeklimatologischen Erkundung und Kartierung — Erfahrungen aus dem Obst-, Wein- und Gartenbaugebiet nordwestlich von Dresden. — Studia Geogr., 26, 173—193
TICHY, F. (1954): An den Grenzen des Weinbaues innerhalb der Pfalz. Eine geländeklimatische Studie. — Mitt. Pollichia (Bad Dürkheim), 3, 2, 7—35
TRANQUILLINI, W. (1969): Photosynthese und Transpiration einiger Holzarten bei verschieden starkem Wind. — ZentBl. ges. Forstw., 86, 35—48
TRENKLE, H. (1969a): Frostkartierung und kleinklimatologische Gütebewertung in Weinbaulagen. — Obst Garten, 88, 225 f.
— (1969b): Die Verwendung phänologisch-klimatologischer Beobachtungen bei der Gütebewertung von Weinbergslagen. — Wein-Wiss., 24, 327—338
— (1971): Einfluß von Wärmesummen und Sonnenscheinstunden auf die Vegetationszeit der Rebe und die Mostgewichte. — Obst Garten, 90, 70—72
— (1972): Der Einfluß von Wärme und Sonnenschein auf die Vegetationszeit der Rebe und auf die Mostgewichte. — Rebe Wein, 25, 41—45
TROLL, C. (1962): Geographische Luftbildinterpretation. — Photo-Interpretation, Delft

UNCRICH, A. (1949): Einfluß der Witterung auf den Ertrag verschiedener Rebsorten. — Wetter Klima, 2, 104—111

VAUPEL, A. (1959): Advektivfrost und Strahlungsfrost. — Mitt. dt. Wetterd., 3, 17
VOGT, E. u. GÖTZ, B. (Hrsg.) (1979): Weinbau. Ein Lehr- und Handbuch für Praxis und Schule. — 6. Aufl., Stuttgart
WACHTER, H. (1976): Die Unruhe der Lufttemperatur als biometeorologischer Faktor. — Arch. Met. Geophys. Bioklim., Serie B, 24, 1/2, 41—55
WÄCHTERSHÄUSER, H. (1951): Harmonische Analyse des mittleren täglichen Temperaturgangs in extremen Böden. — Met. Rdsch., 4, 23 f.
WAGNER, A. (1930): Über die Feinstruktur des Temperaturgradienten längs Berghängen. — Z. Geophys., 6, 310—318
WEGER, N. (1939/43): Mikroklimatische Studien in Weinbergen. — Bioklim. Beibl., 6, 169—179; 10, 76—84
— (1948): Die vorläufigen Ergebnisse der bei Geisenheim begonnenen kleinklimatischen Geländeaufnahme. — Met. Rdsch., 1, 422 f.
— (1949): Kleinklimatische Geländeaufnahme im Rheingauer Weinbaugebiet. — Weinblatt, 158 f.
— (1951): Beiträge zur Frage der Beeinflussung des Bestandsklimas, des Bodenklimas und der Pflanzenentwicklung durch Spaliermauern und Bodenbedeckung. — Ber. dt. Wetterd. U. S. Zone, 28, 4
— (1952): Die Sonnenscheindauer in Geisenheim und ihr Einfluß auf die Weingüte. — Ber. dt. Wetterd. U. S. Zone, 42, 190—194
— (1955): Zur Methodik der Kleinklimakartierung im Weinbau. — Mitt. dt. Wetterd., 14, 2, 132 f.
WEISCHET, W. (1955): Die Geländeklimate der Niederrheinischen Bucht und ihrer Rahmenlandschaften. Eine geographische Analyse subregionaler Klimadifferenzierungen. — Münch. geogr. Hft., 8

- (1956): Die räumliche Differenzierung klimatologischer Betrachtungsweisen. Ein Vorschlag zur Gliederung der Klimatologie und zu ihrer Nomenklatur. — Erdkunde, 10, 2, 109—122
- (1957): Über Klimaforschung im Maßstab des Landschaftsgefüges. — Tagungsber. u. wiss. Abh. Dt. Geogr. Tages Hamburg 1955, 351—358, Wiesbaden
- (1969): Kann und soll noch klimatologische Forschung im Rahmen der Geographie betrieben werden? — Verh. Dt. Geogr. Tages, 36, 428—437, Wiesbaden
- (1978): Die ökologisch wichtigsten Charakteristika der kühlgemäßigten Zone Südamerikas mit vergleichenden Anmerkungen zu den tropischen Hochgebirgen. — In: Geoecological relations between the southern temperate zone and the tropical mountains (= Erdwiss. Forsch., 11, 255—280), Wiesbaden

WEISE, A. (1980): Möglichkeiten geländeklimatischer Systematisierung. — Geogr. Ber., 96, 3, 179—193

WEISE, R. (1953a): Kaltluftstraßen im Weinberg und ihre Auswirkungen. — Dt. Weinb., 13, 348 f.
- (1953b): Frostschäden als Kriterium zur mikroklimatischen Beurteilung und Verbesserung der Weinberge. — Rhein. Weinztg., 5, 85—87
- (1954): Die Brauchbarkeit der herbstlichen Reblaubverfärbungen zur Beurteilung des Weinbergklimas. — Weinberg Keller, 1, 324—326
- (1956): Wie beeinflußt die Erziehungsform die Temperaturen im Rebinnern? — Weinberg Keller, 3, 332—338, 383—390
- (1957): Nächtliche Luftzirkulation im Weinberg. — Weinberg Keller, 4, 329—339
- (1959): Rückgang des Weinbaus gefährdet das Mikroklima. — Weinberg Keller, 6, 447—450
- (1960): Studien über den Anschluß des Mikroklimas an das lokale Makroklima. — Met. Rdsch., 13, 111—115

WEISE, R. u. WITTMANN, O. (1971): Boden und Klima fränkischer Weinberge. — Atlas hrsg. im Auftrag d. Bayr. Staatsminist. f. Ernährung, Landw. u. Forsten. München

WEJNAR, R. (1965): Der Einfluß der Temperatur auf die Bildung von Zucker, Apfelsäure und Weinsäure in Weintrauben. — Ber. dt. bot. Ges., 78, 314—321
- (1967): Weitere Untersuchungen zum Einfluß der Temperatur auf die Bildung von Apfelsäure in Weinbeeren. — Ber. dt. bot. Ges., 80, 447—450
- (1974): Statistische Untersuchungen an reifen Weinbeeren. II. Zur Abhängigkeit des Zucker- und Säuregehaltes von klimatischen Faktoren. — Wein-Wiss., 29, 46—56

WERLE, O. (1974): Die naturräumlichen Einheiten auf Blatt 148/149 Trier—Mettendorf. — Naturräumliche Gliederung Deutschlands, hrsg. v. d. Bundesforschungsanst. Landesk. Raumord., Bad Godesberg

WILMERS, F. (1968): Wettertypen für mikroklimatische Untersuchungen. — Arch. Met. Geophys. Bioklim., Serie B, 16, 144—150

— (1976a): Die Anwendung von Wettertypen bei ökologischen Untersuchungen. — Wetter Leben, 28, 224—235
— (1976b): Klimatologie und Vegetation im Gelände — Probleme der Geländeklimatologie. — Naturw. Rdsch., 29, 118—123
WINTER, F. (1955): Frostkartierung mit Thermoelement am Kraftwagen. — Met. Rdsch., 8, 99 f.
— (1956): Erfahrungen bei Meßfahrten zur Beurteilung der Kaltluftgefahr. — Met. Rdsch., 9, 219—221
WITTERSTEIN, F. (1949): Die Differenz zwischen Hütten- und Erdbodenminimumtemperaturen nach heiteren und trüben Nächten in Geisenheim. — Met. Rdsch., 2, 172—174

YOSHINO, M. M. (1975): Climate in a small area. An introduction to local meteorology. — Tokyo University Press

ZAKOSEK, H., KREUTZ, W., BAUER, W., BECKER, H. u. SCHRÖDER, E. (1967): Die Standortkartierung der hessischen Weinbaugebiete. — Abh. hess. Landesamt. Bodenforsch., 50, Wiesbaden
ZILLIG, H. (1934): Moselweinbau und Moselwein. — Ber. 72. Hauptversamml. Verein dt. Ing. Trier, VdI-Verlag, Berlin
ZUNKER, E.-J. (1980): Untersuchungen zur Auswirkung unterschiedlicher Wärmeumsätze und Sättigungsdefizite auf die photosynthetische Leistung der Rebe. — Agrarmet. Beratungs- und Forsch.stelle Geisenheim, Geisenheim (unveröff.)